三菱
变频器与PLC
综合应用入门

万　英　编著

中国电力出版社
CHINA ELECTRIC POWER PRESS

内 容 提 要

本书以三菱公司的FR-A740变频器与FX_{2N}系列PLC为例，以现场应用为导向，循序渐进地介绍了变频器与PLC的使用方法和实际应用，全书内容结构完整、重点突出、条理清晰、趣味性强、插图直观、通俗易懂。

本书实用性强、可读性强、操作性强，可供职业院校电气工程、机电一体化、自动化等相关专业的学生使用，也可供技术培训及在职技术人员参考和使用。

图书在版编目（CIP）数据

三菱变频器与PLC综合应用入门 / 万英编著 .—北京：中国电力出版社，2017.6（2022.1重印）
ISBN 978-7-5198-0680-4

Ⅰ. ①三… Ⅱ. ①万… Ⅲ. ①变频器－基本知识②PLC技术－基本知识 Ⅳ. ①TM773 ②TM571.61

中国版本图书馆CIP数据核字（2017）第083678号

出版发行：中国电力出版社
地　　址：北京市东城区北京站西街19号（邮政编码100005）
网　　址：http://www.cepp.sgcc.com.cn
责任编辑：刘　炽
责任校对：王开云
装帧设计：王英磊　张　娟
责任印制：杨晓东

印　　刷：三河市航远印刷有限公司
版　　次：2017年6月第一版
印　　次：2022年1月北京第二次印刷
开　　本：787毫米×1092毫米　16开本
印　　张：12.5
字　　数：301千字
印　　数：2001—5000册
定　　价：38.00元

前　言

在众多的自动化控制器件和驱动装置中，变频器与PLC的应用非常广泛，它们已成为电气自动化控制系统中不可或缺的部分。本书是在认真研判相关职业标准的基础上，结合当前变频器与PLC的应用现状及一线工人的实际需求而编写的。通过对本书的学习，力求使读者了解和掌握电气控制变频器与PLC的基本知识和设计方法，并通过一些完整的应用实例加以说明，达到举一反三的目的。

本书以三菱公司的FR-A740变频器与FX_{2N}系列PLC为例，以现场应用为导向，循序渐进地介绍了变频器与PLC的使用方法和实际应用。全书共分十章，详细介绍了变频器与PLC的基本知识、变频器与PLC的使用方法、变频器与PLC的基本应用和典型应用、变频器与PLC的联机应用、变频器与PLC的选型与维护等内容。

本书内容结构完整、重点突出、条理清晰、趣味性强、插图直观、通俗易懂，实用性强、可读性强、操作性强，可供职业院校电气工程、机电一体化、自动化等相关专业的学生使用，也可供技术培训及在职技术人员参考和使用。

本书在编写过程中参阅了近年来出版的一些电工电子类书籍和刊物以及互联网上的电工电子类资料，在此对这些作者表示衷心的感谢！由于编者水平有限，书中难免有错误和不妥之处，欢迎广大读者批评指正。

编　者

目 录

第一章

变频器的基本知识

第一节 变频器的作用

变频器是集高压大功率晶体管技术和电子控制技术于一体的控制装置，它利用电力电子器件的通断特性，将固定频率的电源变换为另一频率（连续可调）的交流电，其作用是改变交流电动机供电的频率和幅值，从而改变其运动磁场的周期，达到平滑控制交流电动机转速的目的，如图1-1所示。

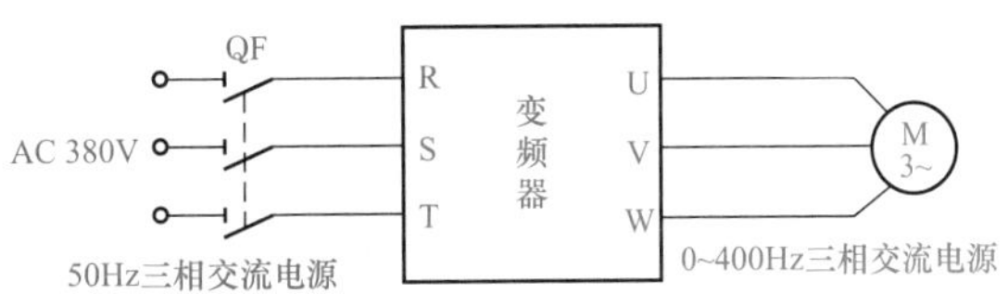

图1-1 变频器的作用

变频器具有明显的智能化特征，能实现对交流电动机的软启动、变频调速，它可以提高运转精度、改变功率因数并具有过流、过压和过载保护。变频器与交流电动机相结合，可以实现对生产机械的传动控制，称为变频器传动。变频器传动已成为实现工业自动化的主要手段之一，在各种生产机械中（如风机、水泵、生产线、机床、纺织机械、塑料机械、造纸机械、食品机械、石化设备、工程机械、矿山机械、钢铁机械等）有着广泛的应用。它可以提高自动化水平，提高机械性能，提高生产效率，提高产品质量且节能，并且缩小了体积，降低了维修率，使传动技术发展到新阶段。

变频器的出现，使得交流电动机复杂的调速控制变得简单，它可以替代大部分原先只能用直流电动机完成的工作，在调速性能方面完全可与直流电力拖动相媲美，是现代电动机调速运行的发展方向之一。从调速特性上看，变频调速的任何一个速度段的机械特性都较硬，且调速范围宽，能实现真正的无级调速，在交流电动机多种调速方式（变极调速、串电阻调速、降压调速、串级调速）中具有绝对优势。归纳起来，变频调速具有以下优点。

（1）调速时平滑性好，效率高。交流电动机低速运行时，相对稳定性好。

（2）调速范围大，精度高。

（3）可实现交流电动机软启动，且启动电流低，对系统及电网无冲击，节电效果明显。

（4）变频器体积小，便于安装、调试，维修简便。

（5）易于实现过程自动化。

（6）交流电动机总是保持在低转差率运行状态，可减小转子损耗。

变频器经过几十年的发展，目前已处于应用普及阶段，但许多企业的工程技术人员对变频器的了解还处于非常初级的阶段。因此，我们有必要学习变频器的有关知识。

第二节 变频器的分类

1. 按电路结构形式分类

变频器按主电路结构形式的不同可分为交—交变频器和交—直—交变频器两大类。主电路中没有直流中间环节的变频器称为交—交变频器，有直流中间环节的称为交—直—交变频器。

(1) 交—交变频器可将工频交流电直接转换成可控频率的电压的交流电，由于没有直流中间环节，因此又称为直接式变压变频器。这类变频器的优点是过载能力强、效率高、输出波形较好，缺点是输出频率只有电源频率的1/3～1/2、功率因数低，一般只用于低速大功率拖动系统。

(2) 交—直—交变频器先将工频交流电整流换成直流电，再通过逆变器将直流电变成可控的频率和交流电压，由于有直流中间环节，因此又称为间接式变压变频器。这类变频器是通用变频器的主要形式，能实现平滑的无级调速、变频范围可达0～400Hz，效率高，广泛应用于一般交流异步电动机的变频调速控制。

交—直—交变频器根据直流中间电路的储能元件是电容性还是电感性，还可以分为电压型变频器和电流型变频器两种。

1) 电压型变频器储能元件为电容器，被控量为电压，动态响应较慢，其特性是输出电压恒定、电压波形为方波、电流波形为正弦波、允许多台电动机并联运行、过流及短路保护复杂，适宜一台变频器对多台电动机供电的多机运行方式。

2) 电流型变频器储能元件为电抗器，被控量为电流，动态响应快，其特性是输出电流恒定、电流波形为方波、电压波形为正弦波、不允许多台电动机并联运行、过流及短路保护简单，适宜一台变频器对一台电动机供电的单机运行方式。

2. 按电压调制方式分类

变频器按输出电压调制方式的不同可分为PAM控制方式变频器、PWM控制方式变频器和SPWM控制方式变频器三种。

(1) 脉冲幅值调制（PAM）控制方式变频器是通过改变直流电压的幅值进行调压，在变频器中，逆变器只负责调节输出频率，而输出电压的幅值调节则由相控整流器或直流斩波器通过调节直流电压的幅值实现。此种方式下，系统低速运行时谐波与噪声都比较大，所以当前几乎不采用，只有在与高速电动机配套的高速变频器中才采用。

(2) 脉冲宽度调制（PWM）控制方式变频器是通过逆变器同时对输出电压的幅值和频率按PWM方式进行调节，其特点是变频器在改变输出频率的同时，也改变输出电压的脉冲占空比（幅值不变）。此种方式具有谐波影响少、输出转矩波动小、控制电路简单（与PAM相比）、成本低等特点，是目前通用变频器中广泛采用的一种逆变器控制方式。

(3) 正弦波脉宽调制（SPWM）控制方式变频器是通过对PWM输出的脉冲系列的占空比宽度按正弦规律来安排，使输出电压（电流）的平均值接近于正弦波。此种方式下，电压的脉冲系列可以使负载电流中的谐波成分大为减小，使电动机在进行调速运行时能够更加平滑。

3. 按逆变器控制方式分类

变频器按逆变器控制方式的不同可分为U/f控制方式变频器、转差频率控制方式变频

器、矢量控制方式变频器和直接转矩控制方式变频器等几种。

（1）U/f 控制方式是早期变频器采用的控制方式。在这种控制方式中，为了得到比较满意的转矩特性，变频器的输出电压频率 f 和输出电压幅值 U 同时得到控制，并基本保持 U/f 恒定。

（2）转差频率控制方式是在若基本保持 U/f 恒定，则电动机的转矩基本上与转差率 s 成正比的基础上所建立的控制方式，它通过调节变频器的输出频率就可以使电动机具有某一所需的转差频率，即可得到电动机所需的输出转矩。

（3）矢量控制方式的基本原理是通过测量和控制电动机定子电流矢量，根据磁场定向原理分别对电动机的励磁电流和转矩电流进行控制，从而达到控制电动机转矩的目的。

（4）直接转矩控制方式也称之为“直接自控制”，它是建立在精确的电动机模型基础上的控制方式，电动机模型是在电动机参数自动辨识程序运行中建立的。通过简单地检测电动机定子电压和电流，借助瞬时空间矢量理论计算电动机磁链和转矩，并根据与给定值比较所得差值，实现磁链和转矩的直接控制。

4. 按性能和用途分类

变频器根据性能和用途的不同可分为通用型变频器和专用型变频器。通用型是变频器的基本类型，具有变频器的基本特征，它包含节能型变频器和高性能变频器两大类，可应用于各种场合；专用型变频器是针对某一种特定的应用场合而设计的变频器，其在某一特定方面具有优良的性能，如风机、水泵、空调专用变频器，注塑机专用、纺织机械专用变频器，电梯、起重机专用变频器等。

5. 其他分类

变频器按供电电压的不同可分为低压变频器（440V 以下）、中压变频器（600V～1kV）、高压变频器（1kV 以上）；按供电电源的相数不同可分为单相输入变频器、三相输入变频器；按输出功率的不同可分为小功率变频器（7.5kW 以下）、中大功率变频器（11kW 以上）；按主开关器件不同可分为 IGBT 变频器、GTO 变频器、GTR 变频器等。

第三节　变频器的工作原理

1. 变频器的调速原理

由电动机理论可知，电动机的转速 n 与三相交流电源的频率 f、电动机磁极对数 P、电动机转差率 s 之间的关系为

$$n=\frac{60f}{P}\times(1-s)$$

从上式可以看出，影响电动机转速的因素有电动机的磁极对数 P、转差率 s 和电源频率 f。对于一个定型的电动机来说，磁极对数 P 一般是固定的，通常情况下，转差率 s 对于特定的负载来说是基本不变的，并且其可以调节的范围较小，加之转差率不易被直接测量，调节转差率来调速在工程上并未得到广泛应用。因此，只有通过改变电动机的供电频率 f 来实现电动机的调速运行，这就是变频器调速的原理。

2. 变频器的工作原理

从表面上看，只要改变三相交流电源的频率 f，就可以调节电动机转速的高低。事实上，

只改变 f 并不能正常调速，因为会出现转速非线性变化的情况，而且很可能会引起电动机因过流而烧毁，这是由异步电动机的特性决定的。因此进行调速控制时，必须保持电动机的主磁通恒定。

若磁通太弱，铁芯利用不充分，在同样的转子电流下，电磁转矩小，电动机带负载能力下降。要想带负载能力恒定，就得加大转子电流，这就会引起电动机因过电流发热而烧毁。若磁通太强，则电动机处于过励磁状态，励磁电流过大，同样会引起电动机因过电流而发热。所以，变频调速一定要保持磁通恒定。

为了保证电动机调速过程中磁通保持恒定，由感应电动势的基本公式 $E=4.44fN\Phi_m$ 可知，磁通最大值 $\Phi_m=\dfrac{E}{4.44fN}$，由于式中 N（定子绕组匝数）对某一台电动机而言是一个固定常数，所以只要对 E（感应电动势）和 f（频率）进行适当的控制，就可以使磁通 Φ_m 保持额定值不变。恒磁通变频调速的实质是，调速时要保证电动机的电磁转矩恒定不变，这是因为电磁转矩与磁通是成正比的关系。

由上面的分析可知，异步电动机的变频调速必须按照一定的规律且同时改变感应电动势 E 和频率 f，即必须通过变频装置获得电压和频率均可调节的供电电源，从而实现调速控制，这就是变频器的工作原理。下面分基频以下与基频以上两种调速情况进行分析。

3. 由基频（电动机额定频率）开始向下变频调速

为了保持电动机的带负载能力，应控制气隙主磁通 Φ_m 保持不变，这就要求频率由额定值 f 向下减小的同时应降低感应电动势，以保持 E/f 为常数，即保持电动势与频率之比为常数。这种控制又称为恒磁通变频调速，属于恒转矩调速方式。

但是，E 难于直接检测和直接控制。当 E 和 f 的值较高时，定子的漏阻抗电压降相对比较小，如忽略不计，则可以近似地保持定子绕组相电压 U 和频率 f 的比值为常数，即认为 $U=E$，这就是恒压频比控制方式，是近似的恒磁通控制。

当频率较低时，U 和 E 都变得很小，此时定子电流却基本不变，所以定子的阻抗压降，特别是电阻压降相对此时的 U 来说是不能忽略的。因此可以想办法在低速时人为地提高定子相电压 U 以补偿定子阻抗压降的影响，使气隙主磁通 Φ_m 额定值基本保持不变。

4. 由基频（电动机额定频率）开始向上变频调速

频率由额定值 f 向上增大的同时，如果按照 E/f 为常数的规律控制，则电压也必须由额定值向上增大，但电压受额定电压的限制不能再升高，只能保持不变。根据公式 $E=4.44fN\Phi_m$ 可知，随着 f 的升高，即电动机转速升高，主磁通 Φ_m 必须相应地随着 f 的上升而减小才能保持 E/f 为常数，此时相当于直流电动机弱磁调速的情况，属于近似的恒功率调速方式。也就是说，随着转速的提高（f 增大），电压恒定，磁通就自然下降，当转子电流不变时，电磁转矩就会减小，电磁功率却保持恒定不变。

第四节　变频器的基本结构

交—直—交变频器称为通用变频器（简称变频器），它先将工频交流电源通过整流器变换成直流电，然后再经过逆变器将直流电变换成电压和频率可调的交流电源，目前变频器的变换环节大多采用交—直—交变频方式。交—直—交变频器的基本结构是整流电路和无源逆

变电路的组合，它由主电路、控制电路、检测电路、保护电路、操作电路、显示电路等组成，其中主电路和控制电路是变频器的核心，如图 1-2 所示。

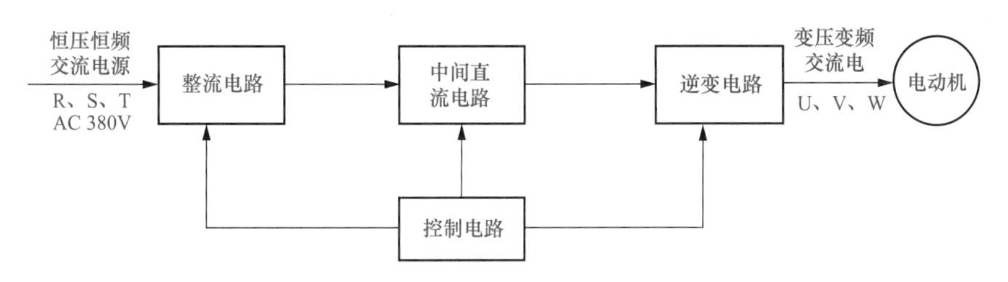

图 1-2　变频器的基本结构

变频器主电路包括整流电路、中间直流电路和逆变电路三部分。整流电路可将三相（也可以是单相）交流电转换成直流电，逆变电路可将直流电转换成任意频率的交流电，中间直流电路又称为中间直流储能环节，由于逆变器的负载为异步电动机，属于感性负载，无论电动机处于电动状态还是发电制动状态，其功率因数都不会为 1，因此在中间直流电路和电动机之间总会有无功功率的交换，这种无功能量要靠中间直流电路的储能元件（电容器或电抗器）进行缓冲。

变频器控制电路为主电路提供控制信号，通常由运算电路、检测电路、控制信号的 I/O 电路及驱动电路等组成，其主要任务是完成对逆变电路开关元件的开关控制、对整流电路的电压控制及各种保护功能等。控制方式有模拟控制和数字控制两种。另外，高性能的变频器目前已经采用微型计算机进行全数字控制，采用尽可能简单的硬件电路，主要靠软件来完成各种功能。由于软件的灵活性，因此数字控制方式常可以完成模拟控制方式难以实现的功能。

1. 主电路

变频器的主电路如图 1-3 所示。

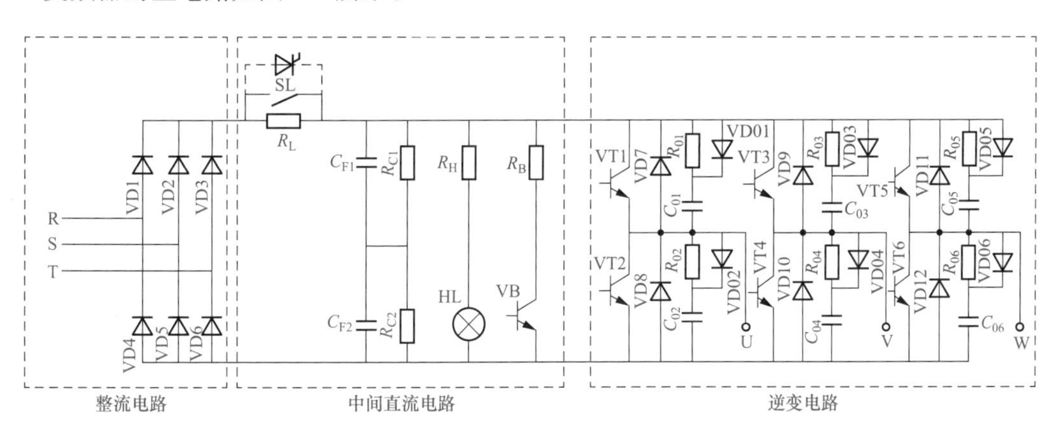

图 1-3　变频器的主电路

（1）整流电路。变频器的整流电路是由全波整流桥（VD1～VD6）组成，其主要作用是对工频电源进行整流，经中间直流电路平滑滤波后为逆变电路和控制电路提供所需要的直流电源。整流电路可分为可控整流和不可控整流，根据输入电源的相数可分为单相（小型变频器）和三相桥式整流，可控整流使用的器件通常为普通晶闸管，不可控整流使用的器件通常为普通整流二极管。

（2）中间直流电路。

1）限流电路。由限流电阻 R_L 和短路开关 SL 组成的并联电路，短路开关 SL 大多由晶闸管构成，在容量较小的变频器中，也常由继电器的触点构成。变频器刚接入电源的瞬间，将产生很大的冲击电流经整流电路流向滤波电容器 C_{F1}、C_{F2}，使整流桥可能因此而受到损坏，将限流电阻 R_L 串接在整流桥和滤波电容器之间，就是为了削弱该冲击电流并将其限制在允许的范围内，避免整流桥受到损坏。但限流电阻 R_L 不能长期接在电路内，否则会影响直流电压和变频器输出电压的大小，并消耗能量。所以当直流电压增大到一定程度时，令短路开关 SL 接通，将限流电阻 R_L 短路（切出限流电路）。

2）滤波电路。滤波器可分为电容和电感两种，采用电容滤波具有电压不能突变的特点，可使直流电的电压波动比较小，输出阻抗比较小，相当于直流恒压源，因此这种变频器也称为电压型变频器。电感滤波具有电流不能突变的特点，可使直流电流波动比较小，由于串联在回路中，其输出阻抗比较大，相当于直流恒流源，因此这种变频器也称为电流型变频器。

电容滤波电路通常由若干个电解电容串联成一组（C_{F1}、C_{F2}），以滤除桥式整流后的电压纹波，保持直流电压平稳。由于电解电容的容量有较大的离散性，可能使各电容的电压不相等，因此，为了解决 C_{F1} 和 C_{F2} 的均压问题，在两电容旁并联一个阻值相等的均压电阻 R_{C1} 和 R_{C2}。

3）电源指示电路。电源指示灯 HL 除了表示电源是否接通外，还具有提示保护的作用，即在变频器切断电源后，提示滤波电容器 C_F 上的电荷是否已经释放完毕。由于 C_F 的容量较大，而切断电源又必须在逆变电路停止工作的状态下进行，所以 C_F 没有快速放电的回路，其放电时间往往长达数分钟。又由于 C_F 的电压较高，如不放完，对人身安全将构成威胁。故在维修变频器时，必须等指示灯 HL 完全熄灭后才能接触变频器内部的导电部分，以保证安全。

4）能耗制动电路。能耗制动电路是为了满足异步电动机制动的需要而设置的，它由制动电阻 R_B、制动三极管 VB 构成。电动机在停机或降速过程中，输出频率将下降，电动机将处于再生制动状态，此时必须将再生到直流电路的能量消耗掉，制动电阻 R_B 就是用来以热能形式消耗这部分能量的。制动三极管 VB 由 GTR 或 IGBT 及其驱动电路构成，其功能是为放电电流流经 R_B 提供通路。

新型变频器都有内部制动功能，并有交流制动和直流制动两种方式。一般来讲，7.5kW 及以下的小容量通用变频器都采用内部制动功能，7.5kW 以上的大、中容量的通用变频器可采用外接制动电阻、制动单元和电源再生电路。

（3）逆变电路。

1）三相逆变桥。三相逆变桥是通用变频器核心部件之一，其输出就是变频器的输出，它通过 6 个功率开关器件（VT1～VT6）按一定规律轮流导通或截止，将中间直流电路输出的直流电源转换为频率和电压都任意可调的三相交流电源。目前，常用的功率开关器件有门极关断晶闸管（GTO）、电力晶体管（GTR 或 BJT）、功率场效应晶体管（P-MOSFET）以及绝缘栅双极型晶体管（IGBT）等，在使用时可以查阅有关使用手册。

2）续流电路。续流电路由续流二极管（VD7～VD12）构成。其主要功能为：电动机的绕组是电感性的，其电流具有无功分量，VD7～VD12 为无功电流返回直流电源提供通道；当频率下降、电动机处于再生制动状态时，再生电流将通过 VD7～VD12 整流后返回给直流电路；同一桥臂的两个功率开关器件在不停地交替导通和截止的换相过程中，需要 VD7～

VD12 为电流提供通路。

3）缓冲电路。功率开关器件在关断和导通的瞬间，其电压和电流的变化率是很大的，有可能使功率开关器件受到损害。因此，每个功率开关器件旁还应接入缓冲电路，以减缓电压和电流的变化率。缓冲电路的结构因功率开关器件的特性和容量等的不同而有较大差异，其比较典型的一种是由 C_{01}～C_{06}、R_{01}～R_{06}、VD01～VD06 构成。

C_{01}～C_{06}的功能。功率开关器件 VT1～VT6 每次由导通状态切换成截止状态的关断瞬间，集电极（c 极）和发射极（e 极）间的电压将极为迅速地由近乎 0V 上升至直流电压值，这过高的电压增长率将导致功率开关器件的损坏。因此，C_{01}～C_{06}的功能是减小 VT1～VT6 在每次关断时的电压增长率。

R_{01}～R_{06}的功能。功率开关器件 VT1～VT6 每次由截止状态切换成导通状态的接通瞬间，C_{01}～C_{06}上所充的电压将向 VT1～VT6 放电。此放电电流的初始值将是很大的，并且将叠加到负载电流上，导致 VT1～VT6 的损坏。因此，R_{01}～R_{06}的功能是限制功率开关器件在接通瞬间 C_{01}～C_{06}的放电电流。

VD01～VD06 的功能。由于 R_{01}～R_{06}的接入，又会影响 C_{01}～C_{06}在功率开关器件 VT1～VT6 关断时减小电压增长率的效果。因此，VD01～VD06 的功能是在 VT1～VT6 的关断过程中，使 R_{01}～R_{06}不起作用；而在 VT1～VT6 的接通过程中，又迫使 C_{01}～C_{06}的放电电流流经 R_{01}～R_{06}。

2. 控制电路

变频器的控制电路框图如图 1-4 所示。

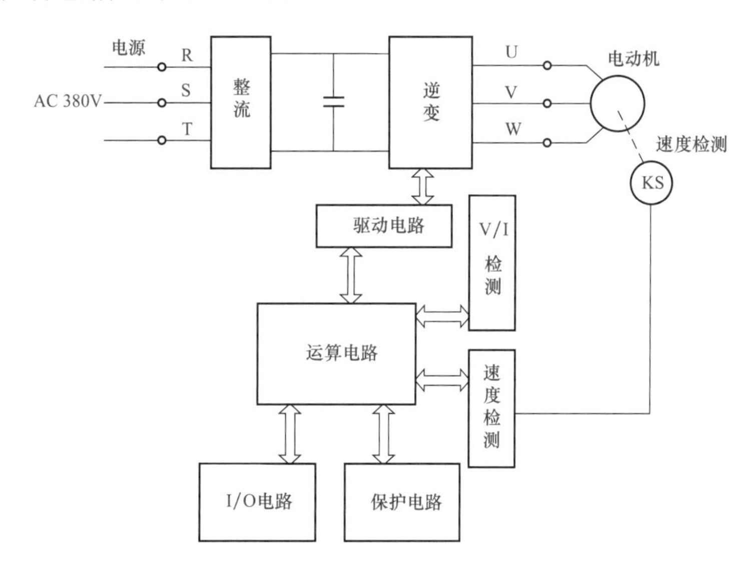

图 1-4　变频器的控制电路框图

各厂家的变频器主电路大同小异，而控制电路却多种多样。依据电动机的调速特性和运转特性，可对供电电压、电流、频率进行控制。变频器的控制电路目前都采用微机控制，与一般微机控制系统没有本质区别，是专用型的。

（1）运算电路。其作用是将变频器外部负载的非电量信号（如压力、速度、转矩等指令信号）同检测电路的电流、电压信号进行比较，其差值作为驱动电路的输入信号，决定变频器的输出频率和电压。

（2）输出电压、电流检测电路。采用电隔离检测技术检测主回路的电压、电流并将变频器和电动机的工作状态反馈至运算电路，然后由运算电路按事先的算法进行处理后为各部分电路提供所需的控制信号或保护信号。

（3）速度检测电路。以装在异步电动机轴上的速度检测器为核心，将检测到的电动机速度信号进行处理和转换并输入运算电路，变频调速系统可以根据信号处理电路设置的参数运行。

（4）驱动电路。其作用是在控制电路的控制下，产生足够功率的驱动信号使逆变电路中的开关器件导通或关断。

（5）保护电路。其主要作用是对检测电路得到的各种信号进行运算处理，以判断变频器本身或系统是否出现异常。当检测出现异常时，进行各种必要的处理，如变频器停止工作或抑制电流、电压值等。

（6）I/O电路。I/O电路的功能是为了使变频器更好地实现人机对话，变频器可对外界输出多种输入信号（如运行、多段速度运行等），还有各种内部参数的输出信号（如电流、频率、保护动作驱动等）及故障报警输出信号等。

第五节　变频器的核心元器件

1. 电力半导体开关器件

电力半导体开关器件本质上都是大容量的无触点电流开关，因它在电气传动中主要用于开关工作而得名，其基本性能要求是能耐大的工作电流、有高的阻断电压和开关频率。变频器主电路中的整流电路和逆变电路就是由电力半导体开关器件构成的。下面简单介绍几种常用的电力半导体开关器件，并对其性能及其应用进行简单的说明。

（1）晶闸管（SCR）。晶闸管是一种不具有自身关断能力的半控型电力半导体开关器件，从外形上可分为平板型和螺栓型两种。应用于变频器时，由于需要强迫换流电路，使得控制电路复杂、庞大、工作频率低、效率低，并提高了变频器的成本。但是，由于从生产工艺和制造技术上来说，大容量、高电压、大电流的晶闸管器件更容易制造，而且和其他电力半导体开关器件相比，晶闸管具有更好的耐过电流特性，故它仍广泛应用于大容量交-交变频器中的可控整流电路和变流电路中。

（2）门极可关断晶闸管（GTO）。门极可关断晶闸管，顾名思义是一种可以通过门极信号进行开通和关断的晶闸管，属于电流控制型元件，它的基本结构和普通晶闸管相同，只是采取了特殊的工艺，使得十几个甚至数百个共阳极的小GTO单元集成在一个芯片里，具有高阻断电压和低导通损失率的特性。应用于变频器时，其主电路组件少、结构简单、体积变小、成本低、不需要强迫换流装置、开关损耗少，由于是脉冲换流，所以其噪声小，容易实现PWM脉宽调制控制。在大功率、高电压变频调速领域应用范围广。

（3）电力晶体管（GTR、BJT）。在电力电子器件中，常将大功率的开关器件和高击穿电压大容量的双极型晶体管称为电力晶体管，我国和日本常称之为GTR，欧美国家常称之为BJT。应用于变频器时，一般采用模块型电力晶体管，其内部结构既有单管型，也有达林顿复合型（将2、4、6只电力晶体管封装在一个管壳内），这样的结构是为了实现大电流、耐高压。电力晶体管具有开关速度快、饱和压降低、功耗小、安全工作区宽等特点，并具有

自关断能力（切断基极电流即可切断集电极电流的特性），但它的工作频率较低，一般为5～10kHz，驱动功率大，驱动电路复杂，耐冲击能力差，易受二次击穿损坏。目前，电力晶体管的应用一般被绝缘栅双极晶体管（IGBT）所替代。

（4）绝缘栅双极晶体管（IGBT）。绝缘栅双极晶体管是一种新型复合电力半导体开关器件，它集合了场效应晶体管和电力晶体管的优点，具有可靠性高、功率大、输入阻抗高、输出特性好、开关速度快、工作频率高（达20kHz以上）、通态电压低、耐压高、驱动电路简单、保护容易等特点。IGBT产品也有多种形式，主要有模块型和芯片型，模块型结构有一单元（一个IGBT与一个续流二极管反向并联）、二单元、四单元、六单元及七单元等。目前，一单元的绝缘栅双极晶体管模块指标已达到最高电压4000V、最高电流1800A、关断时间已缩短到40ns，工作频率可达40kHz，在中小容量变频器电路中，绝缘栅双极晶体管的应用处于绝对的优势地位。

2. 智能功率模块（IPM）

智能功率模块是一种输出功率大于1W的混合集成电路，它由大功率开关器件（IGBT）、门极驱动电路、保护电路、检测电路等构成，不但具有一定功率输出的能力，而且还具有逻辑、控制、传感、检测、保护和自诊断等功能，从而将智能赋予功率器件，通过智能作用对功率器件状态进行监控。

智能功率模块从电流、电压、容量来划分可分为三种类型，即低压大电流、高压小电流和高压大电流。高压大电流智能功率模块主要用于电动机控制、家用电器等，其他的智能功率模块主要应用于电视机、音响等家用电器和计算机、复印机等办公设备及汽车、飞机等交通工具。变频器中常用的智能功率模块的工作电压已达到1500V，工作电流达700A，特别适用于逆变器高频化发展方向的需要，在中小容量变频器中广泛应用。

3. 脉宽调制（SPWM）波形处理芯片

（1）HEF4752系列。HEF4752输出的调制频率范围比较窄，为1～200Hz，开关频率也较低，一般不超过2kHz，两路六相SPWM波输出电路，既可用于强迫换流的三相晶闸管逆变器，也可用于由全控型开关器件构成的逆变器。对于后者，可以输出三相对称SPWM波控制信号，在实际应用中开关频率在1kHz以下，所以较适于GTR或GTO为开关器件的逆变器，在早期的通用变频器中应用较为广泛，目前已不适合采用IGBT逆变器的通用变频器。

（2）SLE4520系列。SLE4520是一种大规模全数字化CMOS集成电路，它产生波形的基本原理是利用同步脉冲触发3个可预置数的8位减法计数器，预置数对应脉冲宽度。理论上它的正弦波输出频率为0～2.6kHz，开关频率可达23.4kHz，与中央处理器及相应的软件配合后，就可以产生三相逆变器所需要的6路控制信号。

（3）MA818系列。MA818（828/838）是一种新型的三相PWM专用集成芯片，其工作频率范围宽，三角波载波频率可选，最高可达24kHz，输出调制频率最高可达4kHz。该芯片与SLE4520相似，但功能比SLE4520要强大得多，特别适用于控制IGBT为开关器件的逆变器，其输出波形为纯正弦波。

（4）8XC196Mx系列。8XC196Mx系列微处理器芯片是新型通用变频器中广泛应用的芯片，该系列包括8XC196MC/8XC196MD/8XC196MH等，是三相电动机变频调速控制专用高性能16位微处理器。8XC196Mx载波调制频率由输入到重装寄存器RELOAD中的数值决定，三相脉宽调制由软件编程计算，并分别送到其内部的三相SPWM发生器的比较输出寄存器进行控制。因为 8XC196Mx 是把 CPU 与 PWM 波发生器等功能集成在一起，硬件电路大大简化，所以进一步提高了系统的抗干扰能力和可靠性。

（5）TMS320 DSP 系列。TMS320 DSP 芯片是专为实时数字信号处理而设计的，芯片包含定点运算 DSP、浮点运算 DSP、多处理器 DSP 和定点 DSP 控制器等，在变频器中应用较多的是 TMS320C24x、TMS320C28x 系列定点 DSP 或 DSP 控制器。

4. 电动机控制芯片 8XC196Mx

8XC196Mx 系列有三种型号，即 80C196MC、80C196MD、80C196MH，该系列芯片内部除了具有一般 16 位微处理器的功能外，还集成了专用于电动机控制的外围部件，如三相互补 SPWM 波形发生器 WG、PWM 调制器、事件管理器 EPA、频率发生器 FG、串行 SIO、I/O 口、A/D 转换通道及监视定时器（看门狗时钟）WDT 等。波形发生器 WG、PWM 调制器可以编程产生中心对称的三相 SPWM 波形和脉宽调制 PWM 波形，通过 P6 口可以直接输出 6 路 SPWM 信号，在用于逆变器的驱动时，每个引脚的驱动电流可达 20mA。

5. 数字信号处理器芯片 DSP

DSP 芯片按执行速度可分为低速产品、中速产品、高速产品。低速产品一般为 20～50MIPS（每百万条指令每秒），能维持适量存储和功耗，提供了较好的性能价格比，适用于仪器仪表和精密控制等，在变频器中应用的 TMS320C24x、TMS320C28x、ADMCx 等系列定点 DSP 芯片就属于这一类。DSP 芯片具有实时算术运算能力，减少了查表的数量，节省了内存空间、并集成了电动机控制外围部件，减少了系统中传感器的数量，依据控制算法控制电源的开关频率，从而产生 SPWM 波形控制信号，在电动机控制方面，具有其他控制器无法比拟的优越性以 TMS320C24x 芯片为例，它采用高性能静态 CMOS 技术，塑壳扁平封装，其特征是将高性能的 DSP 内核和丰富的微处理器外设功能集成在一体。

6. 矢量控制处理器芯片 AD2S100

AD2S100 是矢量控制专用处理器，它是根据 Park 变换原理构成的矢量变换控制器，可以实现正交矢量旋转变换，从而应用于异步电动机和永磁无刷电动机的矢量控制。目前，大多数变频器都采用微处理器或数字信号处理器，以软件来实现，而采用 AD2S100 硬件来代替软件处理中的 Park 变换算法，处理时间可由典型的微处理器的 100μs 或数字信号处理器的 40μs 降低到 2μs，它不但使系统带宽增加，而且可以使中央处理器 CPU 附加更多性能。因此，在一些高动态性能的变频器中得到应用。

第二章

三菱FR-A740变频器

第一节 三菱变频器产品简介

三菱变频器产品目前在市场上用量最多的是 FR-(A、E、S、F) 700 系列，它完全取代了早期的 FR-(A、E、S、F) 500 系列，FR-700 系列共同的特点如下。

(1) 采用三菱最新的柔性 PWM 控制技术，使噪声减小，加强了抑制射频干扰能力。

(2) 采用直接监视并控制主回路的智能驱动回路，使低速性能提高。

(3) 具有可拆卸型冷却风扇、控制端子和漏、源型逻辑转换端子，输入输出端子可在漏、源型逻辑之间转换。

(4) 输入输出信号类型包括模拟信号、数字信号、脉冲串和网络连接。

(5) 输入电压范围宽，三相输入电压范围为 323～528V，单相输入电压为 170～264V。

(6) 过载能力为 150％ (60s)、200％ (0.5s)，具有反时限特性。

(7) 所有的产品均内置 PID 控制器和 RS-485 通信接口，也可以通过可选件实现与现场总线通信。

(8) 将操作面板拆下后即可与计算机连接，通过计算机可以设置参数和监控运行。

1. 三菱 FR-A700 系列变频器

三菱 FR-A700 系列变频器是多功能通用型，适用于高启动转矩和高动态响应及需要精确的闭环控制（如速度反馈控制、位置反馈控制）等场合。该系列功率范围 0.4～500kW，采用磁通矢量控制方式，调速比 1∶120 (0.5～60Hz)，具有在线自动调整功能，从而可以在无速度传感器低速运行状态下，实现高精度运行和高转矩输出，具有参数复制功能、参数组自选功能、PID 控制等多种控制功能，用户可以根据需要自己选择读写的参数组，并保存在参数单元中，随机附带一个具有 LED 显示的简易操作面板 FR-DU07（具有旋转式数字转盘 M），也可以选用具有 LCD 显示带菜单功能的参数单元 FR-PU04（具有数字式按键），内置 PLC 功能（特殊型号）。

2. 三菱 FR-E700 系列变频器

三菱 FR-E700 系列变频器是小型高功能型，适用于功能要求简单、对动态性能要求不高的场合。该系列功率为 0.1～15kW，采用先进磁通矢量控制方式，将滑差补偿结合到通用磁通矢量控制中，1Hz 时能以 150％转矩输出，3Hz 时能以 200％转矩输出，具有 PID 控制、第二功能选择和 15 段速度等多功能选择，停止精度高，可以选择具有 LED 显示的 FR-PA02-02 简易型面板或具有 LCD 显示带菜单功能的参数单元 FR-PU04。

3. 三菱 FR-S700 系列变频器

三菱 FR-S700 系列变频器是简易通用型，适用于功能要求简单、对动态性能要求不高的场合。该系列功率范围 0.4～7.5kW，采用自动转矩提升控制方式，最大可实现 6Hz 时150%的转矩输出，使用拨盘设定频率，具有 15 段速度选择、PID 控制、模拟量输入和漏、源型逻辑转换、内置制动晶体管、三角波功能、带安全停止功能、RS-485 通信功能。

4. 三菱 FR-F700 系列变频器

三菱 FR-F700 系列变频器是风机、水泵专用型，它功率范围 0.75～630kW，采用简易磁通矢量控制方式，由于是对励磁电流进行调整控制，从而可使电动机效率提高，更进一步实现节能运行，与一般的 U/f 控制方式相比，电动机的效率提高了 15%，减少电力消耗45%。它采用长寿命设计，维护简单，使用安全，同时还具有最先进的寿命诊断及预警功能，新开发的节能监视功能让节能效果一目了然，内置噪声滤波器，并带有浪涌电流吸收回路，内置 PID 控制器功能、变频器/工频切换和多泵循环运行功能，内置独立的 RS-485 通信接口，容量 75kW 以上随机带直流电抗器，布线距离最长可达 500m。

5. 三菱 FR-800 系列变频器

三菱 FR-800 系列变频器是三菱全新一代 First-Class 级产品，拥有一流的驱动性能，在实时无传感器矢量控制（矢量控制）时，运行频率可达 400Hz；具有大转矩启动能力（电动机容量为 0.4～3.7kW 时，在 0.3Hz 的超低转速下可实现 200%的最大输出转矩），同时还可以驱动永磁同步电动机，从而满足客户从机械加工、模具铸造到搬送等各种设备的应用；采用整流逆变独立设计（315kW 及以上），并增强了系统安全功能，兼容多种主流网络通信（CC-Link、SSC-NETⅢ/H、DeviceNet、Profibus-DP 及以太网等）；对电路板进行涂层处理，具有 IP55 防护等级，可以放心应用于各种恶劣环境；内置 EMC 滤波器，新开发的驱动和供电技术更大大降低了电磁干扰；可搭载多语言 LCD 参数单元，增强了显示和时钟功能，使得显示更清晰，操作更轻松。

第二节　三菱 FR-A740 变频器的特性

1. 三菱 FR-A740 变频器的规格

三菱变频器的型号格式为 FR-A740-0.75K-CHT，其中“FR”代表三菱变频器产品，字母“A”代表类别，数字“7”代表版本，数字“40”代表电压级别为 400V，“0.75K”代表变频器适用的电动机最大功率为 0.75kW，“CHT”代表中国区域使用。三菱 FR-A740 变频器的外形如图 2-1 所示，其箱体尺寸见表 2-1。

2. 三菱 FR-A740 变频器的特点

（1）三菱 FR-A740 变频器集成了以往具有代表性产品的特点于一身。常规控制性能方面吸取了 A500 的特点（过载能力强、控制功能多、适合大多数通用场合）；矢量控制方面与V500 相当（工作于多种模式：速度、转矩、位置及各模式的切换，用途更广泛、更专业）；外形结构和辅助功能与 F700 相同（通信功能强、信号调整方面近似于工业仪表的特点，调节余地大、使用更为方便）。

（2）三菱 FR-A740 变频器充分发挥普通电动机的最佳性能。驱动无编码器的普通电动机实现高精度和快速度响应运行的无传感器矢量控制，在 0.3Hz 的超低频率下最高可实现200%的输出转矩，响应水平进一步提高，速度响应 120rad/s，速度控制范围 1∶200。

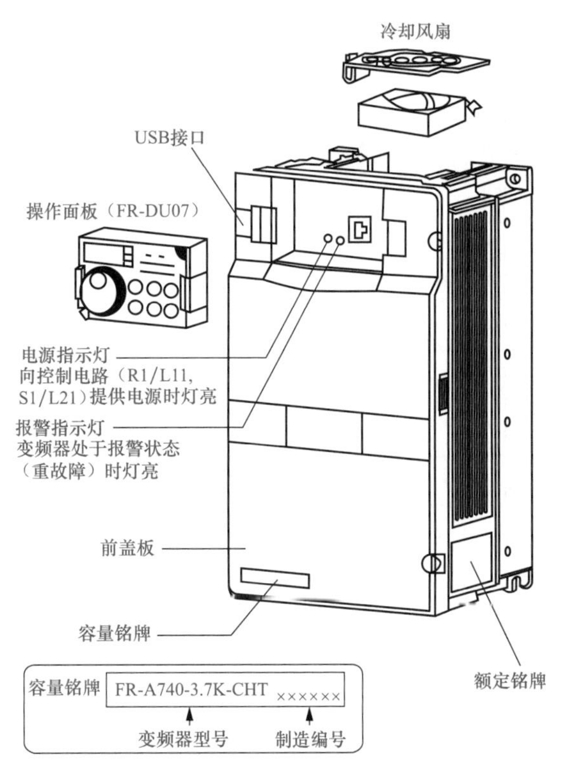

图 2-1　三菱 FR-A740 变频器外形

表 2-1　　　　三菱 FR-A740 变频器箱体尺寸

规格型号	箱体尺寸（宽×高×深）（mm×mm×mm）
FR-A740-0.4K-CHT FR-A740-0.75K-CHT FR-A740-1.5K-CHT FR-A740-2.2K-CHT FR-A740-3.7K-CHT	150×260×140
FR-A740-5.5K-CHT FR-A740-7.5K-CHT	220×260×170
FR-A740-11K-CHT FR-A740-15K-CHT	220×300×190
FR-A740-18.5K-CHT FR-A740-22K-CHT	250×400×190
FR-A740-30K-CHT	325×550×195
FR-A740-37K-CHT FR-A740-45K-CHT FR-A740-55K-CHT	435×550×250
FR-A740-75K-CHT FR-A740-90K-CHT	465×620×300
FR-A740-110K-CHT FR-A740-132K-CHT	465×740×360

续表

规格型号	箱体尺寸（宽×高×深）（mm×mm×mm）
FR-A740-160K-CHT FR-A740-185K-CHT	498×1010×380
FR-A740-220K-CHT FR-A740-250K-CHT FR-A740-280K-CHT	680×1010×380
FR-A740-315K-CHT FR-A740-355K-CHT	790×1330×440
FR-A740-400K-CHT FR-A740-450K-CHT FR-A740-500K-CHT	995×1580×440

（3）三菱 FR-A740 变频器驱动带编码器的电动机实现高性能的矢量控制。闭环矢量控制下，变频器可以达到比无传感器矢量控制时更高精度和更快速度响应的性能。速度控制范围 1∶1500；速度波动率 0.01%，速度响应 300rad/s。它的转矩控制范围为 1∶50，并具有零速控制和伺服锁定功能。位置控制中，内置 15 段预设位置段，并且与 PLC 或脉冲单元连接后可以构成通用伺服系统，实现定位操作。

（4）三菱 FR-A740 变频器简易、实用的 PLC 功能（可选）。内置的 PLC 编程功能使操作人员方便地利用编程软件 GX-Developer 进行编制程序，即除了变频器正常使用外附加了 PLC 的运行功能，进行相关的电气控制，做到一机多用，用户使用此功能时可以简化结构、降低成本。

（5）三菱 FR-A740 变频器强大的网络通信功能。内置 USB 通信接口，方便连接 FR-Configrator 变频器设置软件。除内置的基本 RS-485 通信方式外，通过选用各种总线适配器，可链接于 CC-Link、Profibus-DP、DeviceNet、LonWorks、CANopen、EtherNet、SSCNet Ⅲ，高效、快速地实现设备网络化。

（6）三菱 FR-A740 变频器内置 EMC 滤波器，能有效地抑制电磁噪声，无须外部配置，节省安装空间。

（7）三菱 FR-A740 变频器长寿命设计。主回路电容、控制回路电容、新设计的冷却风扇设计寿命均为 10 年。

3. 三菱 FR-A740 变频器的性能指标

（1）额定指标。

1）额定过载能力。超轻型负载（SLD，环境温度 40℃）110%，60s；120%，3s。轻型负载（LD，环境温度 50℃）120%，60s；150%，3s。一般负载（ND，环境温度 50℃）150%，60s；200%，3s。重型负载（HD，环境温度 50℃）200%，60s；250%，3s。

2）额定输入交流电压、频率。三相 380～480V，50/60Hz；交流电压允许波动范围为 323～528V，50/60Hz；允许频率波动范围为±5%。

3）再生制动转矩、最大值允许使用率。使用电动机容量 0.4～7.5kW 时，100%转矩、2%ED；添加使用外置制动电阻时，100%转矩、10%ED；使用电动机容量 11～22kW 时，20%转矩、连续；添加使用外置制动电阻时，100%转矩、6%ED；使用电动机容量 30～55kW 时，20%转矩、连续。

4）保护结构。使用电动机容量0.4～22kW时，为封闭型（IP20）；使用电动机容量大于22kW时，为开放型（IP00）。

5）冷却方式。使用电动机容量0.4～1.5kW时，自冷（无风扇）；使用电动机容量大于1.5kW时，强制风冷（带风扇）。

（2）控制特性。

1）控制方式。柔性PWM控制、高载波频率PWM控制（可选U/f控制、先进磁通矢量控制、实时无传感器矢量控制）、带编码器的矢量控制（需选件FR-A7AP）。

2）频率。输出频率范围0.2～400Hz。

3）频率设定分辨率（模拟输入）。0.015Hz/0～60Hz（端子2、4：0～10V/12位）；0.03Hz/0～60Hz（端子2、4：0～5V/11位，0～20mA/11位；端子1：0～±10V/12位）；0.06Hz/0～60Hz（端子1：0～±5V/11位）。

4）频率设定分辨率（数字输入）为0.01Hz。

5）频率精度（模拟输入）。最大输出频率的±0.2%以内（25℃＋10℃）。

6）频率精度（数字输入）。设定输出频率的0.01%以内。

7）频率设定信号（模拟量输入）。端子2、4：可在0～10V、0～5V、4～20mA间选择。端子1：可在－10～＋10V、－5～＋5V间选择。

8）频率设定信号（数字量输入）。用操作面板的M转盘、参数单元及BCD 4位或者16位二进制数（使用选件FR-A7AX时）；

9）电压/频率特性。基准频率可以在0～400Hz任意设定，可以选择恒转矩曲线、变转矩曲线、U/f可调整（5点）。

10）启动转矩（实时无传感器矢量控制或矢量控制）。200%，0.3Hz（0.4～3.7kW）；150%，0.3Hz（5.5kW及以上）。

11）加/减速时间设定。0～3600s（可分别设定加速与减速时间），可以选择直线或S形加减速模式。

12）直流制动。动作频率（0～120Hz）、动作时间（0～10s）、动作电压（0%～30%）可变。

13）失速防止动作水平。动作电流水平可以设定（0%～220%可变），可以选择有或无。

（3）运行特性。

1）启动信号。正转、反转分别控制，启动信号自动保持，输入（3线输入）可以选择。

2）输入信号。多段速选择，第2、3功能选择，端子4输入选择，点动运行选择，瞬间停电再启动选择，外部热保护输入，HC连接（变频器运行许可信号），HC选择（瞬间停电检测），PU操作外部信号，PID控制有效端子，PU操作，外部操作切换、输出停止，启动自保持，正转指令，反转指令，复位变频器，PTC热电阻输入，PID热电阻输入，PID正反转动作切换，PU-NET操作，NET-外部操作切换，指令权切换中可以用Pr.178～Pr.189（输入端子功能选择）选择任意的12种。

3）脉冲串输入。100kpp/s（每秒脉冲数）。

4）运行功能。上下限频率设定，频率跳变，外部热保护输入选择，极性可逆操作，瞬间停电再启动运行，瞬间停电运行继续，工频切换运行，防止正转或反转，操作模式选择，PID控制，计算机通信操作（RS-485），在线自整定，离线自整定，电动机轴定位，机械轴定位，预励磁，机械共振抑制滤波器，机械分析器，简单增益调整，速度前置反馈和转矩偏置等。

5）模拟输出。输出频率，电动机电流（平均值或峰值），输出电压，异常显示，频率设定值，运行速度，电动机转矩，直流侧电压（平均值或峰值），电子过电流保护负载率，输入功率，输出功率，负荷表，基准电压输出，电动机负载率，再生制动使用率，省电效果，PID 目标值，PID 测定值，电动机输出，转矩命令，转矩电流指令和转矩监视。

（4）显示特性。

1）显示运行状态。输出频率，电动机电流（平均值或峰值），输出电压，异常显示，频率设定值，运行速度，电动机转矩，负载，直流侧电压（平均值或峰值），电子过电流保护负载率，输入功率，输出功率，负载大小，电动机励磁电流，累计通电时间，运行时间，电动机负载率，累计电量，省电效果，累计省电，再生制动使用率，PID 目标值，PID 测定值，PID 偏差，变频器输出端子监视器，输入端子可选监视器，输出端子可选监视器，选件安装状态，端子安装状态，转矩指令，转矩电流指令，反馈脉冲，电动机输出。

2）显示报警记录。保护功能启动时显示报警记录，可以监视保护功能启动前的输出电压、电流、频率、累计通电时间，记录最近 8 次异常内容。

3）显示对话式引导。借助于帮助功能进行操作指南。

第三节　三菱 FR-A740 变频器的接线端子

不同系列的变频器都有其标准的接线端子，接线时，要根据使用说明书进行连接。变频器的接线主要有两部分：一部分是主电路，用于电源及电动机的连接；另一部分是控制线路，用于控制电路及监测电路的连接。

1. 三菱 FR-A740 变频器的主电路接线端子

（1）主电路接线端子。主电路是完成电能转换（整流、逆变），给电动机提供变压变频交流电源的部分，它由整流电路、逆变电路、电容滤波电路、能耗制动单元电路等构成。主电路由输入的单相或三相恒频恒压的交流电源，经整流电路转换成恒定的直流电压，供给逆变电路。逆变电路在 CPU 的控制下，将恒定的直流电压逆变成电压和频率均可调的三相交流电供给电动机负载。由于变频器中间直流环节是通过电容器进行滤波的，因此属于电压型交—直—交变频器。三菱 FR-A740 变频器的主电路接线端子如图 2-2 所示。其端子排列如图 2-3 所示。

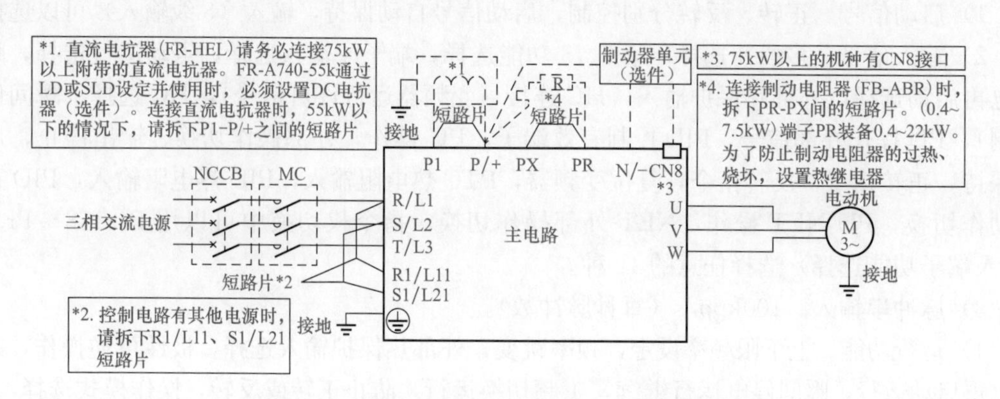

图 2-2　三菱 FR-A740 变频器的主电路接线端子

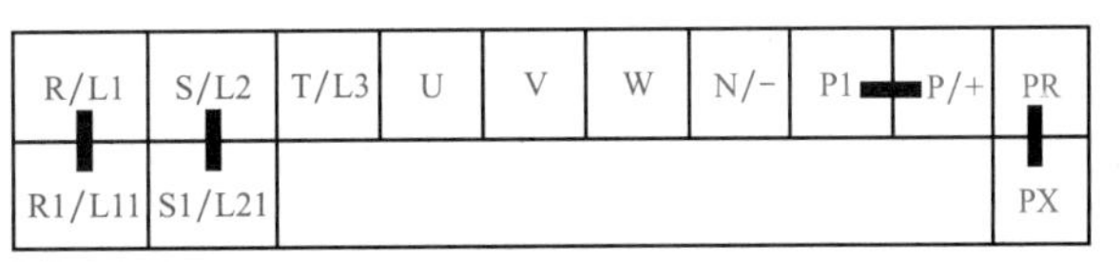

图 2-3　三菱 FR-A740 变频器的主电路接线端子排列

1）端子 R/L1、S/L2、T/L3。作为变频器的交流电源输入端子，接工频电源。

2）端子 U、V、W。作为变频器的输出端子，接电动机。

3）端子 R1/L11、S1/L21。作为控制电路的输入电源端子，它与交流电源输入端子 R/L1、S/L2 通过短路片相连。

4）端子 P/＋、P1。作为连接提高功率因数的直流电抗器端子，对于 55kW 以下产品，可卸下短路片，并外接上直流电抗器；对于 75kW 以上产品，由于已内置标准的直流电抗器，故必须连接短路片。

5）端子 P/＋、PR。作为外接制动电阻端子，对于 7.5kW 以下产品，可卸下端子 PR—PX 之间的短路片，并在端子 P/＋、PR 上外接制动电阻器。

6）端子 P/＋、N/－。作为制动器单元的接入端。

7）端子 PR、PX。作为内置制动器回路连接端子，当短路片相连时，内置的制动器回路为有效。

（2）主电路接线端子使用说明。

1）三相电源线必须连接至 R/L1、S/L2、T/L3（没有必要考虑相序），绝对不允许连接至变频器的输出端子 U、V、W，否则将导致相间短路而损坏变频器。

2）电动机连接到变频器的输出端子 U、V、W，接通正转开关（信号）时，电动机的转动方向从轴向看为逆时针方向。

3）在端子 P/＋、PR 间，不要连接除建议的制动电阻器选件以外的器件，并绝对不能短路。

4）变频器输入输出（主电路）包含有谐波成分，可能干扰变频器附近的通信设备。因此，可安装无线电噪声滤波器 FR-BIF、FR-BSF01、FR-BLF（选件），使干扰降到最小。

5）长距离布线时，由于受到布线的寄生电容充电电流的影响，会使快速响应电流限制功能降低，导致仪器误动作而产生故障。因此，最大布线长度要小于规定值，不得已布线长度超过时，要把 Pr. 156 设为 1。

6）不要在变频器输出端子安装电力电容器、浪涌抑制器、无线电噪声滤波器，否则将导致变频器故障或电容和浪涌抑制器的损坏。

7）变频器和电动机间的接线距离较长时，特别是低频率输出情况下，由于主电路电缆的电压下降而导致电动机的转矩下降。为使电压降在 2%以内，应使用适当型号的粗电缆接线，电缆最佳长度控制在 20m 以内。

8）由于在变频器内有漏电流，为了防止触电，变频器和电动机必须接地。接地电缆应尽量采用专用接地线，线径必须等于或大于规定标准，接地点尽量靠近变频器，接地线越短越好。

2. 三菱 FR-A740 变频器的控制电路接线端子

（1）变频器控制电路接线端子。变频器控制电路分为内部控制电路和外部控制电路，是信息的收集、变换、处理和传输的电路。它由主控板（CPU）、控制电源板、模拟量输入输出、数字量输入输出、输出继电器触点、操作面板等构成。三菱 FR-A740 变频器的控制电路接线端子如图 2-4 所示，其端子排列如图 2-5 所示。

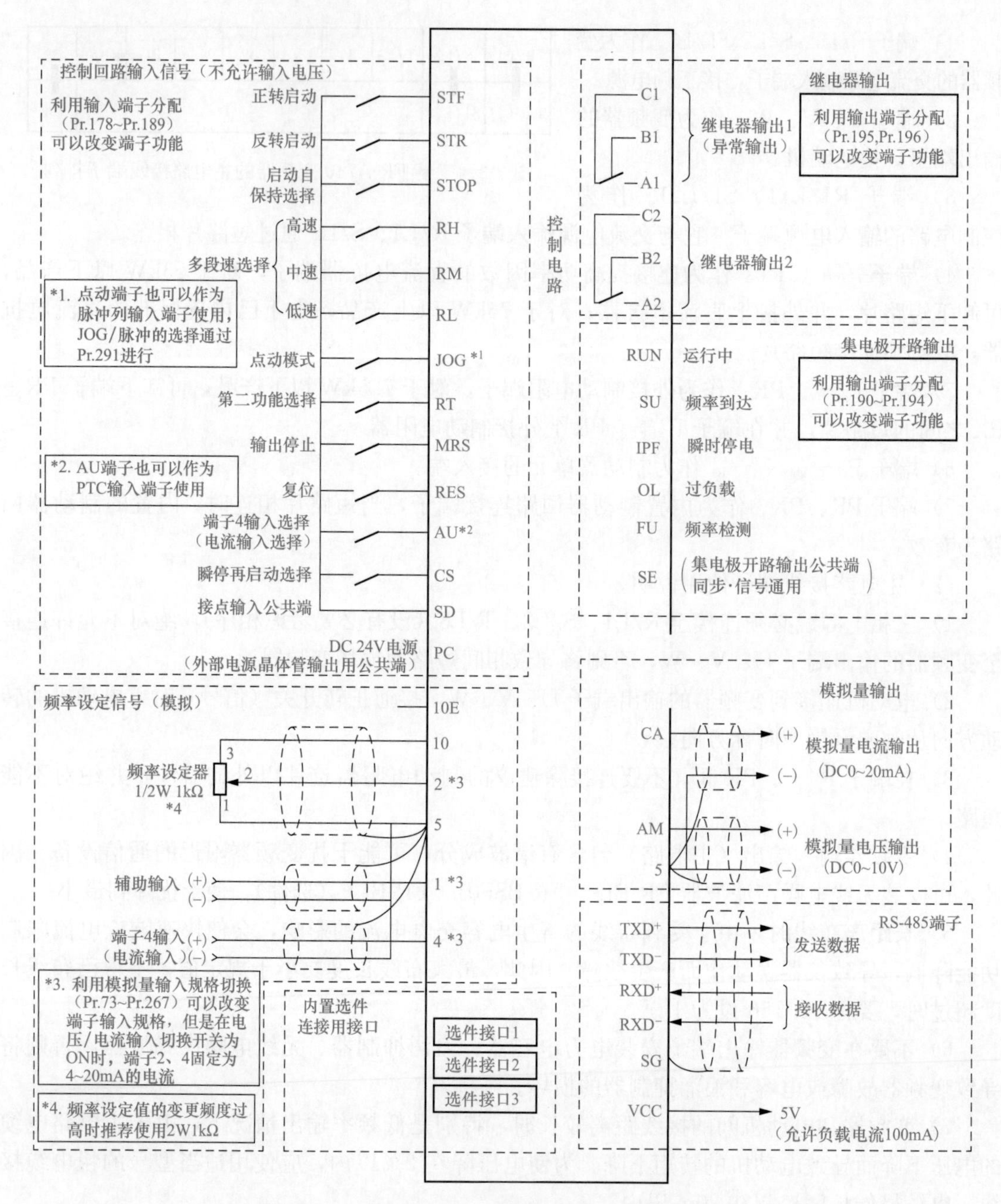

图 2-4　三菱 FR-A740 变频器的控制电路接线端子

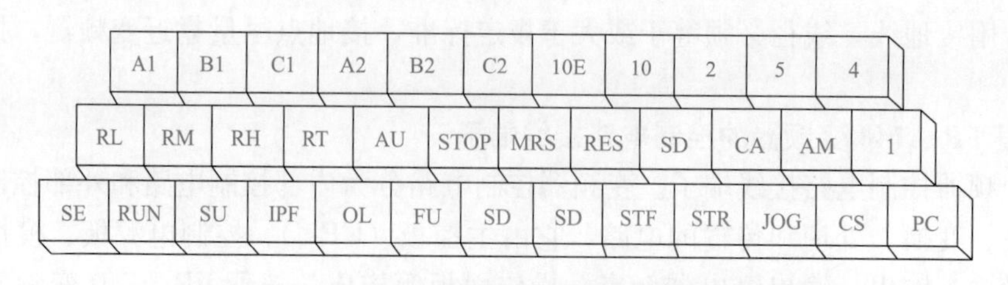

图 2-5　三菱 FR-A740 变频器的控制电路接线端子排列

变频器控制电路端子主要包括输入端子、输出端子、通信端子三个部分，其中端子SE、SD、5是公共端子（0V），各个公共端子相互绝缘，不得接大地，使用时应注意其不同的功能。

1）漏型逻辑。漏型逻辑模式是指输入端子接通时，电流是从相应的输入端子流出，端子SD是开关量输入端子的公共端子，端子SE是集电极开路输出的公共端子。

2）源型逻辑。源型逻辑模式是指输入端子接通时，电流是从相应的输入端子流入，端子PC是开关量输入端子的公共端子，端子SE是集电极开路输出的公共端子。

3）变频器出厂时已将输入端子设定为漏型逻辑，若要转换为源型逻辑，方法是切换变频器的跳线接线器，将控制电路接线排里的漏型逻辑（SINK）跳线接口切换为源型逻辑（SOURCE）跳线接口，如图2-6所示。

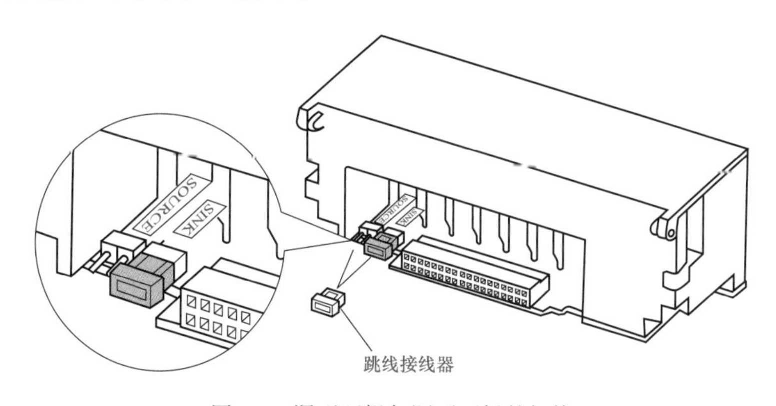

图2-6 漏型逻辑与源型逻辑的切换

4）端子SD。作为开关量输入端子（STF、STR、STOP、RH、RM、RL、JOG、RT、MRS、RES、AU、CS）的公共端子，集电极开路和内部控制电路为光电隔离。

5）端子SE。作为集电极开路输出端子（RUN、SU、OL、IPF、FU）的公共端子，开关量输入电路和内部控制电路为光电隔离。

6）端子5。作为频率设定信号（端子2、1、4）、模拟量输出端子CA、AM的公共端子，应采用屏蔽线或双绞线以避免受到外来噪声的影响。

（2）变频器输入端子的功能。变频器输入端子分为开关量输入端子（STF、STR、STOP、RH、RM、RL、JOG、RT、MRS、RES、AU、CS、SD、PC）和模拟量输入端子（10E、10、2、5、1、4），前者用于输入控制指令，后者用于频率的给定，它们的具体功能说明见表2-2。

表2-2 三菱FR-A740变频器输入端子的功能说明

<table>
<tr><th>端子类别</th><th>端子记号</th><th>端子名称</th><th colspan="2">端子功能说明</th></tr>
<tr><td rowspan="4">开关量输入端子</td><td>STF</td><td>正转启动</td><td>STF信号为ON时正转，为OFF时停止</td><td rowspan="2">STF、STR信号同时为ON时为停止指令</td></tr>
<tr><td>STR</td><td>反转启动</td><td>STR信号为ON时反转，为OFF时停止</td></tr>
<tr><td>STOP</td><td>启动自保持选择</td><td colspan="2">STOP信号为ON时，可以选择启动信号自保持</td></tr>
<tr><td>RL
RM
RH</td><td>多段速选择</td><td colspan="2">用RL、RM、RH信号的组合可以选择多段速度</td></tr>
</table>

续表

端子类别	端子记号	端子名称	端子功能说明
开关量输入端子	JOG	点动模式选择	JOG 信号为 ON 时选择点动运行（初始设定），用启动信号 STF 或 STR 可以点动运行
		脉冲列输入	JOG 端子也可以作为脉冲列输入端子使用，作为脉冲列输入端子使用时，有必要对 Pr. 291 进行变更（最大输入脉冲数为 100kpp/s）
	RT	第二功能选择	RT 信号为 ON 时，第二功能被选择，设定了（第二转矩提升）、（第二 U/f 基准频率）时也可以用 RT 信号为 ON 时选择这些功能
	MRS	输出停止	MRS 信号为 ON（保持 20ms 以上）时，变频器输出停止，用电磁制动停止电动机时用于断开变频器的输出
	RES	复位	在保护电路动作时的报警输出复位时使用，端子 RES 信号为 ON（保持 0.1s 以上），然后断开。工厂出厂时，通常设置为复位，根据 Pr. 75 的设定，仅在变频器报警发生时可能复位，复位解除后约 1s 恢复
	AU	端子 4 输入选择	只有把 AU 信号置为 ON 时端子 4 才能使用（频率设定信号在 DC4～20mA 可以操作），AU 信号置为 ON 时端子 2（电压输入）的功能将无效
	CS	瞬停再启动选择	CS 信号预先处于 ON，瞬时停电再恢复时变频器便可以自动启动，但用这种运行必须设定有关参数，因为出厂设定为不能再启动
	SD	公共输入端子（漏型）	接点输入端子（漏型）的公共端子，DC24V/0.1A 电源（PC 端子）的公共输出端子，与端子 5 及端子 SE 绝缘
	PC	外部晶体管公共端（漏型）、输入端子公共端（源型）、DC24V 电源	漏型时当连接晶体管输出（集电极开路输出），如可编程控制器（PLC）时，将晶体管输出用的外部电源公共端接到该端子时，可以防止因漏电引起的误动作，可以作为 DC24V/0.1A 的电源使用。当选择源型时，该端子作为输入端子的公共端
频率设定	10E	频率设定用电源	按出厂状态连接频率设定电位器时，与端子 10 连接。当连接到端子 10E 时，请改变端子 2 的输入规格（参照 Pr. 73 模拟输入选择）
	10		
	2	频率设定（电压）	输入 DC0～5V（或者 0～10V、4～20mA），当 5V 时最大输出频率（10V、20mA），输出、输入成正比，输入 DC0～5V（初始设定）和 DC0～10V、4～20mA 的切换。在电压/电流输入切换开关设为 OFF（初始设定为 OFF）时通过 Pr. 73 进行，当电压/电流输入切换开关设为 ON 时，电流输入固定不变（Pr. 73 必须设定电流输入）
	4	频率设定（电流）	输入 DC4～20mA（或 0～5V、0～10V），当 20mA 时为最大输出频率，输出频率与输入成正比。只有 AU 信号置为 ON 时此输入信号才会有效（端子 2 的输入将无效）。4～20mA（出厂值）、DC0～5V、DC0～10V 的输入切换在电压/电流输入切换开关设为 OFF（初始设定为 ON）时通过 Pr. 267 进行设定，当电压/电流输入切换开关设为 ON 时，电流输入固定不变（Pr. 267 必须设定电流输入），端子功能的切换通过 Pr. 858 进行设定
	1	辅助频率设定	输入 DC0～±5V 或 DC0～±10V 时，端子 2 或 4 的频率设定信号与这个信号相加，用参数单元 Pr. 73 进行输入 DC0～±5V 和 DC0～±10V（初始设定）的切换。端子功能的切换通过 Pr. 868 进行设定
	5	频率设定公共端	频率设定信号（端子 2、1 或 4）和模拟输出端子 CA、AM 的公共端子，请不要接大地

变频器输入端子使用说明如下。

1）端子 SD、5 是公共端子（0V），不得将 5-SD 或 5-SE 互相连接。

2）输入端子的接线必须与主电路、强电路（含 200V 继电器程序回路）分开布线。

3）开关量输入端子与外部接口方式非常灵活，主要有干接点方式、源极方式、漏极方式。

4）模拟量输入信号容易受外部干扰，配线时必须使用屏蔽线或双绞线，并保证良好接地，配线长度应尽可能短。

5）由于控制电路的频率输入信号是微小电流，所以在接点输入的场合，为了防止接触不良，微小信号接点应使用两个并联的接点或使用双生接点。

6）使用模拟量输入时，可以在输入端子和模拟地之间安装滤波电容或共模电感。

7）常见的模拟量输入信号为电流信号和电压信号，对于有些模拟量输入端子，既可以接收电流信号，也可以接收电压信号，因此必须对硬件跳线或拨码开关进行设置，同时也在相关的参数中进行电压或电流信号型号的选择。

8）输入端子的接线一般选用0.3～0.75mm^2 的屏蔽线或双绞聚乙烯线。

（3）变频器输出端子的功能。变频器输出端子分为模拟量输出端子（CA、AM）和开关量输出端子（A1、B1、C1、A2、B2、C2、RUN、SU、OL、IPF、FU、SE）。前者用于外接测量仪表，输出与被测量成正比的直流电压或电流信号；后者用于报警输出、状态信号输出，它们的具体功能说明见表2-3。

表2-3　　三菱FR-A740变频器输出端子的功能说明

<table>
<tr><th>端子类别</th><th>端子记号</th><th>端子名称</th><th colspan="2">端子功能说明</th></tr>
<tr><td rowspan="2">开关量输出端子</td><td>A1
B1
C1</td><td>继电器输出1（异常输出）</td><td colspan="2">指示变频器因保护功能动作时输出停止的转换端子。故障时：B-C间不导通（A-C间导通）。正常时：B-C间导通（A-C间不导通）</td></tr>
<tr><td>A2
B2
C2</td><td>继电器输出2</td><td colspan="2">继电器输出（动合/动断）</td></tr>
<tr><td rowspan="7">集电极开路输出端子</td><td>RUN</td><td>变频器正在运行</td><td colspan="2">变频器输出频率为启动频率（初始值0.5Hz）以上时为低电平，正在停止或正在直流制动时为高电平</td></tr>
<tr><td>SU</td><td>频率到达</td><td>输出频率达到设定频率的±10%（初始值）时为低电平，正在加/减速或停止时为高电平</td><td rowspan="4">集电极开路输出用的晶体管低电平表示为ON（导通状态），高电平表示为OFF（不导通状态）。
报警代码（4位）输出</td></tr>
<tr><td>OL</td><td>过负载报警</td><td>当失速保护功能动作时为低电平，失速保护解除时为高电平</td></tr>
<tr><td>IPF</td><td>瞬时停电</td><td>瞬时停电，电压不足保护动作时为低电平</td></tr>
<tr><td>FU</td><td>频率检测</td><td>输出频率为任意设定的检测频率以上时为低电平，未达到时为高电平</td></tr>
<tr><td>SE</td><td>集电极开路输出公共端</td><td colspan="2">端子RUN、SU、OL、IPF、FU的公共端子</td></tr>
<tr><td>CA</td><td>模拟电流输出</td><td rowspan="2">可以从输出频率等多种监视项目中选一种作为输出（变频器复位中不被输出），输出信号与监视项目的大小成比例</td><td rowspan="2">输出项目：输出频率（初始值设定）</td></tr>
<tr><td>模拟端子</td><td>AM</td><td>模拟电压输出</td></tr>
</table>

变频器输出端子使用说明如下。

1）报警输出端子是专用的，不能再作其他用途，不需要进行功能预置。

2）报警输出为继电器输出时，可以直接接至交流电压为250V的电路中，继电器触点容量为1～3A。

3）报警输出端子通常都配置一个动断触点、一个动合触点。

4）通过对测量信号输出端的预置，可以提供模拟量或数字量测量信号。

5）外接测量信号输出端通常有两个，用于测量频率和电流。但除此之外，还可以通过功能预置测量其他运行数据，如电压、转矩、负荷率、功率以及PID控制时的目标值和反馈值等。

6）测量信号输出端的输出信号有电压信号（输出信号范围有0～1V、0～5V、0～10V），一般变频器是直接由模拟量给出信号电压的大小，但也有的变频器输出的是占空比与信号电压成正比的脉冲信号；电流信号（输出信号范围有0～20mA、4～20mA、0～1mA）；脉冲信号（输出信号为与被测量成比例的脉冲信号，脉冲高度通常为8～24V），脉冲信号输出方式主要用于测量变频器的输出频率。

7）集电极开路输出端子连接控制继电器时，可以在励磁线圈的两端连接吸收电涌的二极管。

（4）变频器通信端子的功能。变频器通信端子包括RS-485接口和USB接口，它们的具体功能说明见表2-4。RS-485接口是一个较为特殊的信号端子，其他信号端子都是单向传输的输入或输出信号，而该信号端子的信号是双向传输的总线方式，可以实现变频器与变频器之间、变频器与PLC之间的通信，其接线方式简洁，只有两线，抗干扰性能好，可以远距离传输。

表2-4　　三菱FR-A740变频器通信端子的功能说明

<table>
<tr><th>端子类别</th><th>端子记号</th><th>端子名称</th><th colspan="2">端子功能说明</th></tr>
<tr><td rowspan="6">RS-485</td><td>—</td><td>PU接口</td><td colspan="2">通过PU接口，进行RS-485通信（仅一对一连接）。
遵守标准：EIA-485（RS-485）。
通信方式：多站点通信。
通信速率：4800～38400bps。
最长距离：500m</td></tr>
<tr><td rowspan="5">RS-485端子</td><td>TXD+</td><td rowspan="2">变频器传输端子</td><td rowspan="5">通过RS-485端子，进行RS-485通信。
遵守标准：EIA-485（RS-485）。
通信方式：多站点通信。
通信速率：300～38400bps。
最长距离：500m</td></tr>
<tr><td>TXD−</td></tr>
<tr><td>RXD+</td><td rowspan="2">变频器接收端子</td></tr>
<tr><td>RXD-</td></tr>
<tr><td>SG</td><td>接地</td></tr>
<tr><td>USB</td><td>—</td><td>USB连接器</td><td colspan="2">与个人计算机通过USB连接后，可以实现FR-Configrator的操作。
接口：支持USB1.1。
传输速度：12Mbps。
连接器：USB、B连接器（B插口）</td></tr>
</table>

变频器通信端子使用说明如下。

1）可以使用PU接口和RS-485端子与计算机、PLC等上位机进行通信。

2）在三菱变频器协议（计算机链接运行）的情况下，可以通过PU接口和RS-485端子进行通信，而在Modbus RTU（专用于PLC）协议的情况下，只能通过RS-485端子进行通信。

3）PU 接口采用以太网线的 RJ45 插头相连接，因此可以使用两对导线连接，能将变频器的 SDA 与 PLC 通信板（FX_{2N}-485-BD）的 RDA 连接、变频器的 SDB 与 PLC 通信板（FX_{2N}-485-BD）的 RDB 连接、变频器的 RDA 与 PLC 通信板（FX_{2N}-485-BD）的 SDA 连接、变频器的 RDB 与 PLC 通信板（FX_{2N}-485-BD）的 SDB 连接、变频器的 SG 与 PLC 通信板（FX_{2N}-485-BD）的 SG 连接。

4）USB 接口可将变频器和个人计算机用 USB 电缆连接后，通过使用 FR-Configrator（变频器设置软件）简单实现变频器的安装。

第四节　三菱 FR-A740 变频器面板操作方法

三菱 FR-A740 变频器的标准供货方式在出厂时机上配有专用操作面板 FR-DU07，它具有深受好评的旋转式数字转盘及对话式 LED 显示参数单元，对于很多用户来说，利用 FR-DU07 和厂家的默认设定值，就可以使变频器在很多应用场合成功地投入运行。如果厂家的默认设定值不适合设备的运行条件，则也可以利用操作面板 FR-DU07 修改参数，使其匹配。

1. 操作面板 FR-DU07 的拆装

操作面板 FR-DU07 的拆装如图 2-7 和图 2-8 所示。操作步骤如下。

（1）拆卸时，松开操作面板上的两颗固定螺钉（螺钉不能卸下）。

（2）按住操作面板左右两侧的插销，把操作面板往前拉出后拆下。

（3）安装时，将操作面板对准位置垂直装入，并注意操作面板背后的接口要与主机上的接口整齐对接，随后旋紧两颗固定螺钉。

（4）使用延长电缆将操作面板与主机相连后，如图 2-9 所示。这样便可以实现远距离（20m 以内）操控，方便使用。

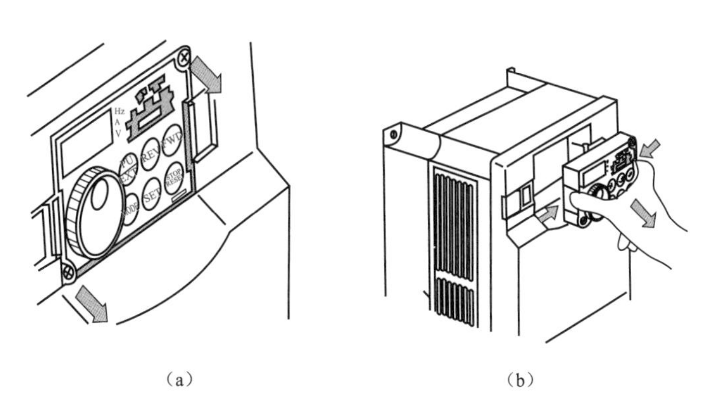

（a）　　　　（b）

图 2-7　操作面板 FR-DU07 的拆卸

（a）松开固定螺钉；（b）拆下操作面板

2. 操作面板 FR-DU07 的按键功能

使用变频器之前，首先要熟悉它的操作面板显示单元和键盘操作单元，并且按照使用现场的要求合理设置参数。操作面板 FR-DU07 的外形如图 2-10 所示。其上半部分为 4 位 LCD 显示器及状态显示 LED 灯，下半部分为各种按键及旋转式数字转盘（M），其功能说明如下。

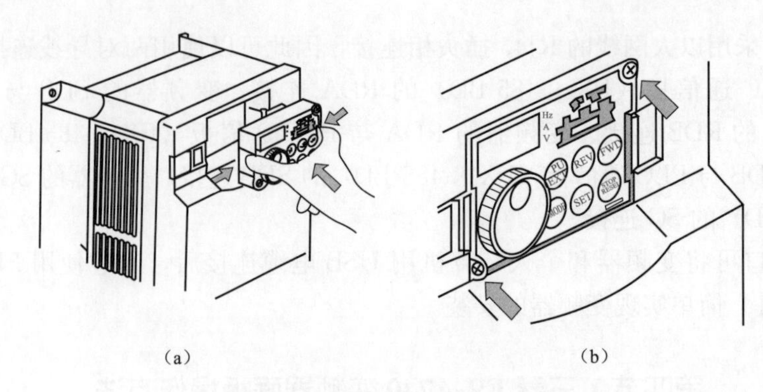

图 2-8　操作面板 FR-DU07 的安装

(a) 装入操作面板；(b) 旋紧固定螺钉

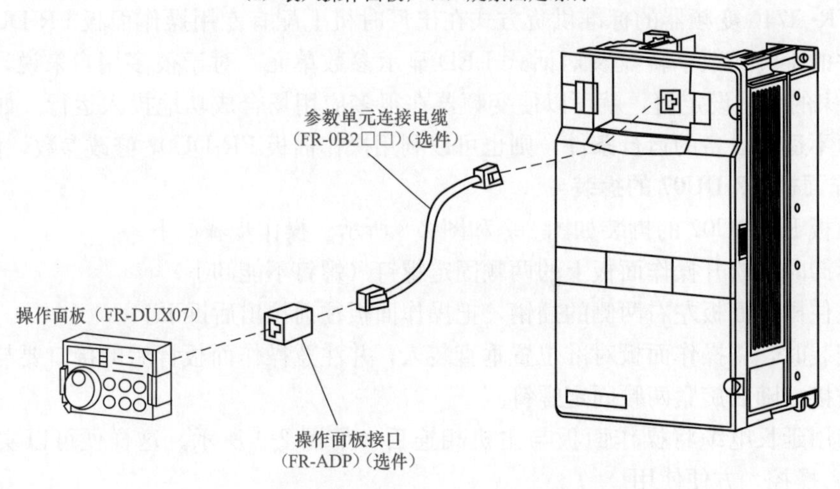

图 2-9　操作面板 FR-DU07 与主机的电缆连接

(1) 4 位 LCD 显示器。用于显示参数的序号（P.×××）、故障号（Er××）、报警号（E×××）、参数的物理量数值（A、V、Hz 等）以及各种运行状态。

(2) 旋转式数字转盘“M”。用于设置频率、改变参数的设定值。

(3) 正转键“FWD”。用于发出电动机正转指令。

(4) 反转键“REV”。用于发出电动机反转指令。

(5) 模式键“MODE”。用于切换选择各设定模式（显示器模式、频率设定模式、参数设定模式、报警历史模式）。

(6) 设定键“SET”。用于确定各类设定，如果在运行中按下，则显示器将循环显示运行频率→输出电流→输出电压。

(7) 操作模式切换键“$\frac{\text{PU}}{\text{EXT}}$”。用于 PU 操作模式（PU）与外部操作模式（EXT）之间的切换。在外部操作模式（另行设定的频率和启动信号运行）的情况下，按此键使操作模式显示的“EXT”灯点亮。

(8) 停止及复位键“$\frac{\text{STOP}}{\text{RESET}}$”。用于发出电动机停止运行指令，且在保护功能动作输出停止时复位变频器。

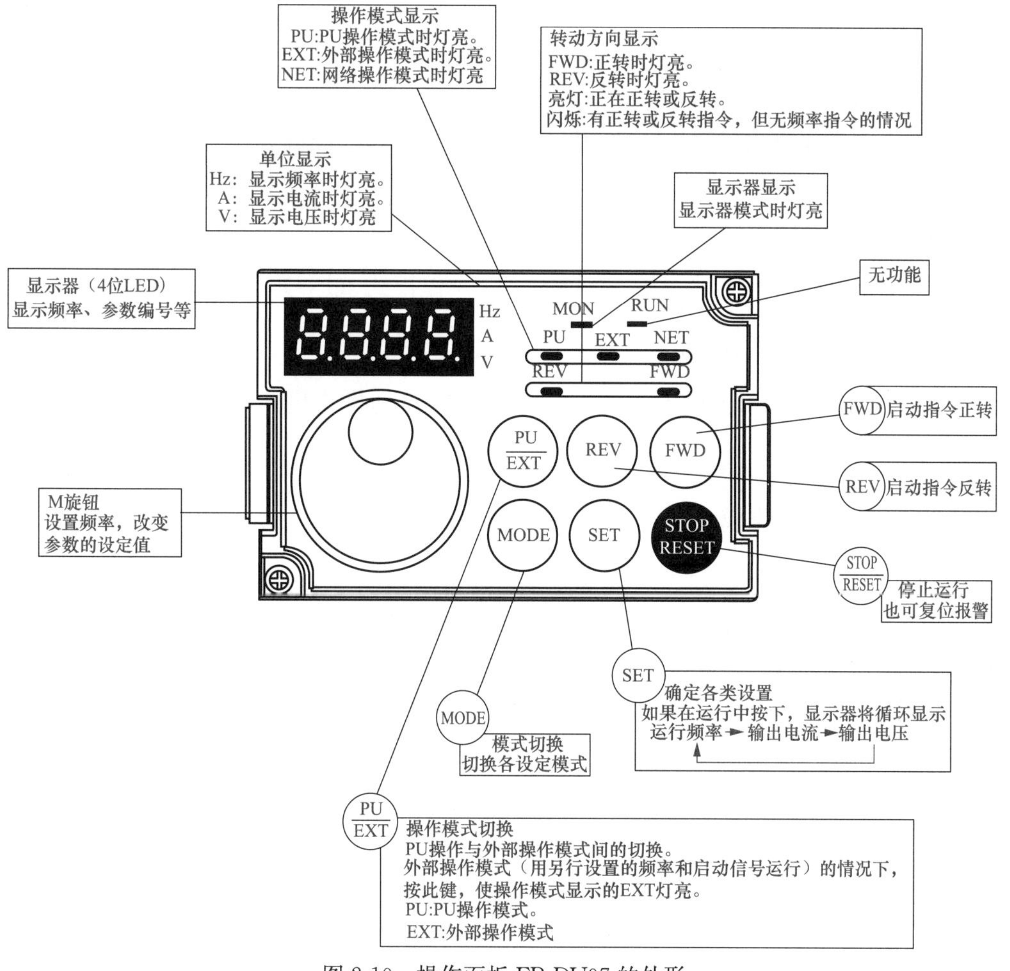

图 2-10 操作面板 FR-DU07 的外形

（9）单位显示 LED 灯“Hz”“A”“V”。用于显示物理量单位，显示频率时，“Hz”灯点亮；显示电流时，“A”灯点亮；显示电压时，“V”灯点亮。

（10）显示器模式显示 LED 灯“MON”。显示器模式时，“MON”灯点亮。

（11）操作模式显示 LED 灯“PU、EXT、NET”。PU 操作模式时，“PU”灯点亮；外部操作模式时，“EXT”灯点亮；网络操作模式时，“NET”灯点亮。

（12）组合操作模式显示 LED 灯“PU”＋“EXT”。组合操作模式时，“PU”＋“EXT”灯同时点亮；

（13）转动方向显示 LED 灯“FWD”“REV”。电动机正转时，“FWD”灯点亮；电动机反转时，“REV”灯点亮；电动机有正转或反转指令但无频率指令时，“FWD”“REV”灯闪烁；

（14）运行显示 LED 灯“RUN”。变频器运行时，“RUN”灯点亮。

3. 操作面板 FR-DU07 的操作方法

当变频器接通电源后（又称上电），自动进入“显示器模式”，“MON”灯点亮，同时默认操作模式为外部操作模式（EXT），“EXT”灯点亮，显示屏为“-0.00”，“Hz”灯点亮。

（1）操作模式切换的操作方法。操作模式用来设定变频器的运行方式，在操作面板上可以设定外部操作模式（EXT）、PU操作模式（PU）、PU点动操作模式（JOG）三种。外部操作模式是指控制信号由控制端子外接的开关（或继电器等）输入的运行方式；PU操作模式是指控制信号由PU接口输入的运行方式，如面板操作、计算机通信操作都是PU操作方式；PU点动操作模式是指通过PU接口输入点动控制信号的运行方式。

1）变频器上电后，显示屏为“-0.00”，“Hz”灯点亮，“MON”灯点亮，同时默认运行模式为外部操作模式（EXT），“EXT”灯点亮。

2）按下操作模式切换键“$\frac{\text{PU}}{\text{EXT}}$”，进入PU操作模式（PU），此时显示屏为“-0.00”，“EXT”灯熄灭，“PU”灯点亮。

3）再按一次操作模式切换键“$\frac{\text{PU}}{\text{EXT}}$”，进入PU点动操作模式（JOG），此时显示屏为“-JOG”，“PU”灯仍然点亮。

4）继续再按一次操作模式切换键“$\frac{\text{PU}}{\text{EXT}}$”，返回外部操作模式（EXT），此时显示屏为“-0.00”，“PU”灯熄灭，“EXT”灯点亮，如此循环切换。

（2）频率设定的操作方法。频率设定用来设定变频器的工作频率，也就是设定变频器逆变电路输出电源的频率。

1）变频器上电后，显示屏为“-0.00”，“Hz”灯点亮，“MON”灯点亮，同时默认运行模式为外部操作模式（EXT），“EXT”灯点亮。

2）按下操作模式切换键“$\frac{\text{PU}}{\text{EXT}}$”，进入PU操作模式（PU），此时显示屏为“-0.00”，“EXT”灯熄灭，“PU”灯点亮。

3）按下（注意不是转动）旋转式数字转盘“M”，显示屏为“80.00”，表示当前机内原来的频率设定值为80Hz。

4）转动旋转式数字转盘“M”，可增减设定值，确定变更后的设定值（如60Hz）后，显示屏为“60.00”。

5）按下设定键“SET”，此时显示屏为“F-”与“60.00”交替闪烁，表示设定成功，$F=60$Hz。

（3）参数设定的操作方法。参数设定模式用来设定变频器的各种工作参数，每种参数又可以设定不同的值，如第79号参数Pr.79用来设定操作模式，若将Pr.79的参数值设定为1，通常记作Pr.79=1。

1）变频器上电后，显示屏为“-0.00”，“Hz”灯点亮，“MON”灯点亮，同时默认操作模式为外部操作模式（EXT），“EXT”灯点亮。

2）按下操作模式切换键“$\frac{\text{PU}}{\text{EXT}}$”，进入PU操作模式（PU），此时显示屏为“-0.00”，“EXT”灯熄灭，“PU”灯点亮。

3）按下模式切换键“MODE”，进入参数设定模式，“Hz”灯熄灭，此时显示屏为“P.-0”，表示以前读取的参数编号为Pr.0。

4）转动旋转式数字转盘“M”，调出当前要设定的参数编号（如Pr.79），此时显示屏为“P.-79”。

5）按下设定键“SET”，此时显示屏为“-0”，表示当前机内原来的设定值为 Pr. 79=0。

6）转动旋转式数字转盘“M”，可增减设定值，确定变更后的设定值后（如 2），显示屏为“-2”。

7）按下设定键“SET”，此时显示屏为“P. -79”与“-2”交替闪烁，表示设定成功，设定值为 Pr. 79=2。

（4）查阅报警历史的操作方法。

1）变频器上电后，显示屏为“-0. 00”，“Hz”灯点亮，“MON”灯点亮，同时默认操作模式为外部操作模式（EXT），“EXT”灯点亮。

2）按下操作模式切换键“$\frac{\text{PU}}{\text{EXT}}$”，进入 PU 操作模式（PU），此时显示屏为“-0. 00”，“EXT”灯熄灭，“PU”灯点亮。

3）按下模式切换键“MODE”，进入参数设定模式，“Hz”灯熄灭，此时显示屏为“P. -0”，表示以前读取的参数编号为 Pr. 0。

4）再按一次模式切换键“MODE”，进入查阅报警历史模式，此时显示屏为“E-”，若无报警历史，则显示屏为“E-0”。

5）转动旋转式数字转盘“M”，可以依次查阅最近 8 次的报警历史。

6）按下（注意不是转动）旋转式数字转盘“M”，显示屏为“1-”，表示最近第一次报警。

（5）参数清除、报警历史清除的操作方法。设定参数 Pr. CL=1 时，参数部分清除（用于校正的参数无法清除），设定参数 ALLC=1 时，参数全部清除，参数清除后恢复到初始值。设定参数 Er. CL=1 时，报警历史全部清除。

1）变频器上电后，显示屏为“-0. 00”，“Hz”灯点亮，“MON”灯点亮，同时默认操作模式为外部操作模式（EXT），“EXT”灯点亮。

2）按下操作模式切换键“$\frac{\text{PU}}{\text{EXT}}$”，进入 PU 操作模式（PU），此时显示屏为“-0. 00”，“EXT”灯熄灭，“PU”灯点亮。

3）按下模式切换键“MODE”，进入参数设定模式，“Hz”灯熄灭，此时显示屏为“P. -0”，表示以前读取的参数编号为 Pr. 0。

4）转动旋转式数字转盘“M”，调出当前要设定的参数编号（如 Pr. CL、ALLC、Er. CL），此时显示屏为“Pr. CL”或“ALLC”或“Er. CL”。

5）按照参数设定的操作方法，将参数设定为 Pr. CL=1、ALLC=1、Er. CL=1。

（6）显示器模式的操作方法。

1）变频器上电后，显示屏为“-0. 00”，“Hz”灯点亮，“MON”灯点亮，同时默认操作模式为外部操作模式（EXT），“EXT”灯点亮。

2）按下操作模式切换键“$\frac{\text{PU}}{\text{EXT}}$”，进入 PU 操作模式（PU），此时显示屏为“-0. 00”，“EXT”灯熄灭，“PU”灯点亮。

3）按下设定键“SET”，“A”灯点亮，“Hz”灯熄灭，表示显示屏为电流读数。

4）再按一下设定键“SET”，“V”灯点亮，“A”灯熄灭，表示显示屏为电压读数。

5）再按一下设定键“SET”，“Hz”灯点亮，“V”灯熄灭，表示显示屏为频率读数，如此循环显示。

第五节　三菱 FR-A740 变频器的主要参数及调试

1. 三菱 FR-A740 变频器的主要参数

供用户选择的变频器参数数量一般都有数十个甚至数百个，不同的参数都定义着不同的功能，它通常分为基本参数、运行参数、端子参数、附加参数、运行模式参数等。在实际应用中，没必要对每一个参数都进行设定和调试，多数参数只要采用出厂设定值即可。但有些参数，由于与实际使用情况有很大关系，且有些互相关联，因此需要根据实际情况进行设定。

三菱 FR-A740 变频器的主要参数见表 2-5。

表 2-5　三菱 FR-A740 变频器的主要参数

参数类别	参数号（Pr.）	出厂值	设定范围	功能说明
基本功能	0	6、4、3、2、1	0～30	转矩提升（%）
	1	120/60	0～120	上限频率（Hz）
	2	0	0～120	下限频率（Hz）
	3	50	0～400	基底频率（Hz）
	4	50	0～400	多段速设定（高速）（Hz）
	5	30	0～400	多段速设定（中速）（Hz）
	6	10	0～400	多段速设定（低速）（Hz）
	7	5/15	0～3600/360	加速时间（s）
	8	5/15	0～3600/360	减速时间（s）
	9	额定输出电流	0～500/0～3600	过电流保护（A）
直流制动	10	3	0～120，9999	直流制动动作频率（Hz）
	11	0.5	0～10，8888	直流制动动作时间（s）
	12	4、2、1	0～30	直流制动动作电压（%）
—	13	0.5	0～60	启动频率（Hz）
—	14	0	0～5	适用负荷选择
JOG 运行	15	5	0～400	点动频率（Hz）
	16	0.5	0～3600/360	点动加/减速时间（s）
—	17	0	0、2、4	MRS 输入选择
—	18	120/60	120～400	高速上限频率（Hz）
—	19	9999	0～1000，8888，9999	基底频率电压（V）
加减速时间	20	50	1～400	加/减速基底频率（Hz）
	21	0	0、1	加/减速时间单位
多段速设定	24	9999	0～400，9999	多段速设定（速度 4）（Hz）
	25	9999	0～400，9999	多段速设定（速度 5）（Hz）
	26	9999	0～400，9999	多段速设定（速度 6）（Hz）
	27	9999	0～400，9999	多段速设定（速度 7）（Hz）
频率跳变	31	9999	0～400，9999	频率跳变 1A（Hz）
	32	9999	0～400，9999	频率跳变 1B（Hz）
	33	9999	0～400，9999	频率跳变 2A（Hz）
	34	9999	0～400，9999	频率跳变 2B（Hz）
	35	9999	0～400，9999	频率跳变 3A（Hz）
	36	9999	0～400，9999	频率跳变 3B（Hz）

续表

参数类别	参数号（Pr.）	出厂值	设定范围	功能说明
—	37	0	0，1～9998	旋转速度表示
频率检测	41	10	0～100	频率到达动作范围（%）
	42	6	0～400	输出频率检测（Hz）
	43	9999	0～400，9999	反转时输出频率检测（Hz）
第二功能	44	5	0～3600/360	第二加速时间（s）
	45	9999	0～3600/360，9999	第二减速时间（s）
	46	9999	0～30，9999	第二转矩提升（%）
	47	9999	0～400，9999	第二U/f（基底频率）（Hz）
	48	150	0～220	第二失速防止动作水平（%）
	49	9999	0～400，9999	第二失速防止动作频率（Hz）
	50	30	0～400	第二输出频率检测（Hz）
	51	9999	0～500/3600，9999	第二过电流保护（A）
再启动	57	9999	0，0.1～5/30，9999	再启动自由运行时间（s）
	58	1	0～60	再启动上升时间（s）
—	60	0	0、4	节能控制选择
自动加减速	61	9999	0～500/3600，9999	基准电流（A）
	62	9999	0～220，9999	加速时电流基准值（%）
	63	9999	0～220，9999	减速时电流基准值（%）
	64	9999	0～10，9999	升降机模式启动频率（Hz）
—	71	0	0～8，13～18，20、23、24、30、33、34、40、43、44、50、53、54	适用电动机
—	72	2	0～15/6，25	PWM 频率选择
—	73	1	0～7，10～17	模拟量输入选择
—	75	14	0～3，14～17	复位选择
—	76	0	0～3	报警编码输出选择
—	77	0	0、1、2	参数写入选择
—	78	0	0、1、2	反转防止选择
—	79	0	0～7	操作模式选择
电动机参数	80	9999	0.4～55，0～3600	电动机容量（kW）
	81	9999	2、4、6、8、10、12、14、16、18、20、112、122、9999	电动机磁极数
	82	9999	0～500/3600，9999	电动机额定电流（A）
	83	200/400	0～1000	电动机额定电压（V）
	84	50	10～120	电动机额定频率（Hz）

续表

参数类别	参数号（Pr.）	出厂值	设定范围	功能说明
U/f五点可调整特性	100	9999	0～400，9999	U/f1（第一频率）（Hz）
	101	0	0～1000	U/f1（第一频率电压）（V）
	102	9999	0～400，9999	U/f2（第二频率）（Hz）
	103	0	0～1000	U/f2（第二频率电压）（V）
	104	9999	0～400，9999	U/f3（第三频率）（Hz）
	105	0	0～1000	U/f3（第三频率电压）（V）
	106	9999	0～400，9999	U/f4（第四频率）（Hz）
	107	0	0～1000	U/f4（第四频率电压）（V）
	108	9999	0～400，9999	U/f5（第五频率）（Hz）
	109	0	0～1000	U/f5（第五频率电压）（V）
第三功能	110	9999	0～3600/360，9999	第三加速时间（s）
	111	9999	0～3600/360，9999	第三减速时间（s）
	112	9999	0～30，9999	第三转矩提升（%）
	113	9999	0～400，9999	第三U/f（基底频率）（Hz）
	114	150	0～220	第三失速防止动作水平（%）
	115	0	0～400	第三失速防止动作频率（Hz）
	116	50	0～400	第三输出频率检测（Hz）
PID运行	127	9999	0～400，9999	PID控制自动切换频率
	128	10	10、11、20、21、50、51、60、61	PID动作选择
	129	100	0.1～1000，9999	PID比例常数（%）
	130	1	0.1～3600，9999	PID积分时间（s）
	131	9999	0～100，9999	PID上限
	132	9999	0～100，9999	PID下限
	133	9999	0～100，9999	PID目标设定值
	134	9999	0.01～10.00，9999	PID微分时间
工频电源切换	135	0	0、1	工频电源切换输出端子选择
	136	1	0～100	接触器（MC）切换互锁时间（s）
	137	0.5	0～100	启动等待时间（s）
	138	0	0、1	报警时的工频电源-变频器切换选择
	139	9999	0～60，9999	变频器-工频电源自动切换频率（Hz）
PU	145	1	0～7	PU显示语言切换
电流检测	148	150	0～220	在0V输入时的失速防止水平（%）
	149	200	0～220	在10V输入时的失速防止水平（%）
	150	150	0～220	输出电流检测水平（%）
	151	0	0～10	输出电流检测延迟时间（s）
	152	5	0～220	零电流检测水平（%）
	153	0.5	0～1	零电流检测时间（s）
—	158	1	1～3，5～14，17，18、21、24，32～34，50、52、53	AM端子功能选择

续表

参数类别	参数号(Pr.)	出厂值	设定范围	功能说明
瞬时停电再启动	162	0	0、1、2、10、11、12	瞬时停电再启动动作选择
	163	0	0～20	再启动第一缓冲时间（s）
	164	0	0～100	再启动第一缓冲电压（%）
	165	150	0～220	再启动失速防止动作水平（%）
输入端子的功能分配	178	60	0～20，22～28，37，42～44，60、62，64～71，9999	STF 端子功能选择
	179	61	0～20，22～28，37，42～44，61、62，64～71，9999	STR 端子功能选择
	180	0	0～20，22～28，37，42～44，62，64～71，9999	RL 端子功能选择
	181	1		RM 端子功能选择
	182	2		RH 端子功能选择
	183	3		RT 端子功能选择
	184	4	0～20，22～28，37，42～44，62～71，9999	AU 端子功能选择
	185	5	0～20，22～28，37，42～44，62，64～71，9999	JOG 端子功能选择
	186	6		CS 端子功能选择
	187	24		MRS 端子功能选择
	188	25		STOP 端子功能选择
	189	62		RES 端子功能选择
输出端子的功能分配	190	0	0～8，10～20，25～28，30～36，39，41～47，64、70、84、85，90～99，100～108，110～116，120，125～128，130～136，139，141～147，164、170、184、185、190～199，9999	RUN 端子功能选择
	191	1		SU 端子功能选择
	192	2		IPF 端子功能选择
	193	3		OL 端子功能选择
	194	4		FU 端子功能选择
	195	99	0～8，10～20，25～28，30～36，41～47，64、70、84、85，90，91，94～99，100～108，110～116，120，125～128，130～136，139，141～147，164、170、184、190，191、194～199，9999	A1、B1、C1 端子功能选择
	196	9999		A2、B2、C2 端子功能选择
程序运行设定	200	0	0、2：分钟，秒 1、3：小时，分钟	程序运行分/秒选择
	201～210	0 9999 0	0～2：旋转方向； 0～400，9999：频率； 0～99.59：时间	程序设定 1～10

续表

参数类别	参数号（Pr.）	出厂值	设定范围	功能说明
程序运行设定	211～220	0 9999 0	0～2：旋转方向； 0～400，9999：频率； 0～99.59：时间	程序设定 11～20
	221～230	0 9999 0	0～2：旋转方向； 0～400，9999：频率； 0～99.59：时间	程序设定 21～30
	231	0	0～99.59	时间设定
多段速度设定	232～239	9999	0～400，9999	多段速度设定（速度 8～15）
—	240	1	0、1	柔性—PWM 设定
—	244	1	0、1	冷却风扇动作选择
—	250	9999	0～100，1000～1100， 8888，9999	停止方式选择（s）
—	267	0	0、1、2	端子 4 输入选择
—	858	0	0、4、9999	端子 4 功能分配
—	868	0	0～6，9999	端子 1 功能分配
参数清除	CL	0	0、1	参数清除
	ALLC	0	0、1	参数全部清除
	Er. CL	0	0、1	清除报警历史
	PCPY	0	0、1、2、3	参数复制

2. 三菱 FR-A740 变频器的参数调试

变频器控制电动机运行，其各种性能和运行方式均是通过各项参数设定来实现的。若变频器只用于单纯变速运行，则按出厂时的参数默认值不作任何改变即可运行。但由于电动机负载种类繁多，为了让变频器在驱动不同电动机负载时具有良好的性能，应根据需要使用变频器相关的控制功能，并且对有关的参数进行设定。通常，一台新的三菱 FR-A740 变频器一般需要经过 3 个步骤进行参数调试，即参数复位、参数设定、快速调试。

（1）变频器参数复位。变频器参数复位是将变频器的参数恢复到出厂时的参数初始值，一般在变频器初次调试或者参数设定混乱时，需要执行该操作，以便于将变频器的参数值恢复到一个确定的初始状态。为了参数调试能够顺利进行，在开始设定参数前要进行一次“参数全部清除”操作，其操作方法如下。

1）变频器上电后，显示屏为“-0.00”，“Hz”灯点亮，“MON”灯点亮，同时默认操作模式为外部操作模式（EXT），“EXT”灯点亮。

2）按下操作模式切换键“$\frac{\text{PU}}{\text{EXT}}$”，进入 PU 操作模式（PU），此时显示屏为“-0.00”，“EXT”灯熄灭，“PU”灯点亮。

3）按下模式切换键“MODE”，进入参数设定模式，“Hz”灯熄灭，此时显示屏为“P.-0”，表示以前读取的参数编号为 Pr.0。

4）转动旋转式数字转盘“M”，调出当前要设定的参数编号 ALLC，此时显示屏为“ALLC”。

5）按下设定键“SET”，此时显示屏为“-0”，表示当前机内原来的设定值为ALLC=0。

6）转动旋转式数字转盘“M”，确定变更后的设定值为1后，显示屏为“-1”。

7）按下设定键“SET”，此时显示屏为“ALLC”与“-1”交替闪烁，表示设定成功，设定值为ALLC=1，此时参数恢复到初始值。

（2）参数设定。参数设定需要用户输入电动机相关的参数和一些基本驱动控制参数，使变频器可以良好地驱动电动机运转，一般在参数复位操作后，或者更换电动机后需要进行此操作。三菱FR-A740变频器出厂时，已按相同额定功率的三菱4极标准电动机的基本参数进行设定，如果用户采用的是其他型号的电动机，为了获得最优性能就必须输入电动机铭牌上的规格数据。

各种变频器都具有许多可供用户选择的功能，用户在使用前，必须根据生产机械的特点和要求对各种功能进行控制参数设定。准确地设定变频器的各项控制参数，可使变频调速系统的工作过程尽可能与生产机械的特性和要求相吻合，使变频调速系统运行在最佳状态。控制参数设置包含两方面：一方面是根据电动机和负载的具体特性，以及变频器的控制方式等信息进行必要的设定；另一方面是对电动机的参数、变频器的命令源及频率的给定源进行设定，从而达到简单快速驱动电动机工作的目的。

用户一般都是通过操作面板FR-DU07来修改参数的。因此，参数设定必须在“参数设定模式”下进行。尽管各种变频器的参数设定各不相同，但基本方法和步骤十分类似，大致如下。

1）进入“参数设定模式”。

2）查阅参数编号表，找出需要设定的参数编号。

3）在“参数设定模式”下，读出该参数编号的原设定值。

4）修改原设定值，输入新设定值。

5）进行新设定值输入成功确认。

6）进入变频器运行模式。

（3）快速调试。快速调试是指用户按照具体生产工艺的需要进行的设定操作。这一部分的调试工作比较复杂，常常需要在现场多次调试。变频器参数设定完成后，可以先在输出端不接电动机的情况下，就几个容易观察的项目（如升速和降速时间、点动频率等）检查变频器的执行情况是否与设定值相符合，并检查三相输出电压是否平衡。

第三章

三菱FR-A740变频器的基本应用

第一节　三菱 FR-A740 变频器主要参数简介

1. 操作模式选择 Pr. 79

操作模式是设定了变频器的命令给定源及频率给定源的给定场所。选择不同的操作模式也就规定了不同的给定场所。

（1）命令给定源。命令给定源是指采用何种方式控制变频器的基本运行功能，这些功能包括启动、停止、正转、反转、正向点动、反向点动及复位等。常用的变频器命令给定源有操作面板给定、端子控制给定、通信控制给定三种。这些命令给定源必须按照实际的需要进行选择设定，同时也可以根据功能进行给定源之间的相互切换。

1）操作面板命令给定。操作面板命令给定是变频器最简单的命令给定方式，其最大特点就是方便实用，用户可以通过变频器操作键盘上的启动键、停止键、点动键、增减键直接控制变频器的运转。操作面板通常可以通过延长线放置在用户容易操作的 20m 以内的空间范围，同时又能够将变频器是否正常运行、是否出现报警（过载、超温、堵转等）及故障类型告知用户。

2）端子控制命令给定。端子控制命令给定是由变频器的外接输入端子从外部输入开关信号（或电平信号）发出运转指令对变频器进行控制，其最大特点就是可以远距离控制变频器的运转，用户可选择按钮、开关、继电器、PLC 等替代操作面板上的启动键、停止键、点动键、增减键等。

3）通信控制命令给定。通信控制命令给定是在不增加线路的情况下，只需对上位机将变频器的传输数据修改一下即可对变频器进行正转、反转、点动、复位等控制。通信端子是变频器最基本的控制端子，通常配置 RS-232 或 RS-485 接口，接线方式因变频器通信协议的不同而不同。

（2）频率给定源。频率给定源是指调节变频器输出频率的具体方法，也就是提供给定信号的方式。在使用一台变频器时，必须先向变频器提供一个改变频率的信号，改变变频器的输出频率，从而改变电动机的转速，这个信号就被称为频率给定信号。变频器常见的频率给定源主要有操作面板给定、外接信号给定及通信方式给定等，这些频率给定源各有优、缺点，必须按照实际的需要进行选择参数设定，同时也可以根据功能选择不同频率给定源之间的叠加和切换。

1）操作面板给定。操作面板给定是通过操作面板上的键盘或电位器进行频率给定（即

调节频率）。键盘给定频率的大小通过键盘上的升、降键进行给定，它属于数字量给定，精度较高；电位器给定是部分变频器在面板上设置了电位器，频率的大小也可以通过电位器来调节，它属于模拟量给定，精度稍低。

2）外接信号给定。外接信号给定是通过外接输入端子输入频率给定信号，调节变频器输出频率的大小，它有两种给定方式：第一种方式是外接输入数字量端子给定，通过外接变频器数字量端子的通、断控制变频器的频率给定，该方式包含频率升、降给定和多段速给定；第二种方式是外接模拟量端子给定，通过模拟量端子从变频器外部输入模拟量信号（电压或电流）进行给定，并通过调节给定信号的大小调节变频器的输出频率。

3）通信方式给定。通信方式给定是由 PLC 或计算机通过通信接口进行频率给定，大部分变频器所提供的都是 RS-485 接口，如果上位机的通信是 RS-232 接口，则需要接一个 RS-485 与 RS-232 的转换器。

（3）选择频率给定源的一般原则。

1）面板给定与外接给定比较。优先选择面板给定，因为变频器的操作面板包括键盘和显示屏。显示屏的显示功能十分齐全，如可以显示运行过程中的各种参数及故障代码等，但由于受到连接线长度的限制，因此控制面板与变频器之间的距离不能过长。

2）数字量给定与模拟量给定比较。优先选择数字量给定，因为数字量给定时的频率精度较高，且通常用触点操作，非但不易损坏，而且抗干扰能力强。

3）电压信号与电流信号比较。优先选择电流信号，因为电流信号在传输过程中，不受线路电压降、接触电阻及其压降、杂散的热电效应和感应噪声等的影响，抗干扰能力较强。由于电流信号电路比较复杂，故在距离不远的情况下，仍以选用电压给定方式居多。

（4）操作模式选择。三菱 FR-A740 变频器常用的操作模式有外部操作模式（EXT）、PU 操作模式（PU）、组合操作模式、程序运行模式、通信操作模式（使用 RS-485 端子及通信选件时）共五种，选择何种操作模式需通过参数 Pr. 79 来设定，其可能的设定值如下。

1）“Pr. 79＝0”。变频器上电后，默认为选择外部操作模式（EXT），但可以用操作面板切换键“$\frac{\text{PU}}{\text{EXT}}$”切换为 PU 操作模式（PU），该模式适用于需要频繁修改参数下的外部操作模式运行（因为只有在 PU 操作模式下才可以修改参数）。

2）“Pr. 79＝1”。变频器上电后，选择单一的 PU 操作模式（PU），且无法切换到其他模式。该模式下命令给定源、频率给定源仅为操作面板 FR-DU07。

3）“Pr. 79＝2”。选择单一的外部操作模式（EXT），但可以通过网络切换到通信操作模式。该模式下命令给定源为开关、继电器等，频率给定源为外部电位器或来自外部的 DC0～5V、0～10V、4～20mA 模拟信号以及多段速端子等，适用于固定参数下的外部操作模式运行（因为在 EXT 操作模式下不可以修改参数）。

4）“Pr. 79＝3”。选择单一的组合操作模式【1】，且无法切换到其他模式。该模式下命令给定源为外部输入端子 STF、STR，频率给定源为操作面板 FR-DU07、外部多段速端子。

5）“Pr. 79＝4”。选择单一的组合操作模式【2】，且无法切换到其他模式。该模式下命令给定源为操作面板 FR-DU07，频率给定源为外部多段速端子及 2、4、1、JOG 端子。

6）“Pr. 79＝5”。选择程序运行模式，可设定 10 个不同的运行启动时间、旋转方向和运行频率各 3 组，并定义端子 STF 的功能为运行开始，端子 STR 的功能为定时器复位，端子

RH、RM、RL的功能为组数选择。

7)“Pr. 79=6”。选择切换模式，该模式下在连续运行状态时，操作模式可以在PU操作模式、外部操作模式、通信操作模式之间互相切换。

8)“Pr. 79=7”。选择PU操作模式互锁，该模式下MRS端子作为PU互锁信号端子使用。当MRS端子为ON时，操作模式可以在PU操作模式、外部操作模式、通信操作模式之间互相切换。当MRS信号为OFF时，禁止切换到PU操作模式，仅强制切换到外部操作模式。

2. 基准频率Pr. 3

当使用标准电动机运行时，一般将基准频率Pr. 3设定为电动机的额定频率。当电动机额定铭牌上标注的频率为60Hz时，基准频率Pr. 3必须设定为60Hz。当需要电动机在工频电源和变频器中切换运行时，应将基准频率Pr. 3设定为与电源频率相同（通常为50Hz)。

3. 基准频率电压Pr. 19

基准频率电压Pr. 19是对基准电压（电动机的额定电压）进行设定，所设定的值如果低于电源电压，则变频器的最大输出电压是Pr. 19中设定的电压。在电源电压波动较大时，或者是想要在基准频率以下扩大恒定转矩输出范围时，可以通过在Pr. 19中设定比电源电压大的值来实现。

4. 转矩提升Pr. 0、Pr. 46、Pr. 112

当变频器输出频率较低时，其输出电压也较低，使得电动机的转矩不足。通过设定转矩提升Pr. 0、Pr. 46、Pr. 112参数可以补偿电动机绕组上的电压降，提升电动机启动时的转矩，从而改善电动机低速运行时的转矩性能。转矩提升参数有3个，其中Pr. 0为转矩提升，Pr. 46为第二转矩提升，Pr. 112为第三转矩提升，当根据用途需要更改转矩提升时，或是用一台变频器通过切换驱动多台电动机时，可使用第二、第三转矩提升。第二、第三转矩提升参数需要通过外部输入控制端子来分别来激活，当端子RT为ON时，第二转矩提升有效；当X9信号端子（输入端子功能选择设定为9时）为ON时，第三转矩提升有效。

转矩提升主要是通过在低频时提升变频器的输出电压来实现的，如果没有转矩提升，则变频器输出频率为0Hz时，对应的输出电压也为0V。若设定了转矩提升，则对应的输出电压不为0V，实现了低频时的转矩提升。以设定转矩提升参数Pr. 0为例，其设定范围为0～30%，假定基准频率对应的基准频率电压值（Pr. 19的设定值）定为100%，则用百分数在Pr. 0中设定0Hz时的输出电压值，通常最大设定值为10%，设定过大会导致电动机过热，设定过小会使启动转矩提升不足。

5. 适用负荷选择Pr. 14

为了满足最佳的U/f输出特性，必须对适用负荷选择参数Pr. 14进行设定，其可能的设定值如下。

(1)“Pr. 14=0”。选择恒转矩负荷，适用于基准频率以下，输出电压相对于输出频率呈直线变化的情况，对于运输机械、行车、辊驱动等转速变化但负载转矩恒定的设备进行驱动时设定。

(2)“Pr. 14=1”。选择变转矩负荷，适用于基准频率以下，输出电压相对于输出频率按2次方曲线变化的情况，对于风机、泵等负载转矩与转速的2次方成比例变化的设备进行驱动时设定。

(3)“Pr. 14=2”。选择恒转矩升降，适用于正转时运行负荷、反转时再生负荷的情况，

正转时 Pr.0 转矩提升有效，反转时转矩提升自动成为“0%”。

（4）“Pr.14=3”。选择恒转矩升降，适用于反转时运行负荷、正转时再生负荷的情况，反转时 Pr.0 转矩提升有效，正转时转矩提升自动成为“0%”。

（5）“Pr.14=4”。选择外部端子 RT 切换适用负荷选择，当 RT 信号为 ON 时，恒转矩负荷用；当 RT 信号为 OFF 时，恒转矩升降用反转时提升 0%。

（6）“Pr.14=5”。选择外部端子 RT 切换适用负荷选择，当 RT 信号为 ON 时，恒转矩负荷用；当 RT 信号为 OFF 时，恒转矩升降用正转时提升 0%。

6. 上限频率 Pr.1 与下限频率 Pr.2

电动机在一定的场合应用时，其转速应该在一定的范围内，超出此范围则会造成事故或损失。为了避免由于错误操作导致电动机的转速超出应用范围，变频器具有设定上限频率和下限频率的功能。

上限频率与下限频率是根据生产机械的要求来设定的正反转最低转速与最高转速时相对应的频率，设定值的范围为 0～120Hz，当达到这一设定值时，电动机的运行速度将与频率的设定值无关。当给定频率高于上限频率或小于下限频率时，变频器将被限制在上限频率或下限频率上运行，若上限频率小于最高频率，则上限频率具有优先权。

7. 斜坡上升时间 Pr.7 与斜坡下降时间 Pr.8

变频器驱动的电动机采用低频启动，为了保证电动机正常启动而又不产生过流保护，变频器需设定斜坡上升时间，它表示变频器输出频率从 0Hz 上升到基本频率所需要的时间，设定值的范围为 0～360s（最小设定单位为 0.01s）、0～3600s（最小设定单位为 0.1s），其大小与电动机拖动的负载有关。如果斜坡上升时间设定过小，通常会出现变频器过流报警的情况。

有些负载对减速停车的时间有严格的要求，因此变频器需设定斜坡下降时间，它表示变频器输出频率从基本频率下降到 0Hz 所需要的时间，设定值的范围为 0～360s（最小设定单位为 0.01s）、0～3600s（最小设定单位为 0.1s），其大小与电动机拖动的负载惯性大小有关。在一般情况下，惯性越大，斜坡下降时间越长。如果斜坡下降时间设定太小，通常会出现变频器过流或过压报警的情况。

基本频率（简称基频）表示变频器的最大输出电压所对应的频率，在大多数情况下，它等于电动机的额定频率。当基频与设定的工作频率不一致时，变频器的实际斜坡上升时间和斜坡下降时间与设定的值不相等，如图 3-1 所示。

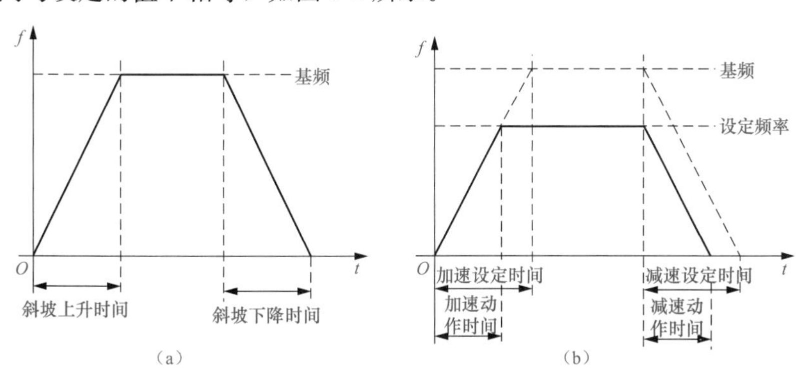

图 3-1 斜坡上升时间与斜坡下降时间

（a）基频；（b）设定频率

8. MRS 输入选择 Pr. 17

（1）使用场合。MRS端子的信号可以使变频器停止输出（端子 U、V、W 停止输出电压），它在以下场合中使用。

1）在通过机械制动（电磁制动）使电动机停止的情况下，切断变频器的电压输出。

2）为了使变频器无法运行（锁定），可预先设定 MRS 端子的信号为 ON，此时即使向变频器输入启动信号，变频器也无法运行。

3）当 MRS 端子的信号为 OFF 时，电动机按照设定的斜坡下降时间减速至停转；当 MRS 端子的信号为 ON 时，电动机按照惯性自由减速至停转。

（2）参数设定。MRS端子的输入信号逻辑功能可以通过参数 Pr. 17 来选择，它可能的设定值如下。

1）“Pr. 17＝0”。选择 MRS 端子外接触点闭合时为 ON，断开时为 OFF，ON 时变频器停止输出。

2）“Pr. 17＝2”。选择 MRS 端子外接触点断开时为 ON，闭合时为 OFF，ON 时变频器停止输出。

3）“Pr. 17＝4”。使用外部端子方式输入 MRS 的信号时采用 2）逻辑，使用通信方式输入 MRS 的信号时采用 1）逻辑。

9. 参数写入选择 Pr. 77

当变频器所有参数设定完毕后，可以选择参数写入禁止或允许，此功能用于防止参数值被意外改写，它可能的设定值如下。

（1）“Pr. 77＝0”。选择在 PU 模式下，变频器仅处在停机时参数可以被写入。

（2）“Pr. 77＝1”。选择无法写入参数和清除参数，但可以读取参数。

（3）“Pr. 77＝2”。选择随时可以写入参数，即使变频器运行时也可以写入参数。

10. 反转防止选择 Pr. 78

若要求电动机的运行只能正转，不能反转，则可设定反转防止选择参数 Pr. 78，它可以防止由于启动信号的误动作产生的反转事故，通常在电动机旋转方向仅限制为一个方向的机械时设定，如风机、水泵等，其可能的设定值如下。

（1）“Pr. 78＝0”。选择正转和反转均可。

（2）“Pr. 78＝1”。选择不允许反转。

（3）“Pr. 78＝2”。选择不允许正转。

11. 启动频率 Pr. 13

启动频率是指电动机开始启动时的频率，对于惯性较大或摩擦力较大的负载，为了容易启动，可以设定合适的启动频率以增大启动转矩。启动频率参数 Pr. 13 出厂设定值为 0. 5Hz，设定范围为 0. 01～60Hz，启动频率设定时需注意以下几点。

（1）如果设定运行频率小于启动频率 Pr. 13 的设定值，变频器将不能启动，如当启动频率 Pr. 13 设定为 5Hz 时，只有当设定运行频率达到 5Hz 以上时，电动机才能启动运行。

（2）当启动频率 Pr. 13 的设定值小于下限频率 Pr. 2 的设定值时，即使没有频率指令输入，只要启动信号为 ON，电动机也可以在设定频率下运行。

（3）启动频率的保持时间由启动频率保持时间参数 Pr. 571 设定。

（4）正反转切换运行时，启动频率仍有效，但启动频率保持功能无效。

12. 输入端子功能选择 Pr. 178～Pr. 189

三菱 FR-A740 变频器有 12 个数字输入端子，每个数字输入端子的功能很多，用户可根据需要通过参数 Pr. 178～Pr. 189 进行设定达到变更端子功能的目的。12 个数字输入端子，哪个作为电动机运行、停止控制，哪个作为多段频率控制等，都是由用户任意确定的。一旦确定了某一数字输入端子的控制功能，其内部参数的设定值必须与端子的控制功能相对应。输入端子的出厂值及所对应的功能见表 3-1。输入端子的参数设定值所对应的功能见表 3-2。

表 3-1　　输入端子的出厂值所对应的功能

参数号	名称	出厂值	功能说明
Pr. 178	STF 端子功能选择	60	STF（正转指令）
Pr. 179	STR 端子功能选择	61	STR（反转指令）
Pr. 180	RL 端子功能选择	0	RL（低速运行指令）
Pr. 181	RM 端子功能选择	1	RM（中速运行指令）
Pr. 182	RH 端子功能选择	2	RH（高速运行指令）
Pr. 183	RT 端子功能选择	3	RT（第二功能选择）
Pr. 184	AU 端子功能选择	4	AU（端子 4 输入选择）
Pr. 185	JOG 端子功能选择	5	JOG（点动运行选择）
Pr. 186	CS 端子功能选择	6	CS（瞬时停止再启动选择）
Pr. 187	MRS 端子功能选择	24	MRS（输出停止）
Pr. 188	STOP 端子功能选择	25	STOP（启动信号自保持选择）
Pr. 189	RES 端子功能选择	62	RES（变频器复位）

表 3-2　　输入端子的参数设定值所对应的功能

设定值	信号名	功能说明
0	RL	低速运行指令
1	RM	中速运行指令
2	RH	高速运行指令
3	RT	第二功能选择
4	AU	端子 4 输入选择
5	JOG	点动运行选择
6	CS	瞬时停止再启动选择
7	OH	外部热继电器选择
8	REX	15 速选择（同 RL、RM、RH 组合）
9	X9	第三功能选择
10	X10	变频器运行许可信号
11	X11	瞬时停电检测
12	X12	PU 运行外部互锁
13	X13	外部直流制动开始
14	X14	PID 控制有效端子
15	BR1	制动开放完成信号
16	X16	PU—外部运行切换
17	X17	适用负荷选择
18	X18	U/f 切换

续表

设定值	信号名	功能说明
19	X19	负荷转矩高速频率
20	X20	S形加减速C切换
22	X22	定向指令
23	LX	预备励磁/伺服ON
24	MRS	输出停止
25	STOP	启动信号自保持选择
26	MC	控制模式切换
27	TL	转矩限制选择
28	X28	启动时调试开始外部输入
37	X37	遍历（各态经历）旋转信号
42	X42	转矩偏置选择1
43	X43	转矩偏置选择2
44	X44	P/PI控制切换
60	STF	正转指令
61	STR	反转指令
62	RES	变频器复位
63	PTC	PTC热敏电阻输入
64	X64	PID正反动作切换
65	X65	PU—NET运行切换
66	X66	外部—NET运行切换
67	X67	指令权切换
68	NP	简易位置脉冲列符号
69	CLR	简易位置累积脉冲清除
70	X70	直流供电运行许可
71	X71	解除直流供电
9999	—	无功能

第二节　变频器的连续正反转及变频控制（PU操作模式）

1. 项目描述

由PU操作模式实现一台三相交流电动机的启动、连续正反转、停止及变频运行。电动机参数：额定功率1.5kW，额定电流3.7A，额定电压380V，额定频率50Hz，额定转速1400r/min（4极）。

2. 变频器控制电路接线

变频器控制电路接线如图3-2所示。将380V三相交流电源连接至变频器的输入端“R/L1”“S/L2”“T/L3”，将变频器的输出端“U”“V”“W”连接至三相电动机，同时还要进行相应的短路片连接（R/L1—R1/L11、S/L2—S1/L21、P1—P/+、PR—PX）及接地保护连接。检查线路正确后，合上断路器QF，向变频器送电。

3. 变频器参数复位

为了参数调试能够顺利进行，在开始设定参数前要进行一次“参数全部清除(ALLC)”操作。在操作面板FR-DU07上进入参数设定模式后，设定参数ALLC=1，并按下设定键“SET”确认写入，此时将变频器的所有参数复位为出厂时的默认设定值。

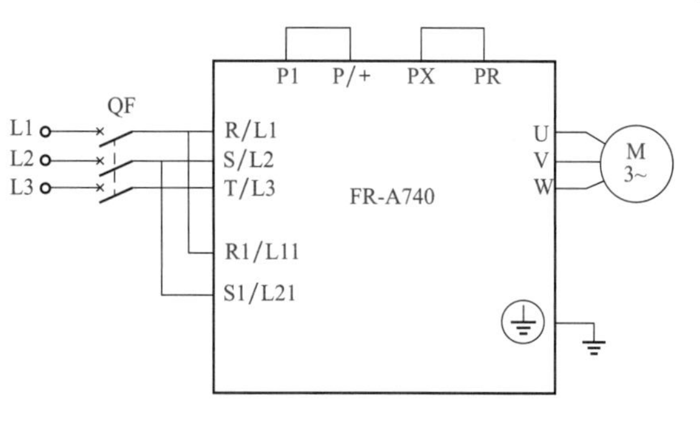

图3-2 变频器的连续正反转及变频控制电路

4. 设定电动机参数

为了使电动机与变频器相匹配以获得最优性能，就必须输入电动机铭牌上的参数，令变频器识别控制对象，具体参数设定见表3-3。电动机参数设定完成后，变频器当前处于准备状态，可以正常运行。

表3-3 电动机参数设定

参数号	出厂值	设定值	说明
Pr. 80	9999	1.5	电动机额定功率（kW）
Pr. 81	9999	4	电动机极数
Pr. 82	9999	3.7	电动机额定电流（A）
Pr. 83	200/400	380	电动机额定电压（V）
Pr. 84	50	50	电动机额定频率（Hz）

5. 设定变频器连续正反转及变频控制参数。

变频器连续正反转及变频控制参数设定见表3-4。

表3-4 变频器连续正反转及变频控制参数设定

参数号	出厂值	设定值	说明
Pr. 1	120	50	上限频率（Hz）
Pr. 2	0	0	下限频率（Hz）
Pr. 3	50	50	基准频率（Hz）
Pr. 79	0	1	选择单一的PU操作模式
Pr. 77	0	2	无论是否运行随时都可以写入参数
Pr. 13	0.5	20	启动频率（Hz）
Pr. 7	5	5	斜坡上升时间（s）
Pr. 8	5	5	斜坡下降时间（s）
Pr. 14	0	1	适用负荷为变转矩负载（风机）
Pr. 78	0	0	电动机可正、反向运转

6. 变频器运行操作

（1）变频器上电后，自动进入PU操作模式（PU），此时“PU”灯点亮。

（2）按下操作面板FR-DU07的正转键“FWD”，变频器开始输出20Hz（启动频率）的三相电压，电动机启动正向运转升速，经过由Pr. 7所设定的5s斜坡上升时间后，最后稳定运行在由Pr. 1所设定的50Hz频率对应的转速上。

(3) 按下操作面板 FR-DU07 的反转键“REV”，变频器开始输出 20Hz（启动频率）的三相电压，电动机启动反向运转升速，经过由 Pr. 7 所设定的 5s 斜坡上升时间后，最后稳定运行在由 Pr. 1 所设定的 50Hz 频率对应的转速上。

(4) 在电动机运行时，转动操作面板 FR-DU07 上的旋转式数字转盘“M”，可以在 0～50Hz 的范围内修改运行频率（改变转速）。

(5) 无论电动机是正转还是反转，只要按下操作面板 FR-DU07 的停止及复位键“$\frac{\text{STOP}}{\text{RESET}}$”，变频器即切断输出 50Hz 的三相电压，电动机经过由 Pr. 8 所设定的 5s 斜坡下降时间后停止运行。

第三节　变频器的正反转点动及变频控制（PU 操作模式）

1. 项目描述

由 PU 操作模式实现一台三相交流电动机的启动、正反转、正反转点动、变频及停止。电动机参数：额定功率 1.5kW，额定电流 3.7A，额定电压 380V，额定频率 50Hz，额定转速 1400r/min。

2. 变频器控制电路接线

变频器控制电路接线参见上述内容及图 3-2。

3. 变频器参数复位

参见上述内容。

4. 设定电动机参数

设定电动机参数参见上述内容及表 3-3。

5. 设定变频器正反转点动及变频控制参数

变频器正反转点动及变频控制参数设定见表 3-5。

表 3-5　　变频器正反转点动及变频控制参数设定

参数号	出厂值	设定值	说明
Pr. 1	120	50	上限频率（Hz）
Pr. 2	0	0	下限频率（Hz）
Pr. 3	50	50	基准频率（Hz）
Pr. 79	0	1	选择单一的 PU 操作模式
Pr. 77	0	2	无论是否运行随时都可以写入参数
Pr. 15	5	10	点动频率（Hz），正反向不可分开设定
Pr. 16	0.5	3	点动加减速时间（s），加减速不可分开设定
Pr. 14	0	1	适用负荷为变转矩负载（风机）
Pr. 78	0	0	电动机可正、反向运转

6. 变频器运行操作

(1) 变频器上电后，自动进入 PU 操作模式（PU），此时“PU”灯点亮。

(2) 按下操作面板 FR-DU07 的操作模式切换键“$\frac{\text{PU}}{\text{EXT}}$”，进入 PU 点动操作模式

(JOG)，此时显示屏为“-JOG”，“PU”灯仍然点亮。

(3) 按下操作面板 FR-DU07 的正转键“FWD”不松开，电动机启动正向运转升速，经过由 Pr. 16 所设定的 3s 点动加/减速时间后，最后稳定运行在由 Pr. 15 所设定的 10Hz 点动频率对应的转速上。

(4) 当停机时或需要电动机反转点动运行时，先松开正转键“FWD”，电动机经过由 Pr. 16 所设定的 3s 点动加/减速时间后停止运行。

(5) 按下操作面板 FR-DU07 的反转键“REV”不松开，电动机启动反向运转升速，经过由 Pr. 16 所设定的 3s 点动加/减速时间后，最后稳定运行在由 Pr. 15 所设定的 10Hz 点动频率对应的转速上。

(6) 松开反转键“REV”，电动机经过由 Pr. 16 所设定的 3s 点动加/减速时间后停止运行。

(7) 电动机点动运行中，不可更改运行频率及其他参数，当需要更改参数时，须先停机，然后进入操作面板 FR-DU07 的参数设定模式进行设定。当改变 Pr. 15 的值后，按上述操作过程，就可以改变电动机正反转点动运行速度。

第四节　变频器的正反转点动控制（EXT 操作模式）

在实际生产中，采用操作面板 FR-DU07 对变频器的控制只能是本地控制，一些需要远程控制的场合就需要采用外部操作模式的方法，此时电动机的启动、停止、正反转、正反转点动及改变运行频率等都是由按钮、开关、继电器等通过与变频器控制端子上的外部接线控制的，这种方法可以大大提高生产自动化水平。

1. 项目描述

由 EXT 操作模式实现一台三相交流电动机的正反转点动运行。电动机参数：额定功率 0.37kW，额定电流 0.95A，额定电压 380V，额定频率 50Hz，额定转速 1400r/min。

2. 变频器控制电路接线

变频器控制电路接线如图 3-3 所示。将 380V 三相交流电源连接至变频器的输入端“R/L1”“S/L2”“T/L3”，将变频器的输出端“U”“V”“W”连接至三相电动机，同时还要进行相应的短路片连接（R/L1—R1/L11、S/L2—S1/L21、P1—P/＋、PR—PX）及接地保护连接。

外部开关量输入端子选用 STF、STR、JOG，端子 STF 设为正转控制，端子 STR 设为反转控制，端子 JOG 设为点动控制，所对应的功能通过 Pr. 178、Pr. 179、Pr. 185 的参数值设定，端子 JOG 与公共端子 SD 相连。端子 10、2、5 连接多圈电位器 RP，用于频率参数的设定及调节。检查线路正确后，合上断路器 QF，向变频器送电。

3. 变频器参数复位

为了参数调试能够顺利进行，在开始设定参数前要进行一次“参数全部清除（ALLC)”操作。在操作面板 FR-DU07 上进入参数设定模式后，设定参数 ALLC＝1，并按下设定键“SET”确认写入，此时将变频器的所有参数复位为出厂时的默认设定值。

4. 设定电动机参数

为了使电动机与变频器相匹配以获得最优性能，就必须输入电动机铭牌上的参数，令变频器识别控制对象，具体参数设定见表 3-6。电动机参数设定完成后，变频器当前处于准备状态，可以正常运行。

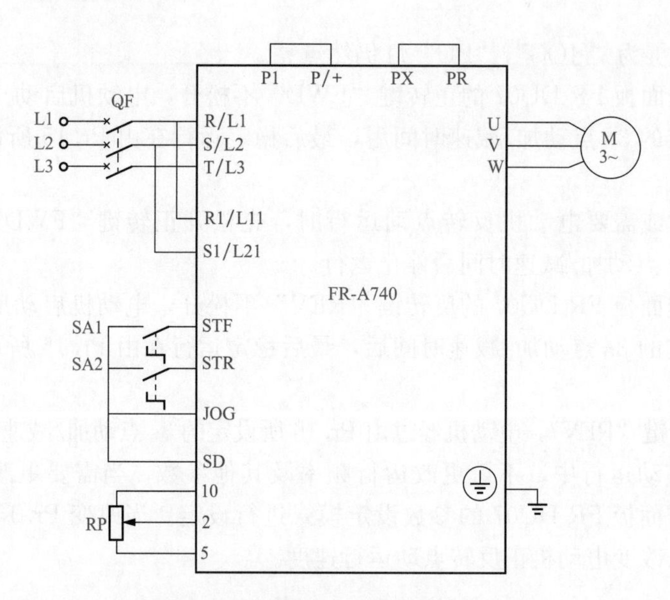

图 3-3　变频器的正反转点动控制电路

表 3-6　电动机参数设定

参数号	出厂值	设定值	说明
Pr. 80	9999	0. 37	电动机额定功率（kW）
Pr. 81	9999	4	电动机极数
Pr. 82	9999	0. 95	电动机额定电流（A）
Pr. 83	200/400	380	电动机额定电压（V）
Pr. 84	50	50	电动机额定频率（Hz）

5. 设定变频器正反转点动控制参数

变频器正反转点动控制参数设定见表 3-7。

表 3-7　变频器正反转点动控制参数设定

参数号	出厂值	设定值	说明
Pr. 1	120	50	上限频率（Hz）
Pr. 2	0	0	下限频率（Hz）
Pr. 3	50	50	基准频率（Hz）
Pr. 79	0	2	选择单一的 EXT 操作模式
Pr. 178	60	60	STF 端子功能选择（正转指令）
Pr. 179	61	61	STR 端子功能选择（反转指令）
Pr. 185	5	5	JOG 端子功能选择（点动运行）
Pr. 77	0	0	变频器仅处在停机时可以写入参数
Pr. 15	5	10	点动频率（Hz），正反向不可分开设定
Pr. 16	0. 5	3	点动加减速时间（s），加减速不可分开设定
Pr. 14	0	1	适用负荷为变转矩负载（风机）
Pr. 78	0	0	电动机可正、反向运转

6. 变频器运行操作

（1）变频器上电后，自动进入 EXT 操作模式，此时“EXT”灯点亮。由于端子 JOG 与公共端子 SD 相连，因此变频器只能工作在点动状态。

（2）正转点动运行控制。当闭合带锁旋钮开关 SA1 时，变频器的端子 STF 为 ON，电动机启动正向运转升速，经过由 Pr. 16 所设定的 3s 点动加/减速时间后，最后稳定运行在由 Pr. 15 所设定的 10Hz 点动频率对应的转速上。

（3）当断开带锁旋钮开关 SA1 时，变频器的端子 STF 为 OFF，电动机经过由 Pr. 16 所设定的 3s 点动加/减速时间后停止运行。

（4）反转点动运行控制。当闭合带锁旋钮开关 SA2 时，变频器的端子 STR 为 ON，电动机启动反向运转升速，经过由 Pr. 16 所设定的 3s 点动加/减速时间后，最后稳定运行在由 Pr. 15 所设定的 10Hz 点动频率对应的转速上。

（5）当断开带锁旋钮开关 SA2 时，变频器的端子 STR 为 OFF，电动机经过由 Pr. 16 所设定的 3s 点动加/减速时间后停止运行。

（6）电动机的速度调节。电动机点动运行中，不可更改运行频率及其他参数，当需要更改参数时，须先停机，然后进入操作面板 FR-DU07 的参数设定模式进行设定。当改变 Pr. 15 的值后（只能由多圈电位器 RP 设定），按上述操作过程，就可以改变电动机正反转点动运行速度。

第五节　变频器的连续正反转及点动控制（EXT 操作模式）

1. 项目描述

由 EXT 操作模式实现一台三相交流电动机的连续正反转及点动运行。电动机参数：额定功率 1.5kW，额定电流 3.7A，额定电压 380V，额定频率 50Hz，额定转速 1400r/min。

2. 变频器控制电路接线

变频器控制电路接线如图 3-4 所示。将 380V 三相交流电源连接至变频器的输入端“R/L1”“S/L2”“T/L3”，将变频器的输出端“U”“V”“W”连接至三相电动机，同时还要进行相应的短路片连接（R/L1—R1/L11、S/L2—S1/L21、P1—P/+、PR—PX）及接地保护连接。

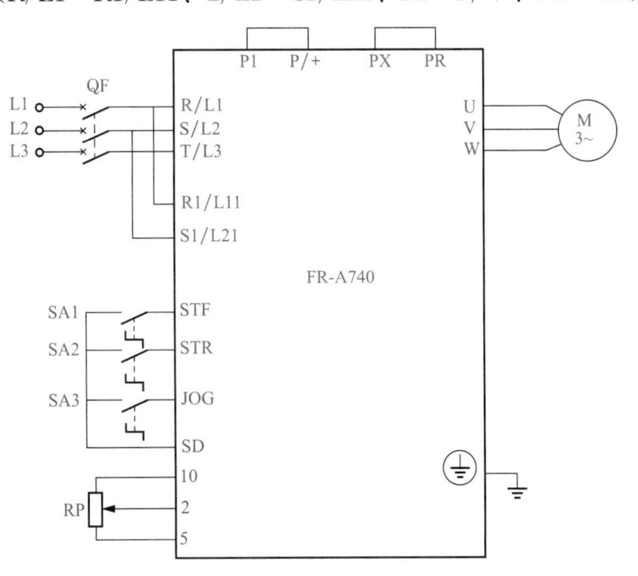

图 3-4　变频器的连续正反转及点动控制电路

外部开关量输入端子选用STF、STR、JOG，端子STF设为正转控制，端子STR设为反转控制，端子JOG设为点动控制，所对应的功能通过Pr. 178、Pr. 179、Pr. 185的参数值设定。端子10、2、5连接多圈电位器RP，用于频率参数的设定及调节。检查线路正确后，合上断路器QF，向变频器送电。

3. 变频器参数复位

参见上述内容。

4. 设定电动机参数

参见上述内容及表3-6。

5. 设定变频器连续正反转及点动控制参数

变频器连续正反转及点动控制参数设定见表3-8。

表3-8　变频器连续正反转及点动控制参数设定

参数号	出厂值	设定值	说明
Pr. 1	120	50	上限频率（Hz）
Pr. 2	0	0	下限频率（Hz）
Pr. 3	50	50	基准频率（Hz）
Pr. 79	0	2	选择单一的EXT操作模式
Pr. 178	60	60	STF端子功能选择（正转指令）
Pr. 179	61	61	STR端子功能选择（反转指令）
Pr. 185	5	5	JOG端子功能选择（点动运行）
Pr. 77	0	0	变频器仅处在停机时可以写入参数
Pr. 7	5	5	斜坡上升时间（s）
Pr. 8	5	5	斜坡下降时间（s）
Pr. 13	0. 5	5	启动频率（Hz）
Pr. 15	5	10	点动频率（Hz），正反向不可分开设定
Pr. 16	0. 5	3	点动加减速时间（s），加减速不可分开设定
Pr. 14	0	1	适用负荷为变转矩负载（风机）
Pr. 78	0	0	电动机可正、反向运转

6. 变频器运行操作

（1）变频器上电后，自动进入EXT操作模式，此时“EXT”灯点亮。

（2）变频器正向连续运行控制。当闭合带锁旋钮开关SA1时，变频器的端子STF为ON，变频器开始输出5Hz（启动频率）的三相电压，电动机启动正向运转升速，经过由Pr. 7所设定的5s斜坡上升时间后，最后稳定运行在由Pr. 1所设定的50Hz频率对应的转速上。

（3）当断开带锁旋钮开关SA1时，变频器的端子STF为OFF，电动机经过由Pr. 8所设定的5s斜坡下降时间后停止运行。

（4）变频器反向连续运行控制。当闭合带锁旋钮开关SA2时，变频器的端子STR为ON，变频器开始输出5Hz（启动频率）的三相电压，电动机启动反向运转升速，经过由Pr. 7所设定的5s斜坡上升时间后，最后稳定运行在由Pr. 1所设定的50Hz频率对应的转速上。

（5）当断开带锁旋钮开关SA2时，变频器的端子STR为OFF，电动机经过由Pr. 8所设定的5s斜坡下降时间后停止运行。

（6）正转点动运行控制。当同时闭合带锁旋钮开关SA1、SA3时，变频器的端子STF、

JOG为ON，变频器开始输出5Hz（启动频率）的三相电压，电动机启动正向运转升速，经过由Pr.16所设定的3s点动加/减速时间后，最后稳定运行在由Pr.15所设定的10Hz点动频率对应的转速上。

（7）当断开带锁旋钮开关SA1时，变频器的端子STF为OFF，电动机经过由Pr.16所设定的3s点动加/减速时间后停止运行。

（8）反转点动运行控制。当同时闭合带锁旋钮开关SA2、SA3时，变频器的端子STR、JOG为ON，变频器开始输出5Hz（启动频率）的三相电压，电动机启动反向运转升速，经过由Pr.16所设定的3s点动加/减速时间后，最后稳定运行在由Pr.15所设定的10Hz点动频率对应的转速上。

（9）当断开带锁旋钮开关SA2时，变频器的端子STR为OFF，电动机经过由Pr.16所设定的3s点动加/减速时间后停止运行。

（10）电动机的速度调节。电动机连续正反向运行过程中，可以旋转多圈电位器RP实时调节变频器的输出频率（0～50Hz），从而改变电动机连续正反向运行速度。电动机点动运行中，不可更改运行频率及其他参数，当需要更改参数时，须先停机，然后进入操作面板FR-DU07的参数设定模式进行设定。当改变Pr.15的值后（只能由多圈电位器RP设定），按上述操作过程，就可以改变电动机正反转点动运行速度。

第四章

三菱FR-A740变频器的典型应用

第一节　变频器在多段速控制中的应用

由于工艺上的要求，很多生产机械设备在不同的阶段需要电动机在不同的转速下运行。为了便于这种负载的控制，工业生产中多采用变频器以实现多段速控制。变频器的多段速控制也称为固定频率控制。三菱 FR-A740 变频器内部置有若干个自由功能块及固定频率设定功能，可以实现 3 段速控制功能、7 段速控制功能、15 段速控制功能，它具有强大的可编辑性，从而使整个控制系统接线简单、设备简化及投资减少。

1. 多段速的固定频率值设定

（1）多段速的输入端子。三菱 FR-A740 变频器有 3 个专用于多段速控制的输入端子 RH、RM、RL，用户可通过这 3 个输入端子的多种 ON、OFF 组合，在完成相关参数的设定后，即可选择不同的运行频率值实现变频器的 3 段速、7 段速控制功能。若再增加 1 个信号端子 REX，则用户可以通过 RH、RM、RL、REX 这 4 个输入端子的多种 ON、OFF 组合，在完成相关参数的设定后，则可以选择不同的运行频率值实现变频器的 15 段速控制功能。输入端子 RH、RM、RL、REX 的状态与多段速序列见表 4-1。其电路原理接线如图 4-1 所示。

表 4-1　　输入端子的状态与多段速序列

输入端子的状态				多段速序列
RH	RM	RL	REX	
ON	OFF	OFF	OFF	速度 1（高速）
OFF	ON	OFF	OFF	速度 2（中速）
OFF	OFF	ON	OFF	速度 3（低速）
OFF	ON	ON	OFF	速度 4
ON	OFF	ON	OFF	速度 5
ON	OFF	ON	OFF	速度 6
ON	ON	ON	OFF	速度 7
OFF	OFF	OFF	ON	速度 8
OFF	OFF	ON	ON	速度 9
OFF	ON	OFF	ON	速度 10
OFF	ON	ON	ON	速度 11
ON	OFF	OFF	ON	速度 12
ON	OFF	ON	ON	速度 13
ON	ON	OFF	ON	速度 14
ON	ON	ON	ON	速度 15

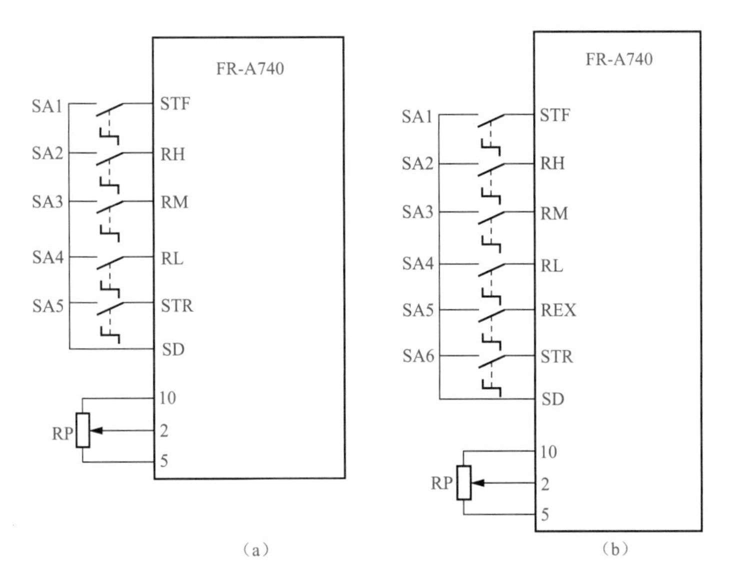

图 4-1　多段速控制电路原理接线图

(a) 7 段速控制；(b) 15 段速控制

（2）多段速的固定频率值设定。如果要实现 3 段速控制，就把 3 段速的固定运行频率值设定在 Pr. 4～Pr. 6 这 3 个参数上，其他参数设定为 9999；如果要实现 7 段速控制，就把 7 段速的固定运行频率值设定在 Pr. 4～Pr. 6、Pr. 24～Pr. 27 这 7 个参数上，其他参数设定为 9999；如果要实现 15 段速控制，就把 15 段速的固定运行频率值设定在 Pr. 4～Pr. 6、Pr. 24～Pr. 27 和 Pr. 232～Pr. 239 这 15 个参数上，多段速的固定频率值设定见表 4-2。

表 4-2　　多段速的固定频率值设定

参数号（Pr.）	出厂值	设定范围	名称	说明
4	50Hz	0～400Hz	3 段速固定频率值设定（速度 1）	仅设定 RH 为 ON 时的频率
5	30Hz		3 段速固定频率值设定（速度 2）	仅设定 RM 为 ON 时的频率
6	10Hz		3 段速固定频率值设定（速度 3）	仅设定 RL 为 ON 时的频率
24	9999		7 段速固定频率值设定（速度 4）	通过输入端子 RH、RM、RL 和信号端子 REX 的多种 ON、OFF 组合，可以进行速度 4～15 的固定频率值设定。9999——未选择
25			7 段速固定频率值设定（速度 5）	
26			7 段速固定频率值设定（速度 6）	
27			7 段速固定频率值设定（速度 7）	
232			15 段速固定频率值设定（速度 8）	
233			15 段速固定频率值设定（速度 9）	
234			15 段速固定频率值设定（速度 10）	
235			15 段速固定频率值设定（速度 11）	
236			15 段速固定频率值设定（速度 12）	
237			15 段速固定频率值设定（速度 13）	
238			15 段速固定频率值设定（速度 14）	
239			15 段速固定频率值设定（速度 15）	

（3）多段速参数设定的注意事项。

1）多段速控制在 EXT 操作模式（Pr. 79＝2）或 PU/EXT 组合操作模式下（Pr. 79＝3

或4）才有效。

2）多段速参数在PU操作模式和EXT操作模式中（设定Pr. 77＝0时）都可以设定及修改。

3）信号端子REX在变频器的输入端子中是不存在的，需要用参数Pr. 183～Pr. 189的设定（设定值为8）对输入端子RT、AU、JOG、CS、MRS、STOP、RES中的任一个安排用于REX信号的输入，如Pr. 185＝8，即将输入端子JOG作为信号端子REX使用（见表3-1、表3-2）。

4）出厂值的状态为不可以使用4～15多段速的固定频率值设定。

5）在3段速控制场合，2段速以上同时被选择时，低速信号的设定频率优先。

6）参数Pr. 24～Pr. 27、Pr. 232～Pr. 239的固定频率设定值不存在先后顺序。

7）在上述各段频率的切换过程中，所有的加/减速时间和加/减速方式都是一样的。

2. 变频器的3段速控制

（1）项目描述。由EXT操作模式实现实现一台三相交流电动机的3段速固定频率正向运行。电动机参数：额定功率1.5kW，额定电流3.7A，额定电压380V，额定频率50Hz，额定转速2800r/min。

第1段速：输出固定频率为20Hz，正向运转。

第2段速：输出固定频率为35Hz，正向运转。

第3段速：输出固定频率为50Hz，正向运转。

（2）变频器控制电路接线。变频器控制电路接线如图4-2所示。将380V三相交流电源连接至变频器的输入端“R/L1”“S/L2”“T/L3”，将变频器的输出端“U”“V”“W”连接至三相电动机，同时还要进行相应的短路片连接（R/L1—R1/L11、S/L2—S1/L21、P1—P/＋、PR—PX）及接地保护连接。

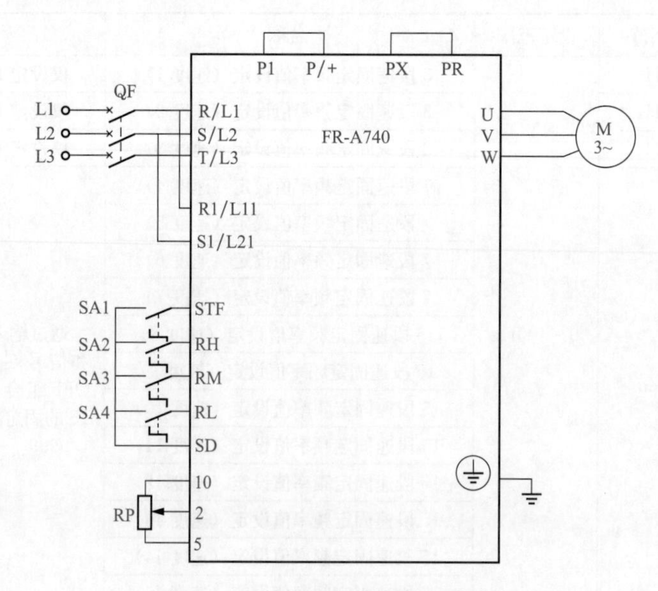

图4-2　变频器3段速控制电路接线

外部开关量输入端子选用STF、RH、RM、RL，其中端子STF设为正转控制，端子RH（第3段速）、RM（第2段速）、RL（第1段速）设为多段速控制，所对应的固定频率

值通过 Pr. 4、Pr. 5、Pr. 6 的参数值设定。端子 10、2、5 连接多圈电位器 RP，用于频率参数的设定及调节。检查线路正确后，合上断路器 QF，向变频器送电。

（3）变频器参数复位。为了参数调试能够顺利进行，在开始设定参数前要进行一次“参数全部清除（ALLC）”操作。在操作面板 FR-DU07 上进入参数设定模式后，设定参数 ALLC=1，并按下设置键“SET”确认写入，此时将变频器的所有参数复位为出厂时的默认设置值。

（4）设定电动机参数。为了使电动机与变频器相匹配以获得最优性能，就必须输入电动机铭牌上的参数，令变频器识别控制对象，具体参数设定见表 4-3。电动机参数设定完成后，变频器当前处于准备状态，可以正常运行。

表 4-3　　　电动机参数设定

参数号	出厂值	设定值	说明
Pr. 80	9999	1.5	电动机额定功率（kW）
Pr. 81	9999	2	电动机极数
Pr. 82	9999	3.7	电动机额定电流（A）
Pr. 83	200/400	380	电动机额定电压（V）
Pr. 84	50	50	电动机额定频率（Hz）

（5）设定变频器 3 段速控制参数。

变频器 3 段速控制参数设定见表 4-4。

表 4-4　　　变频器 3 段速控制参数设定

参数号	出厂值	设定值	说明
Pr. 1	120	50	上限频率（Hz）
Pr. 2	0	0	下限频率（Hz）
Pr. 3	50	50	基准频率（Hz）
Pr. 79	0	2	选择单一的 EXT 操作模式
Pr. 178	60	60	STF 端子功能选择（正转指令）
Pr. 180	0	0	RL 端子功能选择（低速运行指令）
Pr. 181	1	1	RM 端子功能选择（中速运行指令）
Pr. 182	2	2	RH 端子功能选择（高速运行指令）
Pr. 4	50	50	RH 端子固定频率值设定（高速）（Hz）
Pr. 5	30	35	RM 端子固定频率值设定（中速）（Hz）
Pr. 6	10	20	RL 端子固定频率值设定（低速）（Hz）
Pr. 77	0	0	变频器仅处在停机时可以写入参数
Pr. 7	5	5	斜坡上升时间（s）
Pr. 8	5	5	斜坡下降时间（s）
Pr. 13	0.5	5	启动频率（Hz）
Pr. 14	0	1	适用负荷为变转矩负载（风机）
Pr. 78	0	0	电动机可正、反向运转

（6）变频器运行操作。

1）变频器上电后，自动进入 EXT 操作模式，此时“EXT”灯点亮。

2）第 1 段速控制。当闭合带锁按钮开关 SA1、SA4 时，变频器的端子 STF、RL 为

ON，变频器开始输出5Hz（启动频率）的三相电压，电动机启动正向运转升速，经过由Pr.7所设定的5s斜坡上升时间后，最后稳定运行在由Pr.6所设定的20Hz频率对应的转速上（低速）。

3）第2段速控制。当闭合带锁按钮开关SA1、SA3时，变频器的端子STF、RM为ON，变频器开始输出5Hz（启动频率）的三相电压，电动机启动正向运转升速，经过由Pr.7所设定的5s斜坡上升时间后，最后稳定运行在由Pr.5所设定的35Hz频率对应的转速上（中速）。

4）第3段速控制。当闭合带锁按钮开关SA1、SA2时，变频器的端子STF、RH为ON，变频器开始输出5Hz（启动频率）的三相电压，电动机启动正向运转升速，经过由Pr.7所设定的5s斜坡上升时间后，最后稳定运行在由Pr.4所设定的50Hz频率对应的转速上（高速）。

5）电动机停止运行。在电动机正常运行的任何段速，当断开带锁旋钮开关SA1时，变频器的端子STF为OFF，电动机经过由Pr.8所设定的5s斜坡下降时间后停止运行。

3. 变频器的10段速控制

（1）项目描述。由EXT操作模式实现一台三相交流电动机的10段速固定频率正、反向运转。电动机参数：额定功率1.5kW，额定电流3.7A，额定电压380V，额定频率50Hz，额定转速2800r/min。

第1段速：输出频率为5Hz，正反向运转。

第2段速：输出频率为10Hz，正反向运转。

第3段速：输出频率为15Hz，正反向运转。

第4段速：输出频率为20Hz，正反向运转。

第5段速：输出频率为25Hz，正反向运转。

第6段速：输出频率为30Hz，正反向运转。

第7段速：输出频率为35Hz，正反向运转。

第8段速：输出频率为40Hz，正反向运转。

第9段速：输出频率为45Hz，正反向运转。

第10段速：输出频率为50Hz，正反向运转。

（2）变频器控制电路接线。变频器控制电路接线如图4-3所示。将380V三相交流电源连接至变频器的输入端“R/L1”“S/L2”“T/L3”，将变频器的输出端“U”“V”“W”连接至三相电动机，同时还要进行相应的短路片连接（R/L1—R1/L11、S/L2—S1/L21、P1—P/＋、PR—PX）及接地保护连接。

外部开关量输入端子选用STF、STR、RH、RM、RL、JOG（设为RXE信号端子），其中端子STF设为正转控制，端子STR设为反转控制。端子RH、RM、RL设为多段速控制，通过这3个端子的多种ON、OFF组合，实现变频器的7段速控制功能，其所对应的固定频率值通过Pr.4～Pr.6、Pr.24～Pr.27的参数值设定。端子JOG通过设定参数Pr.185＝8，将端子JOG作为信号端子REX使用，它与RH、RM、RL端子联合构成多种ON、OFF组合，实现变频器的第8～10段速控制功能，其所对应的固定频率值通过Pr.232～Pr.234的参数值设定。端子10、2、5连接多圈电位器RP，用于频率参数的设定及调节。检查线路正确后，合上断路器QF，向变频器送电。

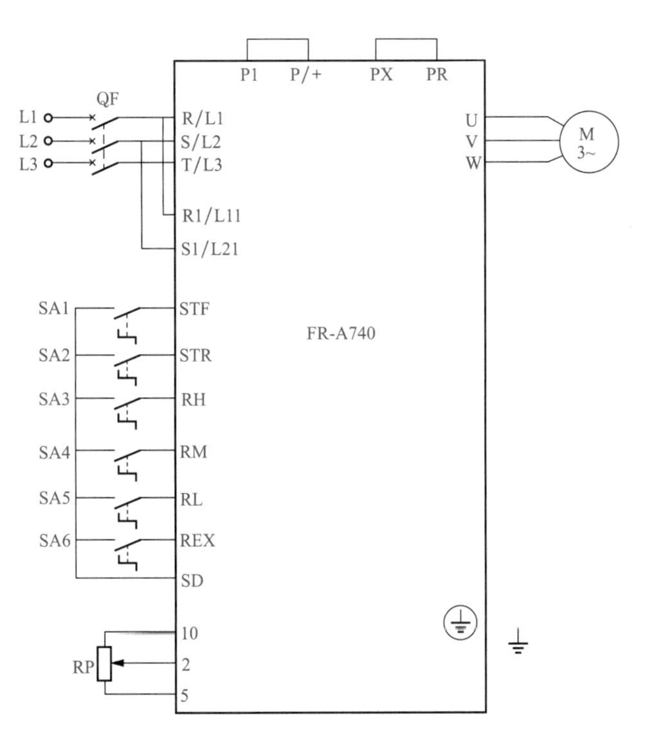

图 4-3 变频器 10 段速控制电路接线

（3）变频器参数复位。参见上述内容。

（4）设定电动机参数。参见上述内容及表 4-3。

（5）设定变频器 10 段速控制参数见表 4-5。

表 4-5　　　　变频器 10 段速控制参数设定

参数号	出厂值	设定值	说明
Pr. 1	120	50	上限频率（Hz）
Pr. 2	0	0	下限频率（Hz）
Pr. 3	50	50	基准频率（Hz）
Pr. 79	0	2	选择单一的 EXT 操作模式
Pr. 178	60	60	STF 端子功能选择（正转指令）
Pr. 179	61	61	STR 端子功能选择（反转指令）
Pr. 180	0	0	RL 端子功能选择（低速运行指令）
Pr. 181	1	1	RM 端子功能选择（中速运行指令）
Pr. 182	2	2	RH 端子功能选择（高速运行指令）
Pr. 185	5	8	JOG 端子功能选择（RXE 信号）
Pr. 4	50	5	RH 端子固定频率值设定（速度 1）（Hz）
Pr. 5	30	10	RM 端子固定频率值设定（速度 2）（Hz）
Pr. 6	10	15	RL 端子固定频率值设定（速度 3）（Hz）
Pr. 24	9999	20	多段速固定频率值设定（速度 4）（Hz）
Pr. 25	9999	25	多段速固定频率值设定（速度 5）（Hz）
Pr. 26	9999	30	多段速固定频率值设定（速度 6）（Hz）
Pr. 27	9999	35	多段速固定频率值设定（速度 7）（Hz）

续表

参数号	出厂值	设定值	说明
Pr. 232	9999	40	多段速固定频率值设定（速度8）(Hz)
Pr. 233	9999	45	多段速固定频率值设定（速度9）(Hz)
Pr. 234	9999	50	多段速固定频率值设定（速度10）(Hz)
Pr. 77	0	0	变频器仅处在停机时可以写入参数
Pr. 7	5	5	斜坡上升时间（s）
Pr. 8	5	5	斜坡下降时间（s）
Pr. 13	0.5	2	启动频率（Hz）
Pr. 14	0	1	适用负荷为变转矩负载（风机）
Pr. 78	0	0	电动机可正、反向运转

（6）变频器运行操作。

1）变频器上电后，自动进入EXT操作模式，此时“EXT”灯点亮。

2）第1段速控制（正转）。当闭合带锁按钮开关SA1、SA3时，变频器的端子STF、RH为ON，变频器开始输出2Hz（启动频率）的三相电压，电动机启动正向运转升速，经过由Pr. 7所设定的5s斜坡上升时间后，最后稳定运行在由Pr. 4所设定的5Hz频率对应的转速上。

3）第2段速控制（正转）。当闭合带锁按钮开关SA1、SA4时，变频器的端子STF、RM为ON，变频器开始输出2Hz（启动频率）的三相电压，电动机启动正向运转升速，经过由Pr. 7所设定的5s斜坡上升时间后，最后稳定运行在由Pr. 5所设定的10Hz频率对应的转速上。

4）第3段速控制（正转）。当闭合带锁按钮开关SA1、SA5时，变频器的端子STF、RL为ON，变频器开始输出2Hz（启动频率）的三相电压，电动机启动正向运转升速，经过由Pr. 7所设定的5s斜坡上升时间后，最后稳定运行在由Pr. 6所设定的15Hz频率对应的转速上。

5）第4段速控制（正转）。当闭合带锁按钮开关SA1、SA4、SA5时，变频器的端子STF、RM、RL为ON，变频器开始输出2Hz（启动频率）的三相电压，电动机启动正向运转升速，经过由Pr. 7所设定的5s斜坡上升时间后，最后稳定运行在由Pr. 24所设定的20Hz频率对应的转速上。

6）第5段速控制（正转）。当闭合带锁按钮开关SA1、SA3、SA5时，变频器的端子STF、RH、RL为ON，变频器开始输出2Hz（启动频率）的三相电压，电动机启动正向运转升速，经过由Pr. 7所设定的5s斜坡上升时间后，最后稳定运行在由Pr. 25所设定的25Hz频率对应的转速上。

7）第6段速控制（正转）。当闭合带锁按钮开关SA1、SA3、SA4时，变频器的端子STF、RH、RM为ON，变频器开始输出2Hz（启动频率）的三相电压，电动机启动正向运转升速，经过由Pr. 7所设定的5s斜坡上升时间后，最后稳定运行在由Pr. 26所设定的30Hz频率对应的转速上。

8）第7段速控制（正转）。当闭合带锁按钮开关SA1、SA3、SA4、SA5时，变频器的端子STF、RH、RM、RL为ON，变频器开始输出2Hz（启动频率）的三相电压，电动机启动正向运转升速，经过由Pr. 7所设定的5s斜坡上升时间后，最后稳定运行在由Pr. 27所

设定的35Hz频率对应的转速上。

9）第8段速控制（正转）。当闭合带锁按钮开关SA1、SA6时，变频器的端子STF、REX为ON，变频器开始输出2Hz（启动频率）的三相电压，电动机启动正向运转升速，经过由Pr.7所设定的5s斜坡上升时间后，最后稳定运行在由Pr.232所设定的40Hz频率对应的转速上。

10）第9段速控制（正转）。当闭合带锁按钮开关SA1、SA5、SA6时，变频器的端子STF、RL、REX为ON，变频器开始输出2Hz（启动频率）的三相电压，电动机启动正向运转升速，经过由Pr.7所设定的5s斜坡上升时间后，最后稳定运行在由Pr.233所设定的45Hz频率对应的转速上。

11）第10段速控制（正转）。当闭合带锁按钮开关SA1、SA4、SA6时，变频器的端子STF、RM、REX为ON，变频器开始输出2Hz（启动频率）的三相电压，电动机启动正向运转升速，经过由Pr.7所设定的5s斜坡上升时间后，最后稳定运行在由Pr.234所设定的50Hz频率对应的转速上。

12）电动机停止运行（正转）。在电动机正常运行的任何段速，当断开带锁旋钮开关SA1时，变频器的端子STF为OFF，电动机经过由Pr.8所设定的5s斜坡下降时间后停止运行。

13）电动机反转运行及停止的段速控制与电动机正转运行及停止的段速控制相同，只要将上述的SA1（正转开关）换成SA2（反转开关）即可，读者可以自行分析。

第二节　变频器在自动正反转控制中的应用

1. 项目描述

由变频器EXT操作模式和继电控制电路实现一台三相交流电动机的自动正反转控制。电动机参数：额定功率1.1kW，额定电流2.7A，额定电压380V，额定频率50Hz，额定转速1400r/min。运行的具体要求如下。

（1）正向启动2s后能够达到10Hz运行频率，在此频率上运行8s后自动停车，停车时间为1s。

（2）自动反向启动，运行频率为30Hz。

（3）自动停车，在35s时停止运行。

2. 项目分析

（1）斜坡上升时间的确定。变频器斜坡上升时间参数由Pr.7设定，它指电动机从静止加速到最大频率（50Hz）所需的时间，由正向启动2s后能够达到10Hz运行频率可计算出Pr.7＝10s。

（2）斜坡下降时间的确定。变频器斜坡下降时间参数由Pr.8设定，它指电动机从最大频率（50Hz）减速到静止所需的时间，由10Hz运行频率至停车所需时间为1s可计算出Pr.8＝5s。

（3）反向启动时间的确定。由斜坡上升时间参数Pr.7＝10s可计算出反向启动达到30Hz运行频率时所需时间为6s。

（4）反向停车时间的确定。由斜坡下降时间参数Pr.8＝5s可计算出由30Hz反向运行频率至停车所需时间为 3s。

（5）综上所述，变频器自动正反转控制流程如图 4-4 所示。

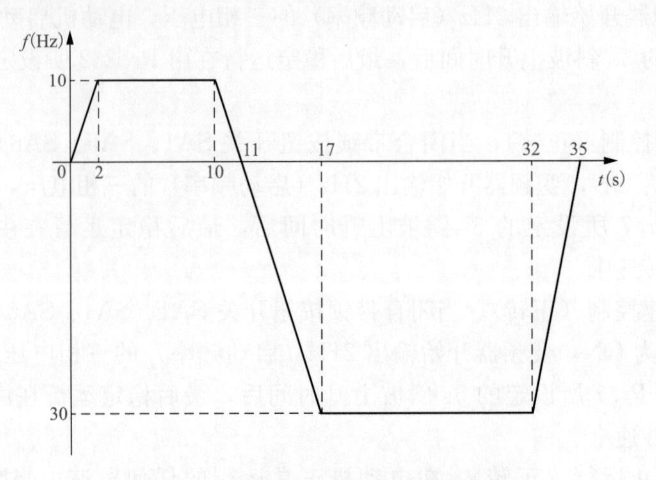

图 4-4 变频器自动正反转控制流程

3. 变频器控制电路接线

变频器自动正反转控制电路如图 4-5 所示。

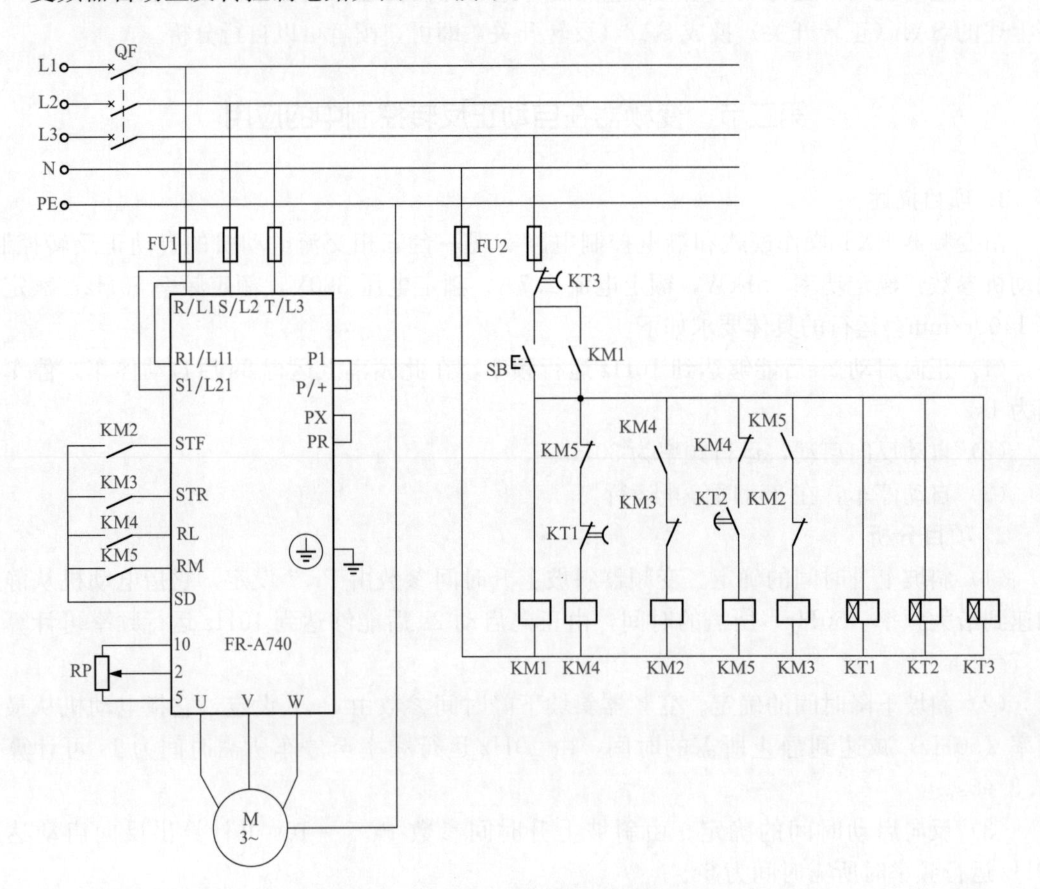

图 4-5 变频器自动正反转控制电路

（1）将380V三相交流电源连接至变频器的输入端“R/L1”“S/L2”“T/L3”，将变频器的输出端“U”“V”“W”连接至三相电动机，同时还要进行相应的短路片连接（R/L1—R1/L11、S/L2—S1/L21、P1—P/＋、PR—PX）及接地保护连接。

外部开关量输入端子选用STF、STR、RM、RL，其中端子STF设为正转控制，端子STR设为反转控制，端子RM（第2段速）、RL（第1段速）设为2段速控制，所对应的固定频率值通过Pr.5、Pr.6的参数值设定。端子10、2、5连接多圈电位器RP，用于频率参数的设定及调节。检查线路正确后，合上断路器QF，向变频器送电。

（2）继电控制电路接线。交流接触器KM2的动合触点接在端子STF上，用于控制电动机的正向启动与停车，交流接触器KM3的动合触点接在端子STR上，用于控制电动机的反向启动与停车，交流接触器KM4的动合触点接在端子RL上，用于控制电动机的第1段速（10Hz）运行，交流接触器KM5的动合触点接在端子RM上，用于控制电动机的第2段速（30Hz）运行。时间继电器KT1、KT2、KT3均为通电延时型，其中KT1用于控制电动机正向运行时间（整定为10s），KT2用于控制电动机正向停车时间（整定为1s）、KT3用于控制电动机反向运行时间（整定为32s）。

4. 变频器参数复位

为了参数调试能够顺利进行，在开始设定参数前要进行一次“参数全部清除（ALLC）”操作。在操作面板FR-DU07上进入参数设定模式后，设定参数ALLC＝1，并按下设定键“SET”确认写入，此时将变频器的所有参数复位为出厂时的默认设定值。

5. 设定电动机参数

为了使电动机与变频器相匹配以获得最优性能，就必须输入电动机铭牌上的参数，令变频器识别控制对象，具体参数设定见表4-6。电动机参数设定完成后，变频器当前处于准备状态，可以正常运行。

表4-6　电动机参数设定

参数号	出厂值	设定值	说明
Pr. 80	9999	1.1	电动机额定功率（kW）
Pr. 81	9999	4	电动机极数
Pr. 82	9999	2.7	电动机额定电流（A）
Pr. 83	200/400	380	电动机额定电压（V）
Pr. 84	50	50	电动机额定频率（Hz）

6. 设定变频器自动正反转控制参数

变频器自动正反转控制参数设定见表4-7。

表4-7　变频器自动正反转控制参数设定

参数号	出厂值	设定值	说明
Pr. 1	120	50	上限频率（Hz）
Pr. 2	0	0	下限频率（Hz）
Pr. 3	50	50	基准频率（Hz）
Pr. 79	0	2	选择单一的EXT操作模式
Pr. 178	60	60	STF端子功能选择（正转指令）
Pr. 179	61	61	STR端子功能选择（反转指令）

续表

参数号	出厂值	设定值	说明
Pr. 180	0	0	RL端子功能选择（低速运行指令）
Pr. 181	1	1	RM端子功能选择（中速运行指令）
Pr. 5	30	30	RM端子固定频率值设定（Hz）
Pr. 6	10	10	RL端子固定频率值设定（Hz）
Pr. 77	0	0	变频器仅处在停机时可以写入参数
Pr. 7	5	10	斜坡上升时间（s）
Pr. 8	5	5	斜坡下降时间（s）
Pr. 14	0	1	适用负荷为变转矩负载（风机）
Pr. 78	0	0	电动机可正、反向运转

7. 变频器运行操作

（1）按下继电控制电路中的启动按钮SB，交流接触器KM1线圈得电，其动合触点KM1闭合，完成自锁。时间继电器KT1、KT2、KT3同时得电，计时开始。

（2）同时，交流接触器KM4线圈得电，其动合触点KM4闭合，使得交流接触器KM2线圈得电，其动合触点KM2闭合。

（3）变频器输入端子STF、RL得到信号NO，电动机开始启动正向升速，经过2s后在10Hz频率对应的转速上运行8s。

（4）时间继电器KT1整定时间为10s，当延时时间一到，其延时动断触点KT1断开，交流接触器KM4线圈失电，其动合触点KM4复位断开，使得交流接触器KM2线圈失电，其动合触点KM2复位断开。

（5）变频器输入端子STF、RL得到信号OFF，电动机开始正向减速，在1s内停车。

（6）时间继电器KT2整定时间为11s，当延时时间一到，其延时动合触点KT2闭合，交流接触器KM5线圈得电，其动合触点KM5闭合，使得交流接触器KM3线圈得电，其动合触点KM3闭合。

（7）变频器输入端子STR、RM得到信号NO，电动机开始启动反向升速，经过6s后在30Hz频率对应的转速上运行15s。

（8）时间继电器KT3整定时间为32s，当延时时间一到，其延时动断触点KT3断开，整个继电控制电路失电。同时，交流接触器KM5、KM3线圈失电，其动合触点KM5、KM3复位断开。

（9）变频器输入端子STR、RM得到信号OFF，电动机开始反向减速，在3s内停车。

（10）控制过程结束，电动机整个运行过程为35s，满足项目要求。

第三节　变频器在PID控制中的应用

1. 变频器PID控制的概念

PID控制（比例-积分-微分控制），由比例单元P、积分单元I和微分单元D组成，是闭环控制中的一种常见形式。所谓PID控制，就是在一个闭环控制系统中，使被控物理量能够

迅速而准确地无限接近于控制目标的一种手段。企业在生产中，往往需要有稳定的压力、温度、流量、液位或转速，以此作为保证产品质量、提高生产效率、满足工艺要求的前提，这就要用到变频器的 PID 控制功能。PID 控制功能是变频器应用技术的重要领域之一，也是变频器发挥其卓越效能的重要技术手段。

变频器 PID 控制至少需要两种控制信号，即目标信号和反馈信号。目标信号是某物理量预期稳定值所对应的电信号（又称目标值或给定值），而该物理量通过传感器测量到的实际值对应的电信号称为反馈信号（又称反馈量或当前值）。在实际应用中，为了使变频系统中的某一个物理量稳定在预期的目标值上，必须将被控量的反馈信号反馈到变频器，与被控量的目标信号不断地进行比较，以判断是否已经达到预定的控制目标。如果尚未达到，则根据两者的差值进行实时的调整，直至达到预定的控制目标为止。

2. 变频器 PID 控制

三菱 FR-A740 变频器具有内置 PID 控制功能，利用它可以方便地构成 PID 闭环控制，其控制原理如图 4-6 所示。变频器 PID 控制的目标信号通过变频器的键盘面板或端子输入，反馈信号反馈给变频器的控制端，在变频器内部进行 PID 调节以改变输出频率。

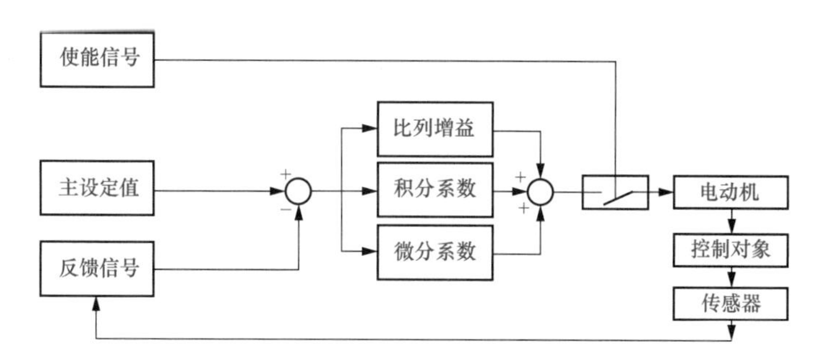

图 4-6　变频器 PID 控制原理

（1）项目描述。由变频器 PID 控制实现一台三相交流电动机的正向稳速运行。电动机参数：额定功率 0.37kW，额定电流 1.05A，额定电压 380V，额定频率 50Hz，额定转速 1400r/min。

（2）变频器 PID 控制电路接线。变频器 PID 控制电路接线如图 4-7 所示。

将 380V 三相交流电源连接至变频器的输入端“R/L1”“S/L2”“T/L3”，将变频器的输出端“U”“V”“W”连接至三相电动机，同时还要进行相应的短路片连接（R/L1—R1/L11、S/L2—S1/L21、P1—P/＋、PR—PX）及接地保护连接。

外部开关量输入端子选用 STF、AU、RT，端子 STF 设为正转控制，端子 RT 设为 PID 控制使能端，端子 AU 设为控制 PID 正反作用切换。端子 10、2、5 连接多圈电位器 RP，用于目标信号的设定及调节，端子 4 设为模拟量输入的类型为 4～20mA 电流信号，用于输入反馈信号。输出端子选用 IPF、OL、FU，端子 IPF 设为 PID 控制时正转方向输出，端子 OL 设为反馈信号达到 PID 控制的下限时输出，端子 FU 设为反馈信号达到 PID 控制的上限时输出。检查线路正确后，合上断路器 QF，向变频器送电。

（3）变频器参数复位。为了参数调试能够顺利进行，在开始设定参数前要进行一次“参数全部清除（ALLC)”操作。在操作面板 FR-DU07 上进入参数设定模式后，设定参数 ALLC=1，并按下设定键“SET”确认写入，此时将变频器的所有参数复位为出厂时的默认设定值。

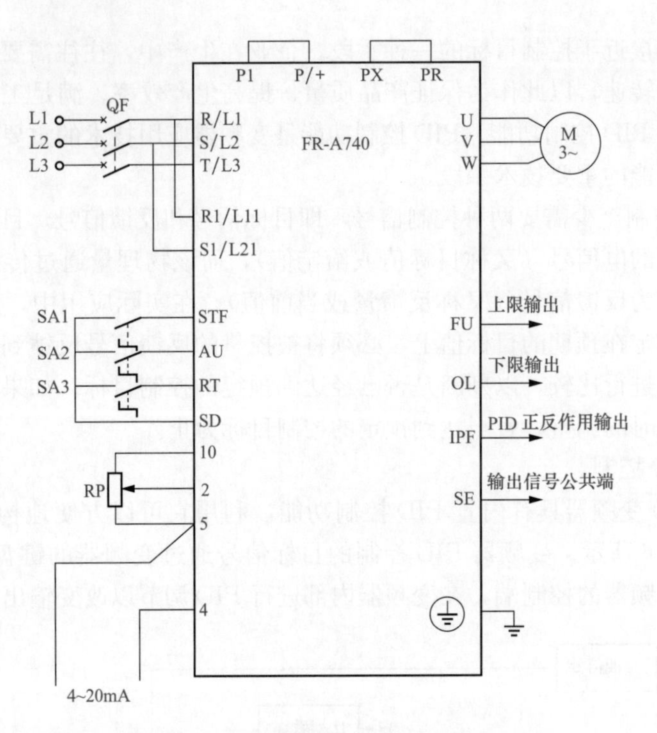

图 4-7　变频器 PID 控制电路接线

（4）设定电动机参数。为了使电动机与变频器相匹配以获得最优性能，就必须输入电动机铭牌上的参数，令变频器识别控制对象，具体参数设定见表 4-8。电动机参数设定完成后，变频器当前处于准备状态，可以正常运行。

表 4-8　　电动机参数设定

参数号	出厂值	设定值	说明
Pr. 80	9999	0.37	电动机额定功率（kW）
Pr. 81	9999	4	电动机极数
Pr. 82	9999	1.05	电动机额定电流（A）
Pr. 83	200/400	380	电动机额定电压（V）
Pr. 84	50	50	电动机额定频率（Hz）

（5）设定变频器 PID 控制参数。变频器 PID 控制参数设定见表 4-9。其中部分参数的设定及功能说明如下。

表 4-9　　变频器 PID 控制参数设定

参数号	出厂值	设定值	说明
Pr. 1	120	50	上限频率（Hz）
Pr. 2	0	0	下限频率（Hz）
Pr. 3	50	50	基准频率（Hz）
Pr. 79	0	2	选择单一的 EXT 操作模式
Pr. 178	60	60	STF 端子功能选择正转指令
Pr. 183	3	14（X14）	RT 端子功能选择 PID 控制，ON 时有效

续表

参数号	出厂值	设定值	说明
Pr. 184	4	64（X64）	AU 端子功能选择 PID 正反作用切换，ON 时有效
Pr. 73	1	1	端子 2 模拟输入规格选择 0～5V
Pr. 267	0	0	端子 4 模拟输入规格选择 4～20mA
Pr. 192	2	16	IPF 端子功能选择 PID 控制时正反作用输出
Pr. 193	3	14	OL 端子功能选择反馈信号达到 PID 控制的下限时输出
Pr. 194	4	15	FU 端子功能选择反馈信号达到 PID 控制的上限时输出
Pr. 77	0	0	变频器仅处在停机时可以写入参数
Pr. 7	5	5	斜坡上升时间（s）
Pr. 8	5	5	斜坡下降时间（s）
Pr. 14	0	0	适用负荷为恒转矩负载
Pr. 78	0	1	电动机不允许反转运行
Pr. 128	10	20	PID 动作选择反作用
Pr. 129	100%	100%	PID 比例范围
Pr. 130	1	30	PID 积分时间（s）
Pr. 131	9999	96%	PID 上限
Pr. 132	9999	10%	PID 下限
Pr. 133	9999	60%	PID 目标信号值
Pr. 134	9999	2	PID 微分时间（s）

1）目标信号参数 Pr. 133。在 PID 控制中，目标信号值指的是在测量值全范围中确定一个符合现场控制要求的一个数值，并以该数值为目标值，使系统最终稳定在此值的水平上或范围内，并且越接近越好。由于某物理量预期稳定值与反馈信号通常不是同一种物理量，难以进行直接比较，所以变频器目标信号的设定值一般都用某物理量预期稳定值与传感器量程之比的百分数来表示，即

$$\text{目标信号设定值} = \frac{\text{某物理量预期稳定值}}{\text{传感器量程}} \times 100\%$$

例如：电动机转速（物理量）预期稳定值 1500r/min，用量程为 2500r/min 的转速表（传感器）进行测量并成比例地转换成相应的电流信号，则目标信号的设定值为

$$\text{目标信号设定值} = \frac{1500}{2500} \times 100\% = 60\%$$

目标信号参数即可用模拟量给定，如在外部操作模式时在端子 2、5 间施加对应的电压（即 5V×60%=3V）；也可用参数 Pr. 133 设定，如 Pr. 133=60%（仅限于 PU 和 PU/EXT 模式下有效），当反馈信号输入的范围为 4～20mA 时，4mA 对应的转速为 0r/min，20mA 对应的转速为 2500r/min，则转速预期稳定值 1500r/min 所对应的反馈信号输入电流为 13. 6mA（即 16mA×60%+4mA）。

2）端子 2 模拟量输入参数 Pr. 73。在 PID 控制中，端子 2、5 用于目标信号的输入，其端子 2 的模拟输入规格选择由参数 Pr. 73 设定，具体设定与说明见表 4-10。

表 4-10 端子 2 的模拟输入规格选择设定

参数号	设定值	功能说明	
Pr. 73	1、3、5、11、13、15	端子 2 选择 0～5V	设定 0V 为 0%，5V 为 100%
	0、2、4、10、12、14	端子 2 选择 0～10V	设定 0V 为 0%，10V 为 100%
	6、7	端子 2 选择 4～20mA	设定 4mA 为 0%，20mA 为 100%

3）端子 4 模拟量输入参数 Pr. 267。在 PID 控制中，端子 4、5 用于反馈信号的输入，其端子 4 的模拟输入规格选择由参数 Pr. 267 设定，具体设定与说明见表 4-11。

表 4-11 端子 4 的模拟输入规格选择设定

参数号	设定值	功能说明	
Pr. 267	0	端子 4 选择 4～20mA	设定 4mA 为 0%，20mA 为 100%
	1	端子 4 选择 0～5V	设定 0V 为 0%，5V 为 100%
	2	端子 4 选择 0～10V	设定 0V 为 0%，10V 为 100%

4）PID 动作选择参数 Pr. 128。在 PID 控制中，要求对变频器输出与 PID 调节输出进行正、反作用的选择，其选择由参数 Pr. 128 设定，具体设定与说明见表 4-12。PID 动作选择非常关键，必须根据控制系统要求准确选定，选定后变频器的输出即按照 PID 调节的输出使电动机的转速增加或减小。一般来说，在供水、流量控制、加温时应为反作用，即测量值（水压、液体流量、温度）升高时，变频器输出应减小执行量，反之则应增大执行量。而在排水、降温时为正作用，即测量值（水压、温度）升高时，变频器输出应增大执行量，反之则应减小执行量。

表 4-12 PID 动作选择设定

参数号	设定值	功能说明		
Pr. 128	10	对于压力、加热等控制	反馈信号由端子 1 输入	PID 反作用
	11	对于冷却等控制		PID 正作用
	20	对于压力、加热等控制	反馈信号由端子 4 输入	PID 反作用
	21	对于冷却等控制		PID 正作用

5）比例范围参数 Pr. 129。比例范围参数 Pr. 129 是为 PID 增益控制而设定的，设定范围 0.1%～1000%，设定为 9999 时无比例控制。当执行量（输出频率）和偏差（偏差＝目标信号值-反馈信号值）之间呈比例关系的动作时，称为比例控制（P 动作）。

比例范围参数 Pr. 129 决定了比例控制对偏差响应程度的大小，参数 Pr. 129 设定值越小，则响应越快，反馈信号的微小变化会引起执行量的很大变化，但过小时，稳定性会变差，可能产生持续振荡。若参数 Pr. 129 设定值太大，则响应滞后。在现场调试时，比例范围参数 Pr. 129 在不发生振荡的条件下可以适当增大其值。

6）积分时间参数 Pr. 130。仅用 P 动作控制，不能完全消除偏差。为了消除残留偏差，一般采用增加 I 动作的 P+I 控制。积分时间参数 Pr. 130 是为 PID 积分时间控制而设定的，设定范围为 0.1～3600s，设定为 9999 时无积分控制。当执行量（输出频率）的变化速度和偏差之间呈比例关系的动作时，称为积分控制（I 动作）。

积分时间参数 Pr. 130 决定了由积分控制（I 动作）时达到与比例控制（P 动作）时相同的执行量所需要的时间，若参数 Pr. 130 设定值大时，响应迟缓，达到目标信号值就越慢，而且过大时对外部扰动引起的偏差消除能力会变弱。若参数 Pr. 130 设定值小，则响应速度快，达到目标信号值就越快，但过小时，将发生持续振荡。在现场调试时，积分时间参数 Pr. 130 在不发生振荡的条件下可以适当减小其值。

7）微分时间参数 Pr. 134。当控制对象含有积分元件时，由于此积分元件的作用使系统发生振荡，为使 P 动作的振荡衰减和系统稳定，可以采用增加 D 动作的 P+D 控制。微分时间参数 Pr. 134 是为 PID 微分时间控制而设定的，设定范围为 0.01～10.00s，设定为 9999 时无微分控制。当执行量（输出频率）和偏差的微分值之间呈比例关系的动作时，称为微分控制（D 动作）。

微分时间参数 Pr. 134 决定了 P+I 动作效果的大小，它仅要求向微分动作提供一个与比例动作相同的时间。若参数 Pr. 134 设定值大时，能使发生偏差时 P 动作引起的振荡衰减作用变大，但过大时，反而引起振荡。若参数 Pr. 134 设定值小，则会使发生偏差时 P 动作引起的振荡衰减作用变小。在现场调试时，微分时间参数 Pr. 134 在不发生振荡的条件下可以适当增大其值。

8）PID 上限参数 Pr. 131。PID 上限参数 Pr. 131 是为 PID 控制的上限值而设定的，设定范围为 0%～100%，设定为 9999 时无功能。PID 上限参数 Pr. 131 限定了反馈信号的最大输入值，当检测到上限值时端子 FU 输出为低电平，未达到时端子 FU 输出为高电平。

9）PID 下限参数 Pr. 132。PID 下限参数 Pr. 132 是为 PID 控制的下限值而设定的，设定范围 0%～100%，设定为 9999 时无功能。PID 下限参数 Pr. 132 限定了反馈信号的最小输入值，当检测到下限值时端子 OL 输出为低电平，未达到时端子 OL 输出为高电平。

需要说明的是，PID 上、下限参数并非必须设定，它仅起到一种提示作用，对系统的运行并无影响，只是当测定到反馈信号值低于下限或高于上限时发出报警信号或驱动其他相关设备配合运行，因此可根据实际情况决定采用与否。

10）IPF 端子功能选择参数 Pr. 192。IPF 端子功能选择参数 Pr. 192=16，是表示该端子用于 PID 控制的正反作用输出的检测，即当检测到反作用时端子 IPF 输出为低电平，检测到正作用时端子 IPF 输出为高电平。

（6）变频器运行操作。

1）同时闭合带锁按钮开关 SA1、SA2、SA3 时，变频器输入端 STF、AU、RT 为 ON，变频器启动电动机开始正转并根据目标信号值与反馈信号值之差进行 PID 自动调整控制，直到进入转速预期稳定值运行。

2）当反馈的电流信号发生改变时，将会引起电动机的转速变化。当反馈的电流信号小于目标信号设定值 13.6mA 时，变频器将驱动电动机升速。电动机转速上升又会引起反馈的电流信号变大，当反馈的电流信号大于目标信号设定值 13.6mA 时，变频器又将驱动电动机降速。电动机转速下降又使反馈的电流信号变小，当反馈的电流信号小于目标信号设定值 13.6mA 时，变频器又将驱动电动机升速。如此反复，能使变频器达到一种动态平衡状态，变频器将驱动电动机以一个动态稳定的速度运行。

3）断开带锁按钮开关 SA1 时，变频器输入端 STF 为 OFF，电动机停止运行。

第四节　变频器在程序控制中的应用

1. 变频器程序控制的概念

三菱 FR-A740 变频器具有简单的程序控制功能，它可以按照预先设定的时钟、电动机运行频率、开始运行时间及旋转方向在变频器内部定时器的控制下自动执行运行操作。变频器按程序控制功能运行时，必须通过设定参数的方式给变频器编制电动机转向、运行频率和开始运行时间的程序段，让变频器按程序输出相应频率的电源，驱动电动机按设定方式运行，各程序段的运行时间由变频器内部的定时器根据用户设定的参数决定。

2. 程序控制中的相关参数介绍

（1）操作模式选择参数 Pr. 79。变频器只有工作在程序控制模式时才能进行程序运行控制，参数 Pr. 79 为变频器操作模式选择，当设定参数 Pr. 79＝5 时，变频器就工作在程序控制模式。

（2）程序运行的时间单位选择参数 Pr. 200。参数 Pr. 200 为变频器进行程序运行时使用的时间单位选择，可选择“分/秒”和“小时/分”中的任一种，具体设定与说明见表 4-13。

表 4-13　　程序运行的时间单位选择

参数号	出厂值	设定值	说明
Pr. 200	0	0	时间单位：分/秒（电压监视表示）
		1	时间单位：小时/分（电压监视表示）
		2	时间单位：分/秒（时钟基准监视表示）
		3	时间单位：小时/分（时钟基准监视表示）

（3）程序开始运行的时钟基准选择参数 Pr. 231。变频器内部有一个时钟基准定时器 RAM，参数 Pr. 231 中设定的时钟基准即为程序运行的开始时刻。当同时接通开始信号和程序运行组信号时，时钟基准定时器回到“0”，此时，变频器执行参数 Pr. 231 中设定的时钟基准。参数 Pr. 231 的设定范围取决于参数 Pr. 200 的设定值，具体设定与说明见表 4-14。

表 4-14　　程序开始运行的时钟基准选择

参数号	出厂值	设定范围			
		Pr. 200＝0	Pr. 200＝1	Pr. 200＝2	Pr. 200＝3
Pr. 231	0	0～99 分 59 秒	0～99 小时 59 分	0～99 分 59 秒	0～99 小时 59 分

（4）程序内容参数 Pr. 201～Pr. 230。程序内容参数 Pr. 201～Pr. 230 用来设定电动机的转向、运行频率和运行时间，参数设定的格式为【转向代号，运行频率值，开始运行时间值】。其中转向代号用 0～2 表示（0——停止；1——正转；2——反转），运行频率值取 0～400Hz，开始运行时间值取 0～99. 59。例如，程序内容参数 Pr. 203＝【1，30，1：30】，表示电动机在时钟基准（Pr. 231 设定值）之后 1 分 30 秒或 1 小时 30 分钟（单位由 Pr. 200 设定）以频率 30Hz 正转运行。程序内容参数可在操作面板 FR-DU07 上进行设定，以参数 Pr. 203＝【1，30，1：30】为例，具体设定步骤如下。

1）按下模式键“MODE”，进入参数设定模式，此时显示屏为“P. -0”，表示以前读取

的参数编号为 Pr. 0。

2）转动旋转式数字转盘“M”，调出当前要设定的参数编号 Pr. 203，此时显示屏为“P. 203”。

3）转动旋转式数字转盘“M”输入“1”（旋转方向为正转），然后按下设定键“SET”1. 5s 确认。

4）转动旋转式数字转盘“M”输入“30”　（运行频率为 30Hz），然后按下设定键“SET”1. 5s 确认。

5）转动旋转式数字转盘“M”输入“1∶30”（开始运行时间为 1 分 30 秒或 1 小时 30 分钟），然后按下设定键“SET”1. 5s 确认。

6）转动旋转式数字转盘“M”移动到下一个参数进行设定。

（5）程序运行组选择。三菱 FR-A740 变频器为用户提供 3 个程序运行组，它用来存放每一个运行程序所有的数据单元，用户可通过相应的输入端子控制某程序组的运行，并可以在不同的输入端子中进行程序运行组的切换，以选择不同的程序运行组。

旋转方向、运行频率、开始运行时间组成一个程序段，程序内容参数 Pr. 201～Pr. 230 可组成 30 个程序段，每 10 个程序段为一个程序运行组，故共可分为 3 个程序运行组（简称组 1、组 2、组 3）。第 1 组为参数 Pr. 201～Pr. 210，第 2 组为参数 Pr. 211～Pr. 220，第 3 组为参数 Pr. 221～Pr. 230，执行哪一个程序运行组可用输入端子 RH、RM、RL 来选择，具体设定与说明见表 4-15。程序运行时，既可以选择一个组的单次运行，也可选择一个组的循环运行；既可以选择两个以上的组按组 1、组 2、组 3 的顺序单次运行，也可选择多个组的循环运行。

表 4-15　　程序运行组选择

参数号	名称	输入端子选择（ON 有效）	备注
Pr. 201～Pr. 210	第 1 程序运行组	RH	组 1
Pr. 211～P. r220	第 2 程序运行组	RM	组 2
Pr. 221～Pr. 230	第 3 程序运行组	RL	组 3

（6）报警代码输出选择参数 Pr. 76。当报警发生时，借助集电极开路输出端子可以将其报警代码用 4 位数字信号输出，具体设定与说明见表 4-16。

表 4-16　　报警代码输出选择

参数号	出厂值	设定值	集电极开路输出端子功能说明			
			SU	IPF	OL	FU
Pr. 76	0	0	报警代码不输出（由 Pr. 191～Pr. 194 决定其功能）			
		1	报警代码第 3 位	报警代码第 2 位	报警代码第 1 位	报警代码第 0 位
		2	当报警发生时，输出报警代码信号（输出信号同“1”）；当正常运行时，输出运行状态信号（输出信号同“0”）			
		3（程序运行）	时间到达输出	第 3 组运行输出	第 2 组运行输出	第 1 组运行输出

3. 项目描述

通过变频器实现电动机的程序控制，电动机的运行曲线如图 4-8 所示。运行的具体要求如下。

（1）定时器计时到第8s时，电动机正向启动，运行在10Hz频率上。

（2）定时器计时到第50s时，电动机正向运行在20Hz频率上。

（3）定时器计时到第120s时，电动机正向运行在45Hz频率上。

（4）定时器计时到第190s时，电动机正向运行在15Hz频率上。

（5）定时器计时到第260s时，电动机正向运行停止。

（6）定时器计时到第300s时，电动机反向启动，运行在50Hz频率上。

（7）定时器计时到第400s时，电动机反向运行在25Hz频率上。

（8）定时器计时到第450s时，电动机正向运行在30Hz频率上。

（9）定时器计时到第500s时，电动机正向运行停止。

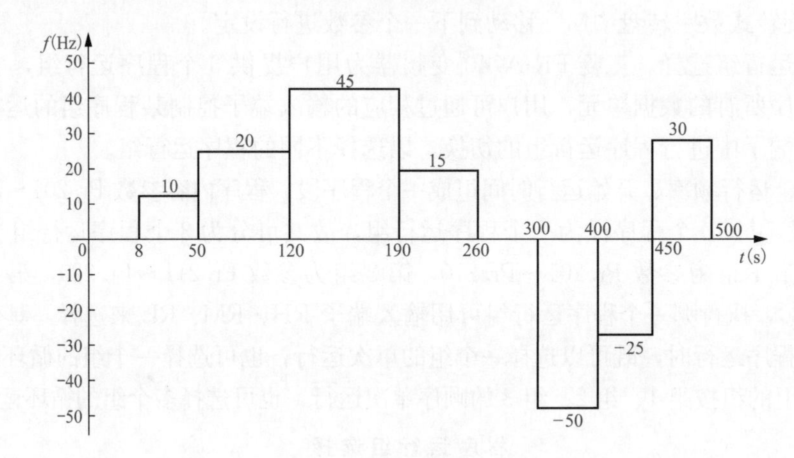

图4-8　电动机运行曲线

4. 变频器程序控制电路接线

变频器程序控制电路如图4-9所示。

将380V三相交流电源连接至变频器的输入端“R/L1”“S/L2”“T/L3”，将变频器的输出端“U”“V”“W”连接至三相电动机，同时还要进行相应的短路片连接（R/L1—R1/L11、S/L2—S1/L21、P1—P/＋、PR—PX）及接地保护连接。

外部开关量输入端子选用STF、STR、RH、RM、RL，其中端子STF输入信号的功能为启动程序运行，当STF＝ON时，内部定时器将时钟基准自动复位清零，并开始按顺序执行所设定的运行程序；端子RTR输入信号的功能为定时器复位，当STR＝ON时，内部定时器将时钟基准置0；端子RH、RM、RL输入信号的功能分别作为第1组、第2组、第3组的选择，当RH（RM、RL）＝ON时，将执行相应的程序运行组。

输出端子选用FU、OL、IPF、SU，其中端子FU、OL、IPF分别为组1、组2、组3在运行完毕时输出相应组的时间到达信号，用于定时器的复位清零；端子SU为程序运行组全部运行完毕时输出时间到达信号，用于定时器的复位清零。检查线路正确后，合上断路器QF，向变频器送电。

5. 变频器参数复位

为了使参数调试能够顺利进行，在开始设定参数前要进行一次“参数全部清除（ALLC)”操作。在操作面板FR-DU07上进入参数设定模式后，设定参数ALLC＝1，并按下设定键“SET”确认写入，此时将变频器的所有参数复位为出厂时的默认设定值。

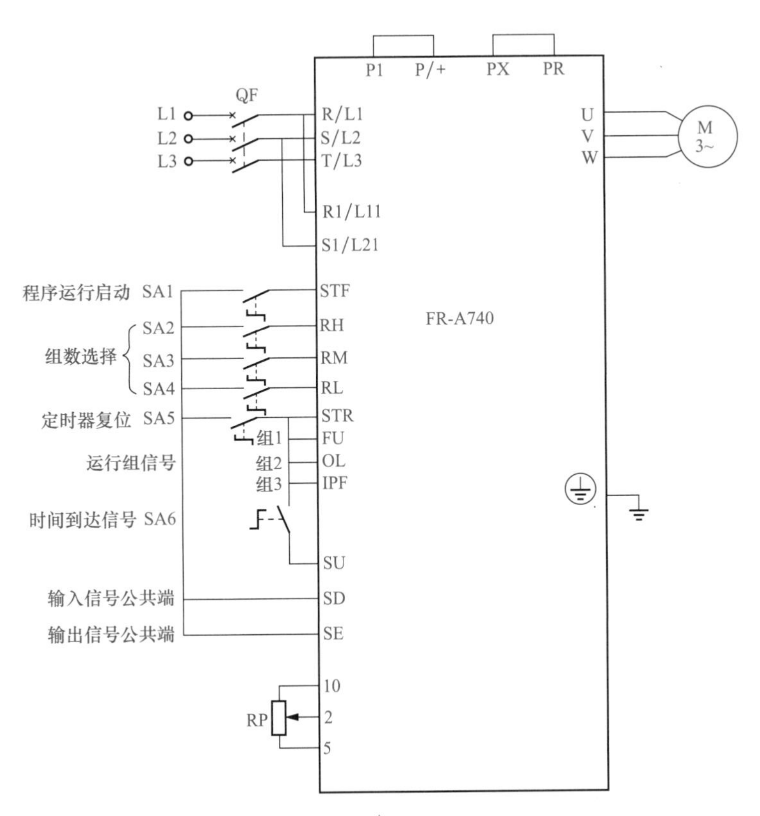

图 4-9　变频器程序控制电路

6. 设定电动机参数

参见上述内容。

7. 设定变频器程序控制参数

变频器程序控制参数设定见表 4-17。

表 4-17　　变频器程序控制参数设定

参数号	出厂值	设定值	说明
Pr. 1	120	50	上限频率（Hz）
Pr. 2	0	0	下限频率（Hz）
Pr. 3	50	50	基准频率（Hz）
Pr. 79	0	5	选择程序操作模式，定义端子 STF 为启动程序运行，端子 RTR 为定时器复位，端子 RH、RM、RL 为组 1、组 2、组 3 选择
Pr. 7	5	5	斜坡上升时间（s）
Pr. 8	5	5	斜坡下降时间（s）
Pr. 14	0	0	适用负荷为恒转矩负载
Pr. 78	0	0	电动机可正、反向运行
Pr. 200	0	2	选择分/秒（时钟基准监视表示）作为时间单位
Pr. 231	0	0	现场程序开始运行的时钟基准（0 分 0 秒）
Pr. 76	0	3	在程序操作模式中，定义端子 SU 为程序运行组全部运行完毕时输出时间到达信号，端子 FU、OL、IPF 分别为组 1、组 2、组 3 运行完毕时输出时间到达信号

续表

参数号	出厂值	设定值	说明
Pr. 201	0，9999，0	1，10，0：08	程序设定 1【正转，10Hz，0 分 08 秒】
Pr. 202	0，9999，0	1，20，0：50	程序设定 2【正转，20Hz，0 分 50 秒】
Pr. 203	0，9999，0	1，45，2：00	程序设定 3【正转，45Hz，2 分 00 秒】
Pr. 204	0，9999，0	1，15，3：10	程序设定 4【正转，15Hz，3 分 10 秒】
Pr. 205	0，9999，0	0，0，4：20	程序设定 5【停止，0Hz，4 分 20 秒】
Pr. 206	0，9999，0	2，50，5：00	程序设定 6【反转，50Hz，5 分 00 秒】
Pr. 207	0，9999，0	2，25，6：40	程序设定 7【反转，25Hz，6 分 40 秒】
Pr. 208	0，9999，0	1，30，7：30	程序设定 8【正转，30Hz，7 分 30 秒】
Pr. 209	0，9999，0	0，0，8：20	程序设定 9【停止，0Hz，8 分 20 秒】

8. 变频器程序控制运行

（1）程序单次运行。

1）准备工作和设定完成后，闭合带锁按钮开关 SA2，输入端子 RH 为 ON，变频器程序控制运行选择第 1 程序运行组。

2）闭合带锁按钮开关 SA1，输入端子 STF 为 ON，启动程序运行，电动机开始按顺序执行所设定的运行程序。

3）当程序运行组运行完毕后，将从 SU 输出端子输出一个时间到达信号，供定时器复位清零。由于端子 SU 与 STR 处于悬空断开状态，故时间到达信号无法输入到端子 STR，则定时器无法复位清零，程序运行一个周期后停止。

4）断开带锁按钮开关 SA1，输入端子 STF 为 OFF，则运行停止，同时内部定时器复位。

（2）程序循环运行。单组循环运行时，应闭合带锁按钮开关 SA5、SA6，使端子 SU 与 STR 处于连接闭合状态，重复上述步骤 1）、2）。当程序运行组运行完毕后，将从输出端子 SU 输出一个时间到达信号给输入端子 STR，定时器复位清零。由于组选择信号 RH 和启动程序运行信号 STF 仍处于闭合状态，故又重新开始执行第 1 程序组运行。当断开带锁按钮开关 SA1 时，输入端子 STF 为 OFF，则运行停止，同时内部定时器复位。

（3）多组程序单次或循环运行。当 2 个或者 3 个的程序运行组同时被选择时，被选择的程序运行组按第 1 组、第 2 组、第 3 组的顺序执行程序。

1）多组程序单次运行。若 3 个程序运行组同时被选择并要求单次运行时，应先闭合带锁按钮开关 SA2、SA3、SA4，然后再闭合带锁按钮开关 SA1，启动程序运行，电动机开始按顺序执行第 1 组所设定的运行程序。

第 1 组程序运行结束后，输出端子 FU 输出一个定时器复位清零信号给输入端子 STR，使组 1 日期和参考时间复位，随后电动机开始按顺序执行第 2 组所设定的运行程序。

第 2 组程序运行结束后，输出端子 OL 输出一个定时器复位清零信号给输入端子 STR，使组 2 日期和参考时间复位，随后电动机开始按顺序执行第 3 组所设定的运行程序。

第 3 组程序运行结束后，将从 SU 输出端子输出一个时间到达信号，供定时器复位清零。由于端子 SU 与 STR 处于悬空断开状态，故时间到达信号无法输入到端子 STR，则定时器无法复位清零，程序运行一个周期后停止。

2）多组程序循环运行。若 3 个程序运行组同时被选择并要求循环运行时，应先闭合带锁按钮开关 SA2、SA3、SA4、SA5、SA6，然后再闭合带锁按钮开关 SA1，启动程序运行，

电动机开始按顺序执行组 1、组 2、组 3 所设定的运行程序。当 3 个程序运行组全部运行完毕后，将从输出端子 SU 输出一个时间到达信号给输入端子 STR，定时器复位清零。由于组选择信号 RH、RM、RL 和启动程序运行信号 STF 仍处于闭合状态，故又重新开始执行程序组运行。

(4) 变频器程序控制运行注意事项。

1) 如果在执行预定程序过程中，变频器电源断开后又接通（包括瞬间断电），内部定时器将复位，并且电源恢复变频器也不会重新启动。若要再继续开始运行，则必须关断程序开始信号端子 STF，然后再接通。

2) 当变频器按程序控制运行接线时，端子 AU、STOP、2、4、1、JOG 无功能。

3) 程序控制运行过程中，变频器不能进行其他模式的操作。当程序运行开始信号 STF 和定时器复位信号 STR 接通时，运行模式不能在 PU 运行和外部运行之间变换。

第五章

PLC的基本知识

第一节　PLC的基本特性

1. PLC的定义

可编程序控制器（Programmable Logic Control，PLC）是一种以微处理器为基础，综合了计算机技术、自动控制技术和通信技术的数字运算操作电子系统。早期的PLC主要用来代替继电器实现逻辑控制，仅有逻辑运算、定时、计数等功能，所以人们将可编程序控制器称为PLC。随着电子科学技术的发展，这种采用微型计算机技术的控制装置已大大超出了逻辑控制的范畴，特别是以16位和32位微处理器为核心的PLC具有了高速计数、中断、PID调节和数据通信功能，从而使PLC的应用范围和应用领域不断扩大。

根据国际电工委员会（IEC）于1987年对PLC作出的定义可表述为：PLC是以中央处理器为核心，综合了计算机和自动控制等先进技术发展起来的专为工业环境应用而设计的专用计算机，其作用是用于控制各种类型的生产机械或生产过程，它所有的相关设备都应按易于与工业控制系统形成一个整体、易于扩充其功能的原则进行设计。

可编程序控制器利用它模拟或数字的输入与输出，可以实现逻辑、顺序、定时、计数等控制功能，而且还能进行数字运算、数据处理、模拟量调节、系统监控、联网与通信等，广泛应用于冶金、水泥、石油、化工、电力、机械制造、汽车、造纸、纺织、环保等各行各业，已成为工业电气控制的重要手段。

2. PLC的特点

（1）可靠性高、抗干扰能力强。在PLC系统中，大量的开关动作是由无触点的半导体电路来完成的，所有的I/O接口电路均采用光电隔离措施，加上充分考虑了工业生产环境中电磁、粉尘、温度等各种干扰，因此在硬件和软件上采取了一系列屏蔽和滤波等抗干扰措施，有极高的可靠性。它的平均故障间隔为3万～5万小时，大型PLC还采用了2CPU构成的冗余系统，或由3CPU构成的表决系统。

（2）通用性强、使用灵活。PLC多数采用标准积木块式硬件结构，组合和扩展方便，外部接线简单，且产品均呈系列化生产，品种齐全，能适用于各种电压等级，用户可根据自己的需要灵活选用，以满足系统大小不同及功能繁简各异的控制要求。控制功能由软件完成，改变控制方案和工艺流程时，只需修改用户程序，使用非常方便。

（3）编程简单、易于掌握。PLC的编程采用简单易学的梯形图和指令语句表语言编程。

梯形图使用了和继电器控制线路中极为相似的图形符号和定义，非常直观清晰，对于熟悉继电器控制的电气操作人员来说很容易掌握，不存在现代计算机技术和传统电气控制技术之间的专业鸿沟，深受现场电气技术人员的欢迎。近年来各生产厂家都加强了通用计算机运行的编程软件的制作，使用户的编程及下载工作更加方便。

（4）功能齐全、接口方便。PLC可以轻松地实现大规模的开关量逻辑控制，具有逻辑运算、定时、计数、比例、积分、微分（简称PID）控制及显示、故障诊断等功能，高档PLC还具有通信联网、打印输出等功能，它可以方便地与各种类型的I/O接口实现D/A、A/D转换及控制。PLC不仅可以控制一台单机、一条生产线，还可以控制一个机群、多条生产线；它不但可以进行现场控制，还可以用于远程监控。

（5）控制系统设计、安装、调试方便。PLC系统中含有数量巨大的用于开关量处理的类似于继电器的"软元件"，如中间继电器、时间继电器、计数器等，又用程序（软接线）代替硬接线，因此安装接线工作量少，设计人员只要在实验室就可以进行控制系统的设计及模拟调试，缩短现场调试的时间。

（6）故障率低、维修方便。PLC有完善的自诊断、履历情报存储及监视功能，便于故障的迅速处理。其内部工作状态、通信状态、异常状态和I/O点的状态均有显示，工作人员可以通过这些显示功能查找故障原因，通过更换某个模块或单元迅速排除故障。

（7）体积小、重量轻。PLC常采用箱体式结构，体积及重量只有通常的接触器大小，易于安装在控制箱中或安装在运动物体中。

3. PLC的主要技术性能指标

PLC的主要技术性能指标通常有以下几种。另外，生产厂家还提供PLC的外形尺寸、质量、保护等级、适用温度、相对湿度、大气压等性能指标参数，供用户参考。

（1）I/O点数。指PLC的外部输入和输出端子数，这是一项重要技术指标，通常小型机有几十个点，中型机有几百个点，大型机超过千点。

（2）用户程序存储容量。指衡量PLC所能存储用户程序的多少，在PLC中，程序指令是按"步"存储的，一"步"占用一个地址单元，一条指令有的往往不止一"步"。一个地址单元一般占两个字节（约定16位二进制数为一个字，即两个8位的字节）。例如，一个内存容量为1000步的PLC，其内存为2K字节。

（3）扫描速度。指扫描1000步用户程序所需的时间，以ms/千步为单位，有时也可用扫描一步指令的时间计，如μs/步。

（4）指令系统条数。PLC具有基本指令和高级指令，指令的种类和数量越多，其软件功能越强。

（5）编程元件种类和数量。编程元件是指输入继电器、输出继电器、辅助继电器、定时器、计数器、通用"字"寄存器、数据寄存器及特殊功能继电器等，其种类和数量的多少关系到编程是否方便灵活，也是衡量PLC硬件功能强弱的一个指标。

（6）可扩展性。小型PLC的基本单元（主机）多为开关量I/O接口，各厂家在PLC基本单元的基础上大力发展模拟量处理、高速处理、温度控制、通信等智能扩展模块，智能扩展模块的多少及性能也已成为衡量PLC产品水平的标志。

（7）通信功能。通信有PLC之间的通信和PLC与计算机或其他设备之间的通信，主要涉及通信模块、通信接口、通信协议、通信指令等内容。

4. PLC的分类

PLC的分类通常根据其结构形式的不同和I/O点数的多少等进行大致分类。

（1）按结构形式分类。根据PLC的结构形式，可将PLC分为整体式、模块式和叠装式三类。

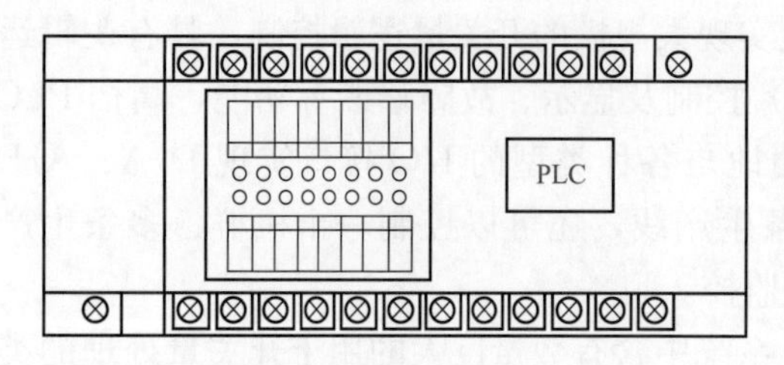

图5-1 整体式PLC

1）整体式PLC。整体式PLC如图5-1所示。它将电源、CPU、I/O接口等部件都集中装在一个机箱内，其特点是结构紧凑、体积小、价格低，小型PLC一般采用这种整体式结构。整体式PLC由不同I/O点数的基本单元（又称主机）和扩展单元组成，它们之间一般用扁平电缆连接。基本单元内有CPU、I/O接口、与I/O扩展单元相连接的扩展口、与编程器或EPROM写入器相连接的接口等；扩展单元内只有I/O和电源等，没有CPU。编程器和主机是分离的，程序编写完毕后即可拔下编程器。整体式PLC一般还可以配备特殊功能单元，如模拟量单元、位置控制单元等，使其功能得以扩展。

2）模块式PLC。模块式PLC如图5-2所示。它将PLC各组成部分分别做成若干个单独的模块，如CPU模块、I/O模块、电源模块（有的含在CPU模块中）以及各种功能模块，模块装在框架或基板的插座上，各模块通过总线连接，其特点是配置灵活，可以根据需要选配不同规模的系统，而且装配方便，便于扩展和维修，大、中型PLC一般采用这种模块式结构。

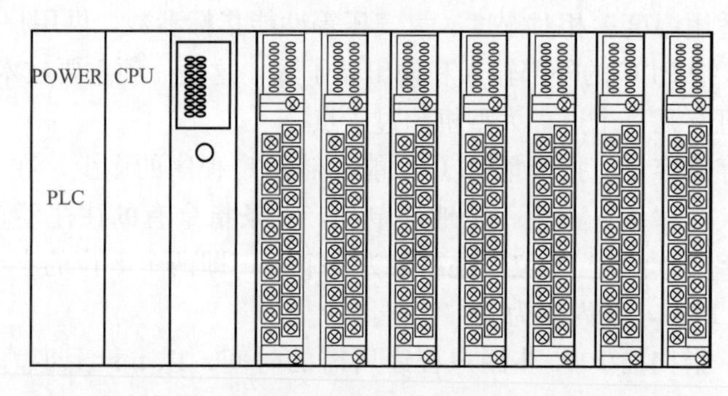

图5-2 模块式PLC

3）叠装式PLC。上述两种结构的PLC各有特色，但整体式PLC有时系统所配置的输入输出点不能被充分利用，且不同型号PLC的尺寸大小不一致，不易安装整齐；模块式PLC尺寸较大，很难与小型设备连成一体。为此开发出了叠装式PLC，它将整体式和模块式的特点结合起来，其CPU、电源、I/O接口等也是各自独立的模块，且等高等宽，可以一层层地叠装。叠装式PLC不用基板，仅用扁平电缆连接，紧密拼装后组成一个整齐的体积小巧的长方体，而且输入、输出点数的配置也相当灵活。

（2）按I/O点数分类。为了适应各行各业的需要，在众多的PLC机型中，按照输入输出（I/O）点数、扫描速度（每执行1000步指令所用时间，以ms/K表示）、存储器容量、指令功能等，一般可分为小型（包括超小型）、中型、大型（包括超大型）三类PLC。

1）小型 PLC。I/O 点数一般为 6～128 点，用户程序存储器容量在 2K 字节以下，具有单 CPU 及 8 位或 16 位处理器，适用于单机或较小规模的生产过程控制，在日常应用中数量最多，最为普及。

2）中型 PLC。I/O 点数一般为 128～512 点，用户程序存储器容量为 2K～8K 字节，具有双 CPU 及 16 位处理器，适用于较复杂和较大规模生产过程控制；

3）大型 PLC。I/O 点数一般大于 512 点，用户存储器容量在 8K 字节以上，具有多 CPU 及 16 位或 32 位处理器，适用于大规模生产过程控制。

第二节 PLC 的基本结构

PLC 是为工业环境应用而设计的专用计算机，有着与通用计算机相类似的结构，其基本结构都是由硬件系统和软件系统两大部分组成。

1. PLC 的硬件系统

可编程序控制器的硬件系统如图 5-3 所示。它由中央处理器（CPU）、存储器、I/O 电路、电源以及外接编程器等部分构成。对于整体式 PLC，这些部件都在同一个机壳内；而对于模块式 PLC，各部件独立封装，称为模块，各模块通过机架和电缆连接在一起。主机内的各个部分均通过电源总线、控制总线、地址总线和数据总线连接。PLC 根据实际控制对象的需要配备一定的外部设备，可以构成不同的 PLC 控制系统。常用的外部设备有编程器、打印机、EPROM 写入器等。PLC 可以配置通信模块与上位机及其他的 PLC 进行通信，构成 PLC 的分布式控制系统。

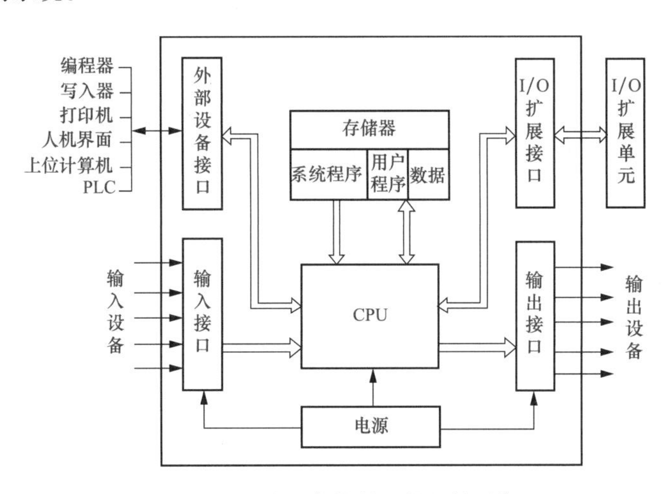

图 5-3 可编程序控制器的硬件系统

（1）中央处理器。中央处理器（CPU）是 PLC 的核心部件，它通过数据总线、地址总线和控制总线与存储器、I/O 接口电路相连接，其主要作用是在系统程序和用户程序指挥下，利用循环扫描工作方式，采集输入信号，进行逻辑运算、数据处理，并将结果送到输出接口电路，去控制执行元件，同时还要进行故障诊断、系统管理等工作。PLC 常用的中央处理器（CPU）有通用微处理器（如 280 等）、单片计算机（如 MCS-48 系列、MCS-51 系列等）和位片式微处理器（如 AMD2900 系列等）。

（2）存储器。存储器是用来存放系统程序、用户程序和工作数据的，存放系统程序的存储器称为系统程序存储器，存放用户程序和工作数据的存储器称为用户程序存储器。

系统程序是由PLC生产厂家编制并已固化到只读存储器（ROM）、紫外线可擦除只读存储器EPROM、电可擦除只读存储器E^2PROM中，用户不能直接存取其中的信息，它一般包括系统管理程序、指令解释程序、输入输出操作程序、逻辑运算程序、通信联网程序、故障检测程序、内部继电器功能程序等，这些程序编制水平的高低决定了PLC功能的强弱。

用户程序是用户为了实现某一控制系统的所有控制任务而由用户编制的程序，它通过编程器的键盘输入到PLC内部的用户程序存储器，其内容可以由用户任意修改或增删。用户程序存储器包括程序存储区和数据存储区两部分，程序存储区用来存放（记忆）用户编制的程序，数据存储区是用来存放（记忆）用户程序中使用器件的状态（ON/OFF）、数值、数据等。

用户程序存储器一般采用附加备用锂电池的随机存储器RAM、紫外线可擦除只读存储器EPROM或电可擦除只读存储器E^2PROM，当PLC开机时，操作系统和应用程序的所有正在运行的数据和程序都会放置在随机存储器RAM中，并且随时可以对存放在里面的数据进行修改和存取。随机存储器RAM的工作需要由持续的电力提供，一旦系统断电，存放在里面的所有数据和程序都会自动清空，并且再也无法恢复。

（3）I/O接口。I/O接口的主要功能是与外部设备联系，I/O接口技术对PLC能否在恶劣的工业环境中可靠工作起着关键的作用。I/O接口通常做成模块，每种模块由一定数量的I/O通道组成，且这些模块在设计时采取了光电隔离、滤波等抗干扰措施，提高了PLC的可靠性，用户可以根据实际需要合理地选择和配置。PLC的I/O接口模块有多种类型，如开关量（数字量）输入模块、开关量（数字量）输出模块、模拟量输入模块、模拟量输出模块等。其中，较常用的为开关量接口模块。PLC以开关量顺序控制见长，任何一个生产设备或过程的控制与管理，几乎都是按步骤顺序进行的，工业控制中80%以上的工作都可以由开关量控制完成。

（4）I/O扩展接口。I/O扩展接口用于将扩展单元以及功能模块与基本单元相连，使PLC的配置更加灵活，以满足不同控制系统的需要。

（5）电源模块。电源模块将交流电转换为直流电，为主机和I/O模块提供工作电源，它的性能好坏直接影响到PLC工作的可靠性。目前PLC均采用高性能开关稳压电源供电，一般都允许有很宽的输入电压范围（交流100～240V），有很强的抗干扰能力，它一方面为CPU、I/O接口及扩展单元提供DC5V、DC±12V、DC24V电源，另一方面可以为外部输入元件（接近开关或传感器）提供DC 24V电源，但驱动PLC外部负载的电源由用户自己提供。PLC电源模块还配有锂电池作交流电停电时的备用电源，其作用是保持用户程序和数据不丢失。

（6）编程器。编程器是用来将用户所编的用户程序输入PLC中，并可对PLC中的用户程序进行编辑、检查、修改和对运行中的PLC进行监控，编程器可分为三大类，即智能型编程器（高级编程器）、手持式编程器（简易编程器）及专用编程器。

2. PLC的软件系统

PLC的软件系统分为系统软件和应用软件。

（1）系统软件。系统软件是PLC有节奏地完成循环扫描过程中各环节内容的程序，它由系统管理程序、用户指令解释程序、标准程序模块及系统调用程序组成，由PLC生产厂商采用汇编语言编写完成，并驻留在规定的存储器内，是不允许用户介入的（用户不可直接读/写与更改）。由于PLC是实时处理系统，所以系统软件的基础是操作系统，由它统一管

理 PLC 的各种资源，协调各部分之间的关系，使整个系统能最大限度地发挥其作用。系统软件与硬件一起作为完整的 PLC 产品出售，一般用户不必顾及它，也不要求掌握它。

(2) 应用软件。应用软件是为完成一个特定控制任务而编写的应用程序，通常由用户根据任务的内容，按照 PLC 生产厂商所提供的语言和规定的法则编写而成。由于 PLC 是专门为工业控制而开发的装置，因此其主要使用者是广大电气技术人员，为了满足他们的传统习惯和掌握能力，PLC 的编程语言采用比计算机语言相对简单、易懂、形象的专用语言（梯形图和指令语句表）。对于 PLC 的用户来说，编写、修改、调试和运行应用程序是最主要的工作之一。

第三节 PLC 的工作原理

1. PLC 的扫描周期

PLC 在本质上虽然是一台微型计算机，其工作原理与普通计算机类似，但是 PLC 的工作方式却与计算机有很大的不同。计算机一般采用等待输入→响应（运算和处理）→输出的工作方式，如果没有输入，就一直处于等待状态。PLC 采用的则是周期性循环扫描工作方式，每一个周期要按部就班地执行完全相同的工作，与是否有输入或输出以及是否变化无关。

PLC 执行一次扫描操作所用的时间即为一个扫描周期，典型值为 1～100ms，它包含输入采样、程序执行、输出刷新 3 个阶段。扫描周期大小与 CPU 运行速度、PLC 硬件配置、用户程序长短、扫描速度及程序的种类有很大关系，当用户程序较长时，程序执行时间在扫描周期中占相当大的比例。有的编程软件或编程器可以提供扫描周期的当前值，有的还可以提供扫描周期的最大值和最小值。

2. PLC 的工作原理

PLC 的工作原理就是通过 CPU 周期性不断地循环扫描，并采用集中采样和集中输出的方式，实现了对生产过程和设备的连续控制。由于 CPU 不能同时处理多个操作任务，而只能每一时刻执行一个操作，一个操作完成后再接着执行下一个操作，所以 PLC 是采用“顺序扫描、不断循环”的方式进行工作的。即 PLC 运行时，CPU 根据用户按控制要求编制好并存于用户存储器中的程序，按指令步序号（或地址号）作周期性循环扫描。如果无跳转指令，则从第一条指令开始逐条顺序执行用户程序，直到程序结束，然后重新返回第一条指令，开始下一轮新的扫描。在每次扫描过程中，还要完成对输入信号的采样和对输出状态的刷新等工作，如此周而复始。

3. PLC 的工作过程

可编程序控制器是一种实时控制计算机，其工作过程实质上是循环的扫描过程，如图 5-4 所示。PLC 通电后，立即进入自诊断查错阶段，以确定自身的完好性；随后进入输入采样阶段，以扫描方式将输入端的状态采样后存入输入信号数据寄存器；然后进入程序执行阶段，从第一条程序开始先上后下、先左后右逐条扫描并执行；接着进入输出刷新阶段，将输出寄存器中与输出有关的状态进行输出处理，并通过一定方式输出，驱动外部负载。

(1) 自诊断查错。接通电源经过初始化程序后，PLC 开始进入正常的循环扫描工作。随后 PLC 进行自诊断查错，检查系统硬件和用户程序存储器。若发现错误，PLC 进入出错处理，判断错误的性质。如果是严重错误，则 PLC 将切断一切输出，停止运行用户程序，并通过指示灯发出警报；如果属于一般性错误，则只发出警报，等待处理，但不停机。

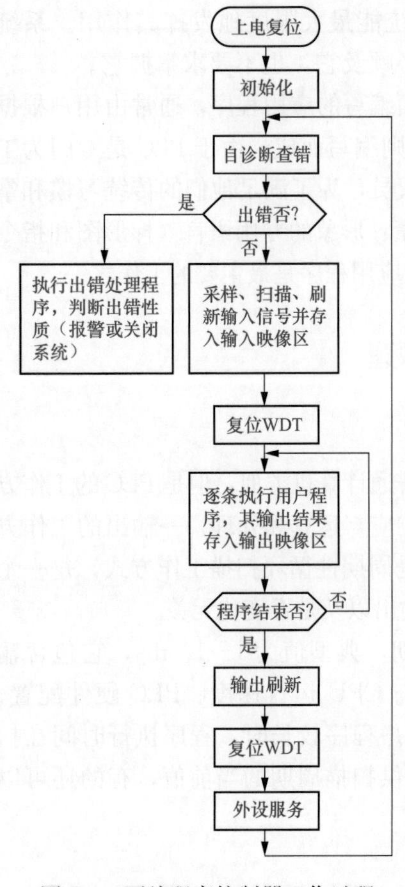

图 5-4 可编程序控制器工作过程

（2）输入采样。当检查未发现错误时，PLC将进入输入采样阶段，首先以扫描方式按顺序将所有暂存在输入锁存器中的输入端子的通断状态或输入数据读入，并将其存入（写入）各对应的输入映像寄存器中，即刷新输入。随即关闭输入端口，进入程序执行阶段。在程序执行阶段，即使输入状态有变化，输入映像寄存器的内容也不会改变，变化了的输入信号状态只能在下一个扫描周期的输入采样阶段被读入。

（3）复位WDT①。监控定时器（WDT）用来监视程序执行是否正常，因此在程序执行前PLC会自动复位监控定时器（WDT），以清除各元件状态的随机性及进行数据清零，为执行程序做好准备并开始计时。在此阶段，CPU还会检查其硬件和所有I/O模块的状态，若在RUN模式下，则还要检查用户程序存储器。

（4）程序执行。PLC在程序执行阶段，按用户程序指令存放的先后顺序扫描执行每条指令，所需的执行条件可从输入映像寄存器和当前输出映像寄存器中读入，经过相应的运算和处理后，其结果再写入输出映像寄存器中。所以，输出映像寄存器中所有的内容随着程序的执行而改变。当执行输出指令时，CPU只是将输出值存放在输出映像寄存器中，并不会真正输出。

（5）输出刷新。PLC在输出刷新阶段，CPU将存放在输出映像寄存器中所有输出继电器的通断状态集中输出到输出锁存器中，并通过一定方式（继电器、晶体管或晶闸管）输出，驱动相应输出设备工作，这才是PLC的实际输出。

（6）复位WDT②。监控定时器（WDT）可以对每次扫描的时间进行计时，PLC执行用户程序所用的时间一般不会超过监控定时器（WDT）的设定值。当程序执行完毕后，监控定时器（WDT）会立即自动复位，表示系统正常工作。如果在设定的时间内，监控定时器（WDT）不能被复位，则表示在程序执行过程中因某种干扰使扫描失控进入了死循环，此时故障指示灯点亮并发出超时报警信号，同时停止PLC的运行，从而避免了死循环的故障。

（7）外设服务。最后，PLC进入外设服务命令的操作。CPU将处理从通信端口接收到的任何信息，完成数据通信任务，即检查是否有计算机、编程器的通信请求。若有，则进行相应的处理。设置外设服务是为了方便操作人员的介入，有利于系统的控制和管理，但并不影响系统的正常工作。若没有外设命令或外设命令处理完毕后，PLC自动再次进入自诊断操作，自动循环扫描运行。

经过这几个阶段，完成一个扫描周期。对于小型PLC，由于采用这种集中采样、集中输出的方式，使得在每一个扫描周期中，只对输入状态采样一次，对输出状态刷新一次，在一定程度上降低了系统的响应速度，即存在输入输出滞后的现象；但从另外一个角度看，却大大提高了系统的抗干扰能力，使可靠性增强。另外，PLC几毫秒至几十毫秒的响应延迟对一

般工业系统的控制来讲是无关紧要的。

第四节 PLC 的核心单元

1. CPU 单元

PLC 同一般的微型计算机一样，CPU 单元是核心，它主要由运算器、控制器、寄存器及实现它们之间联系的数据总线、控制总线及状态总线构成，CPU 单元还包括外围芯片、总线接口及有关电路，内存主要用于存储程序及数据，是 PLC 不可缺少的组成单元。PLC 中所配置的 CPU 随机型的不同而不同，常用的有三类：通用微处理器（280、8086、80286、80386 等）、单片微处理器（8031、8096 等）及位片式微处理器（AMD29W 等）。小型 PLC 大多采用 8 位通用微处理器和单片微处理器，中型 PLC 大多采用 16 位通用微处理器或单片微处理器，大型 PLC 大多采用 32 位高速位片式微处理器。

目前，小型 PLC 为单 CPU 系统，而中、大型 PLC 则大多为双 CPU 系统，甚至有些 PLC 中多达 8 个 CPU。对于双 CPU 系统，其中一个为主处理器，称为字处理器，通常采用 8 位或 16 位通用微处理器，用于执行编程器接口功能、监视内部定时器、监视扫描时间、处理字节指令及对系统总线和位处理器进行控制等；另外一个为从处理器，称为位处理器，通常采用由各厂家设计制造的专用芯片，主要用于处理位操作指令和实现 PLC 编程语言向机器语言的转换。位处理器的采用，提高了 PLC 的速度，使 PLC 能更好地满足实时控制要求。

在 PLC 中 CPU 按系统程序赋予的功能指挥 PLC 有条不紊地进行工作，归纳起来主要有以下几个方面。

（1）接收从编程器或微型计算机输入的用户程序和数据。

（2）诊断电源、内部电路的工作故障和编程中的语法错误等。

（3）通过输入接口接收现场的状态或数据，并存入输入映像寄存器或数据寄存器中。

（4）从存储器逐条读取用户程序，经过编译解释后执行。

（5）根据执行的结果，更新有关标志位的状态和输出映像寄存器的内容，通过输出单元实现输出控制。

2. 存储器单元

PLC 的存储器单元主要有两种：一种是可读/写操作的随机存储器 RAM；另一种是只读存储器 ROM、PROM、EPROM 和 E^2PROM。在 PLC 中，存储器主要用于存放系统程序、用户程序及工作数据。

（1）系统程序是由 PLC 的制造厂家编写的，和 PLC 的硬件组成有关，完成系统诊断、命令解释、功能子程序调用管理、逻辑运算、通信及各种参数设定等功能，提供 PLC 运行的平台。系统程序关系到 PLC 的性能，而且在 PLC 使用过程中不会变动，所以是由制造厂家直接固化在只读存储器 ROM、PROM 或 EPROM 中，用户不能访问和修改的。

（2）用户程序是随 PLC 的控制对象而定的，由用户根据对象生产工艺的控制要求而编制的应用程序。为了便于读出、检查和修改，用户程序一般存于 CMOS 静态 RAM 中，用锂电池作为后备电源，以保证断电时不会丢失信息。为了防止干扰对 RAM 中程序的破坏，当用户程序运行正常，不需要改变时，可将其固化在只读存储器 EPROM 中，现在有许多 PLC 直接采用 E^2PROM 作为用户存储器。

(3) 工作数据是PLC运行过程中经常变化、经常存取的一些数据，存放在RAM中，以适应随机存取的要求。在PLC的工作数据存储器中，设有存放输入输出继电器、辅助继电器、定时器、计数器等逻辑器件的存储区，这些器件的状态都是由用户程序的初始设置和运行情况而确定的。根据需要，部分数据在掉电时用后备电池维持其现有的状态，这部分在掉电时可以保存数据的存储区域称为保持数据区。

3. 编程器单元

编程器单元是PLC的外部设备，是人机对话的窗口，它将用户所编的用户程序输入PLC中，并可以对PLC中的用户程序进行编辑、检查、修改和对运行中的PLC进行监控，但它不直接参与现场控制运行。编程器可分为智能型编程器（高级编程器）、手持式编程器（简易编程器）及专用编程器。

智能型编程器配有编程软件包，通过微型计算机设备，用助记符、梯形图和高级语言进行编程，它对PLC的监视信息量大，具有很好的人机界面，其最大的优点是高效，能较好地满足各种控制系统的需要，目前应用最为广泛，用户只要购买PLC厂家提供的编程软件和相应的硬件接口装置，就可以得到高性能的PLC程序开发系统。专用编程器专供PLC厂商生产的某些产品使用，其使用范围有限，价格较高。手持式编程器具有简单、易学、便于携带的特点，但是编译与校验等工作均由CPU完成，所以编程时必须要有PLC参与，同时所用的语言也受到限制，不能使用编程比较方便形象、直观的图形，只能使用指令语句表方式输入，因此手持式编程器只适用于小规模的PLC系统中。

4. 光耦合器单元

PLC的外部I/O设备所需的电平信号与PLC内部CPU的标准电平是不同的，所以对于I/O接口还需要实现另外一个重要的功能就是电平信号转换，产生能被CPU处理的标准电平信号。为了保证I/O接口所传递的信息平稳、准确，提高PLC的抗干扰能力，I/O单元一般都具有光电隔离和滤波功能。

PLC中光耦合器可以提高抗干扰能力和安全性能，其基本结构如图5-5所示。它主要由电源电路、发光二极管和光电晶体管组成。当输入端开关接通，输入高电平信号时，光耦合器导通，输出低电平信号经过反相器进入PLC的内部电路，供CPU进行处理。若PLC的输入形式是NPN型（漏型输入），则各个输入开关的公共点接电源负极，有效输入电平形式是低电平（如三菱FX_{2N}型PLC）；若PLC的输入形式是PNP型（源型输入），则各个输入开关的公共点接电源正极，有效输入电平形式是高电平（如西门子S7型PLC）。

5. 输入接口单元

输入接口单元的作用是将用户输入设备产生的信号（开关量输入或模拟量输入），经过光电隔离、滤波和电平转换等处理，变成CPU能够接收和处理的信号，并送给输入映像寄存器，以实现外部现场的各种信号与系统内部信号的匹配及信号的正确传递。为了满足生产现场抗干扰的要求，输入接口电路一般都要采取光电隔离技术，由RC滤波器消除输入触点的抖动和外部噪声干扰。

输入接口电路接受的外信号电源可以由外部提供，也可以由PLC内部提供，其中外部提供的直流电源极性可以为任意极性。外信号电源电压等级为DC5、12、24、48、60V，AC48、115、220V等，DC24V以下输入接口的点密度较高。输入接口电路按其使用电源的不同可分为直流输入型、交流输入型、交/直流混合输入型，其基本电路如图5-6所示。

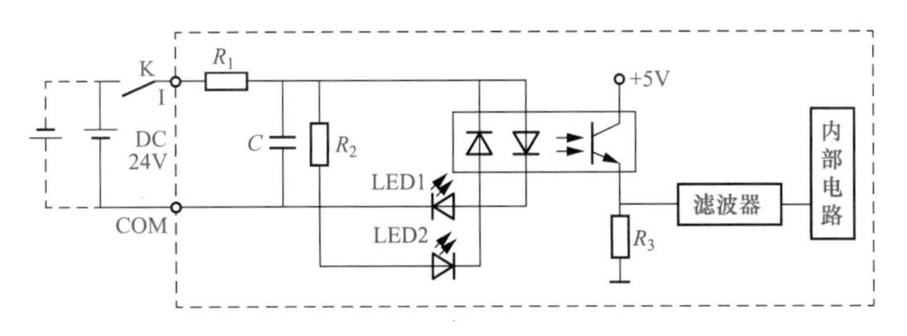

图 5-5　光耦合器单元的基本结构

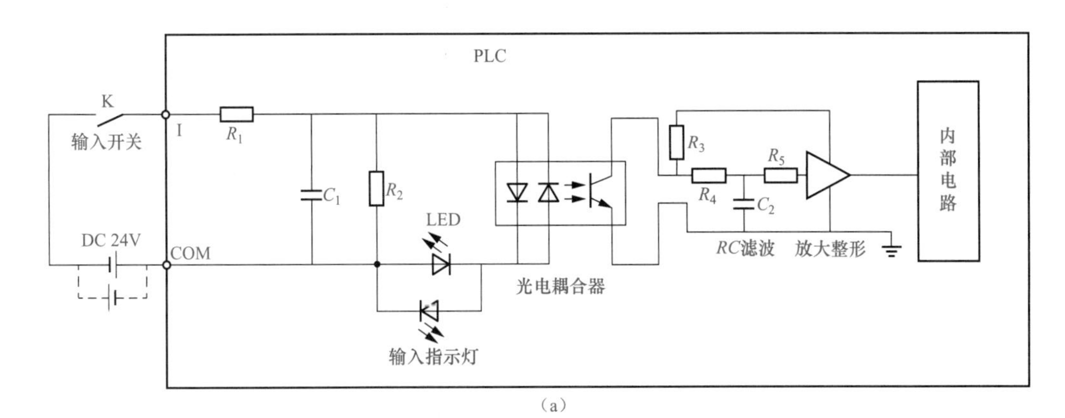

（a）

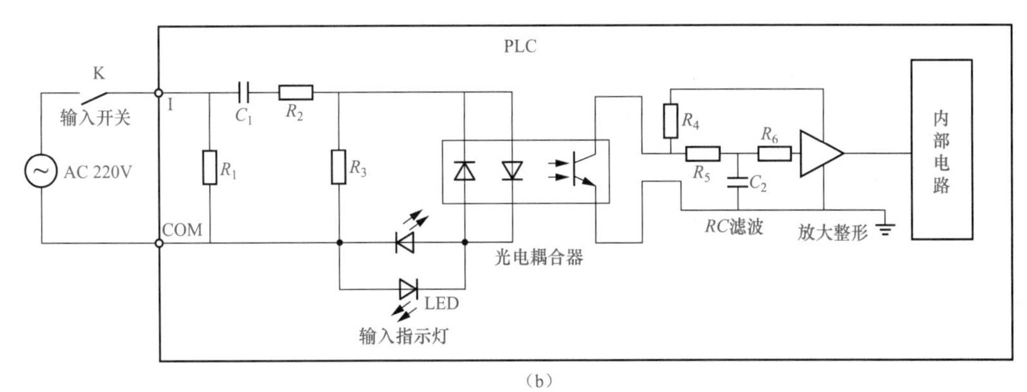

（b）

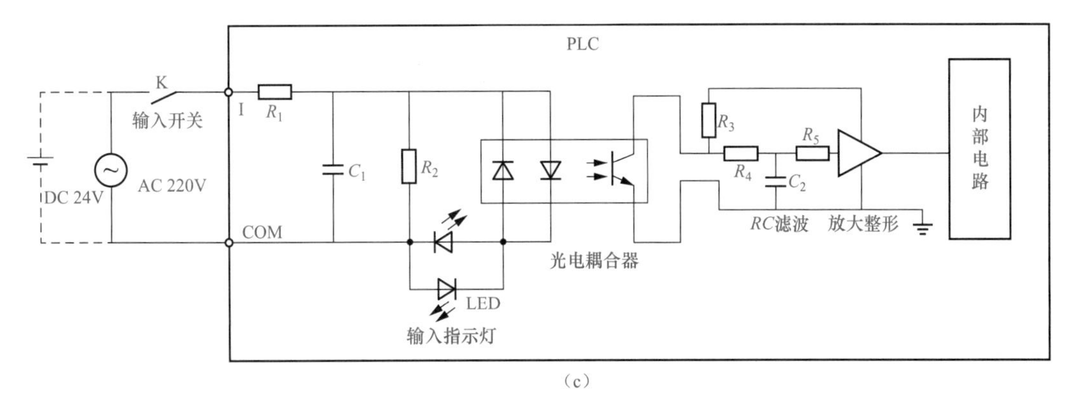

（c）

图 5-6　PLC 输入接口基本电路

（a）直流输入型；（b）交流输入型；（c）交/直流混合输入型

在基本电路中，K 为输入通断控制按钮。当 K 闭合时，双向光耦合器中的发光二极管导通发光，使得光电三极管接收到光线，由截止变为导通，输出的高电平经 RC 滤波、放大整形后送入 PLC 内部电路中，同时该输入端的输入指示发光二极管 LED 导通发光，表示该输入端有信号输入。当 CPU 在循环的输入阶段输入该信号时，将该输入点对应的映像寄存器状态置“1”。当 K 断开时，将该输入点对应的映像寄存器状态置“0”，同时该输入端的输入指示发光二极管 LED 熄灭，表示该输入端无信号输入。由于双向光耦合器中的发光二极管是电流驱动元件，要有足够的能量才能驱动，因此，干扰信号（能量较小）难以进入 PLC 内部，从而实现了抗干扰。

6. 输出接口单元

输出接口单元的作用是将经过 CPU 处理的信号通过光电隔离和功率放大等处理，转换成外部设备所需要的驱动信号（数字量输出或模拟量输出），驱动接触器、指示灯、报警器、电磁阀、电磁铁、调节阀、调速装置等各种执行机构。输出接口电路就是 PLC 的负载驱动回路，为适应不同的控制要求，输出接口电路按输出开关器件的不同分为继电器输出型、晶体管输出型及双向晶闸管输出型，其基本电路如图 5-7 所示。为提高 PLC 抗干扰能力，每种输出接口电路都采用了光电或电气隔离技术。

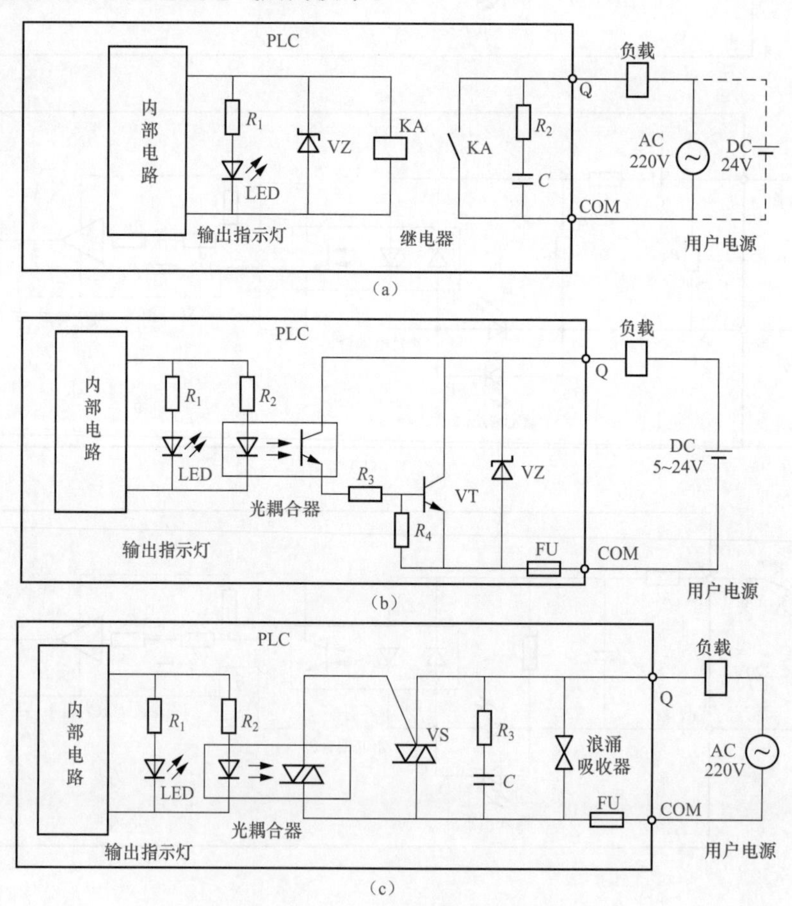

图 5-7 PLC 输出接口基本电路

（a）继电器输出型；（b）晶体管输出型；（c）双向晶闸管输出型

（1）继电器输出型。继电器输出型为有触点的输出方式，采用电气隔离技术，其优点是适用的电压范围比较宽、导通压降小、承受瞬时过电压和过电流的能力强，但动作速度较慢、响应时间长、动作频率低、不能用于高速脉冲的输出。它既可以驱动直流负载，也可以驱动交流负载，驱动负载的能力是每一个输出点 2A 左右，建议在输出量变化不频繁时优先选用。

在基本电路中，当内部电路的状态为“1”时，继电器线圈 KA 得电，所产生的电磁吸力将触点 KA 吸合，负载回路闭合，同时该输出端的输出指示发光二极管 LED 导通发光，表示该输出端有信号输出。当内部电路的状态为“0”时，继电器线圈 KA 失电，电磁吸力消失使触点 KA 释放，负载回路断开，同时该输出端的输出指示发光二极管 LED 熄灭，表示该输出端无信号输出。

（2）晶体管输出型。晶体管输出型为无触点的输出方式，采用光电隔离技术，其优点是可靠性强、执行速度快、寿命长，但过载能力差。它只可以驱动直流负载，驱动负载的能力是每一个输出点 750mA 左右，适用于高速（可达 20kHz）小功率直流负载。

在基本电路中，当内部电路的状态为“1”时，光耦合器中的发光二极管导通发光，使得光电三极管接收到光线，由截止变为导通，从而晶体管 VT 导通，负载回路闭合，同时该输出端的输出指示发光二极管 LED 导通发光，表示该输出端有信号输出。当内部电路的状态为“0”时，光电三极管由导通变为截止，从而晶体管 VT 截止，负载回路断开，同时该输出端的输出指示发光二极管 LED 熄灭，表示该输出端无信号输出。稳压管 VZ 用来抑制关断过电压和外部的浪涌电压，以保护晶体管 VT。

（3）双向晶闸管输出型。双向晶闸管输出型为无触点的输出方式，采用光电隔离技术，其优缺点与晶体管输出型相似，它只可以驱动交流负载，驱动负载的能力是每一个输出点 1A 左右，适用于高速（可达 20kHz）大功率交流负载。

在基本电路中，当内部电路的状态为“1”时，光耦合器中的发光二极管导通发光，使得光电双向二极管接收到光线而导通，从而双向晶闸管 VS 获得了触发信号，无论外接电源的极性如何，双向晶闸管 VS 均导通，负载回路闭合，同时该输出端的输出指示发光二极管 LED 导通发光，表示该输出端有信号输出。当内部电路的状态为“0”时，光电双向二极管由导通变为截止，从而双向晶闸管 VS 失去触发信号，双向晶闸管 VS 截止，负载回路断开，同时该输出端的输出指示发光二极管 LED 熄灭，表示该输出端无信号输出。

第六章

三菱FX2N系列PLC

第一节　三菱 PLC 产品简介

日本三菱电机公司是全球 PLC（可编程序控制器）主要的生产厂商之一，其产品具有系统配置灵活、性能高、编程简单、品种丰富、运算高速、可使用于多种特殊用途、外部设备通信简单等特点，特别是小型 PLC 在我国国内用户中占有较大比重。三菱 PLC 的应用领域覆盖了所有与自动检测、自动化控制有关的工业及民用领域，包括各种汽车工业、环境技术、采矿、纺织机械、包装机械、通用机械、楼宇自动化、食品加工、冲压机床、磨床、印刷机械、橡胶化工机械、中央空调、电梯控制、运动系统、环境保护设备等。

1. 三菱小型 PLC

（1）三菱 F 系列 PLC。三菱 F 系列 PLC 是三菱第一代小型 PLC，其产品有 F、F1、F2 系列，全部为整体式结构，主机里面集成了 CPU、I/O 接口等各种功能模块。三菱 F 系列 PLC 采用 8 位通用微处理器和单片微处理器，运算速度较慢，现已退出市场。1981 年三菱 F 系列 PLC 出品，有 F-12、F-20、F-40 共 3 个品种。1983 年三菱 F2 系列 PLC 出品，有 F2-40、F2-60 共两个品种，控制点数通过扩展可到 120 点。1986 年 F1 系列 PLC 出品（全面取代 F、F2 系列 PLC），有 F1-12、F1-20、F1-30、F1-40、F1-60 共 5 个品种，控制点数通过扩展可到 120 点。

（2）三菱 FX 系列 PLC。三菱 FX 系列 PLC 是三菱第二代小型 PLC，其产品有 FX2、FX0、FX0N、FX0S、FX2N、FX1N、FX1S 系列，全部为整体式结构，主机里面集成了 CPU、I/O 接口等各种功能。三菱 FX 系列 PLC 采用 16 位通用微处理器和单片微处理器，无论在外形、功能、软元件及特殊功能模块上都比第一代小型 PLC 上了一个新台阶。

1990 年三菱 FX2 系列 PLC 出品，有 FX2-16、FX2-24、FX2-32、FX2-48、FX2-64、FX2-80、FX2-128 共 7 个品种，控制点数通过扩展可到 256 点。1991 年三菱 FX0 系列 PLC 出品，有 FX0-10、FX0-14、FX0-20、FX0-30 共 4 个品种，其控制点数不可扩展，为超小型 PLC。1994 年 FX0N 系列 PLC 出品（取代 F1 系列 PLC），有 FX0N-24、FX0N-40、FX0N-60 共 3 个品种，控制点数通过扩展可到 128 点，并有多种功能模块可供选用，它比 F1 系列 PLC 体积小 60%，而在运算速度、功能和程序容量上大大提升。1996 年三菱 FX0S 系列 PLC 出品（取代 FX0 系列 PLC），有 FX0S-10、FX0S-14、FX0S-20、FX0S-30 共 4 个品种，其控制点数不可扩展，也不能外加特殊功能模块，它比 FX0 系列 PLC 体积小 60%，而在运算速度、功能和程序容量上与 FX0N 一样。

1996年三菱FX_{2N}系列PLC出品（取代FX2系列PLC），它是FX系列PLC中最先进的，有FX_{2N}-16、FX_{2N}-32、FX_{2N}-48、FX_{2N}-64、FX_{2N}-80、FX_{2N}-128共6个品种，控制点数通过扩展可到256点，并有多种功能模块可选用，它比FX2系列PLC体积小50%，价格下降20%，在运算速度、功能和程序容量上都有较大提升。1999年三菱FX_{1N}系列、FX_{1S}系列PLC出品（分别取代FX_{0N}、FX_{0S}系列PLC），它在外形、体积上虽没有变化，但在运算速度、功能和程序容量上都有很大提升。

（3）三菱FX3系列PLC。三菱FX3系列PLC是三菱第三代小型PLC，其产品有FX_{3U}、FX_{3UC}、FX_{3G}、FX_{3S}系列，全部为整体式结构，主机里面集成了CPU、I/O接口等各种功能。三菱FX3系列PLC更加完善了产品的扩展性，独有左、右双总线扩展方式；左侧总线可扩展连接模拟量/通信适配器（最多4台），数据传输效率更高，并简化了程序编制工作；右侧总线则充分考虑到与原有系统的兼容性，可连接FX系列PLC的I/O扩展和特殊功能模块；基本单元上还可以安装两个扩展板，完全可以根据客户的需要组合出最佳的控制系统。

2005年三菱FX_{3U}系列PLC出品（取代FX_{2N}系列PLC），有FX_{3U}-16、FX_{3U}-32、FX_{3U}-48、FX_{3U}-64、FX_{3U}-80、FX_{3U}-128共6个品种，控制点数通过CC-Link网可扩展到384点，它比FX_{2N}系列PLC更系列化，处理速度更快，内存容量高达64KB，软元件数量大幅增加，功能指令更加丰富，通信能力加强，新开发的通信板和通信适配器及计算机连接用的专用模块，可方便连接各种智能设备。三菱FX_{3UC}系列PLC在保持了FX_{3U}系列PLC原有强大功能的基础上，主要改变了端子的连接方式和PLC的电源输入，实现了极为可观的I/O型接口的规模缩小，使体积更小，端子连接方式采用插接方式，降低了接线成本。此外，其供电电源只能采用DC24V电源，与普通系列PLC允许使用AC电源相比价格较低。

2008年三菱FX_{3G}系列PLC出品（取代FX_{1N}系列PLC），有FX_{3U}-14、FX_{3U}-24、FX_{3U}-40、FX_{3U}-60共4个品种，控制点数通过CC-Link网可扩展到256点，它自带两路高速通信接口（RS-422、USB），可同步使用，通信配置选择更加灵活；内置高达32KB大容量存储器，加之大幅扩充的软元件数量，可以更加自由地编辑程序并进行数据处理；在程序保护方面，可以设置两级密码，每级16字符，区分设备制造商和最终用户的访问权限，密码程序保护功能可锁住PLC，直到新的程序载入；定位功能设置简便（最多3轴），可使用软件编辑指令简便进行定位设置；基本单元左侧最多可连接4台FX_{3U}特殊适配器，可以实现浮点数运算。

三菱FX_{3S}系列PLC是FX3系列小型PLC的收官之作，它将已有的FX_{3G}系列和FX_{3U}系列高端小型PLC具备的强大的能力和灵活性融入到机器中去，创造出了一个全新的PLC类别——高端微型PLC。

2. 三菱中、大型PLC

（1）三菱A系列PLC。三菱A系列PLC产品采用模块化的结构形式，将各个基本组成做成独立的模块，中、大型PLC通常采用这种结构，以便于维修。三菱A系列PLC通过背板总线插槽将CPU、I/O接口、特殊功能模块连接起来，其功能比FX系列PLC要强大得多。三菱A系列PLC使用三菱专用顺序控制芯片（MSP），速度/指令可媲美大型PLC；程序容量为8～124KB，如使用存储器卡，则内存量可扩充到2MB；它有多种特殊模块可供选择，包括网络、定位控制、高速计数、温度控制等模块。

（2）三菱Q系列PLC。三菱Q系列PLC是在A系列PLC的基础上发展起来的大型

PLC产品，它采用模块化的结构形式，其基本组成包括电源模块、CPU模块、基板、I/O模块等，通过扩展基板与I/O模块可以增加I/O点数，通过扩展储存器卡可增加程序存储器容量，通过各种特殊功能模块可以提高PLC的性能，扩大PLC的应用范围。三菱Q系列PLC的组成与规模灵活可变，最大I/O点数达到4096点；最大程序存储器容量可达252KB，采用扩展存储器后可以达到32MB，适用于各种中等复杂机械、自动生产线的控制场合。

三菱Q系列PLC的CPU按照不同的性能，有基本型CPU、高性能型CPU、过程控制型CPU、运动控制型CPU、冗余型CPU、计算机型CPU等，可以满足各种复杂的控制需求。为了更好地满足国内用户对三菱Q系列PLC产品高性能、低成本的要求，特推出经济型QUTESET型PLC，即一款以自带64点高密度混合单元的5槽Q00JCPU-S5SET；另一款自带两块16点开关量输入及两块16点开关量输出的8槽Q00JCPU-S8SET，其性能指标与Q00J型CPU完全兼容，也完全支持GX-Developer等软件，故具有极佳的性价比。

1）基本型CPU。包括Q00J、Q00、Q01共三种基本型号，适用于小规模控制系统，其中Q01型CPU功能最强，最大的I/O点数可以达到1024点；Q00J型CPU是一个由CPU、电源和主基板（5槽）组成的CPU单元，电源模块设计为100～240V，其结构紧凑、功能精简，最大的I/O点数为256点，程序容量为8KB；Q00型CPU和Q01型CPU是独立的CPU模块，在基本模式中具有串行通信功能，其RS-232接口能与使用MC通信协议的外部设备进行通信，无须另加串行通信模块，降低了成本。

2）高性能型CPU。包括Q02、Q02H、Q06H、Q12H、Q25H共五种基本型号，适用于中、大规模控制系统，其中Q25H型CPU的功能最强，最大的I/O点数为4096点，程序容量为252KB。带H型号的CPU可以用USB口进行编程，两个编程口可以让两个人同时对一个CPU进行编程维护；支持多达4个CPU，一个系统中可集成顺控型CPU、过程控制型CPU、运动控制型CPU（最大96轴）、计算机型CPU。

3）过程控制型CPU。包括Q12PH、Q25PH共两种基本型号，具有高性能型CPU的全部性能，适用于过程控制领域；具有52种控制算法，自整定PID，可取代DCS；高速的100个PID回路控制功能，可以达到中、小规模的DCS控制；用过程控制型CPU构成的PLC系统；使用全新的PX-Developer编程软件，也可以使用过程控制专用编程语言FBD进行编程；具有通道间隔离的高精度的模拟量处理模块，可以在线更换模块。

4）运动控制型CPU。包括Q172、Q173共两种基本型号，适用于机床等加工机械的控制，分别可以用于8轴与32轴的定位控制，使用多CPU系统可以最多控制96轴系统，在运动控制器中使用的是SSCNET专用网络，连接B型放大器，接线非常方便，通信速度更快。

5）冗余型CPU。包括Q12PRH、Q25PRH共两种基本型号，可用于对控制系统可靠性要求极高、不允许控制系统出现停机的控制场合，它具有过程控制型CPU的全部功能，采用冗余技术，增加了冗余电源、冗余网络、冗余CPU，且可靠性极高，使用简单。

6）计算机型CPU。属于PLC技术计算机化的CPU，适合应用于数据通信功能要求高的场合，可以和计算机使用各种协议进行通信，有大容量硬盘，适合存储大容量数据。

（3）三菱L系列PLC。三菱L系列PLC机身小巧，但集高性能、多功能及大容量等特点于一身，其产品介于三菱Q系列大型PLC与三菱FX系列小型PLC之间，为使用中型PLC的用户提供了新的选择。三菱L系列PLC性能更加强大，其CPU具备9.5ns的基本运算处理速度和260KB的程序容量，最大I/O点数可扩展8129点；内置定位、高速计数器、脉冲捕捉、

中断输入、通用I/O等集众多功能于一体；内置以太网及USB接口，便于编程及通信，配置了SD存储卡，可存放最大4GB的数据；无须基板，可任意增加不同功能的模块。

第二节　三菱FX2N系列PLC的整机配置

三菱FX2N系列PLC是一种深受市场欢迎的小型模块化PLC，它由基本单元（主机单元）、扩展单元、扩展模块、特殊功能模块、编程器、编程软件、通信电缆等构成，其中扩展单元、扩展模块、特殊功能模块可以根据实际需要灵活配置，再加上强大的指令系统可以近乎完美地满足小规模系统的控制要求。

1. 三菱FX2N系列PLC的技术特点

三菱FX2N系列PLC的主要技术指标见表6-1。其主要技术特点如下。

（1）采用一体化箱体结构，其基本单元将CPU、存储器、I/O接口及电源等都集成在一个模块内，结构紧凑，体积小巧，成本低，安装方便。

（2）功能强、运行速度快，基本指令执行时间高达0.08μs，超过了许多大、中型PLC。

（3）用户存储器容量可扩展到16KB，其I/O点数最大可扩展到256点。

（4）有多种特殊功能的模块，如模拟量I/O模块、高速计数器模块、脉冲输出模块、位置控制模块、RS-232C/RS-422/RS-485串行通信模块或功能扩展板、模拟定时器扩展板等。

（5）有3000多点辅助继电器、1000点状态继电器、200多点定时器、200点16位加计数器、35点32位加/减计数器、8000多点16位数据寄存器、128点跳步指针及15点中断指针。

（6）有128种功能指令，具有中断输入处理、修改输入滤波器常数、数学运算、浮点数运算、数据检索、数据排序、PID运算、开平方、三角函数运算、脉冲输出、脉宽调制、串行数据传送、校验码及比较触点等功能指令。

（7）有矩阵输入、10键输入、16键输入、数字开关、方向开关、7段显示器扫描显示等指令。

表6-1　　三菱FX2N系列PLC的主要技术指标

项目		FX2N系列
运算控制方式		重复执行保存的程序的运算方式（专用LSI）、有中断指令
输入输出控制方式		批次处理方式（END指令执行时）、但是有输入输出刷新指令、脉冲捕捉功能
编程语言		继电器符号方式+步进梯形图方式（可表现为SFC）
程序内存	最大存储器容量	16000步（包括注释、文件寄存器）
	内置存储器容量、形式	8000步RAM（由内置的锂电池支持），有密码保护功能，电池寿命约5年，使用RAM存储卡盒时约3年（保证1年）
	存储器盒	（1）RAM 16000步（也可支持2000/4000/8000步）； （2）EPROM 16000步（也可支持2000/4000/8000步）； （3）E^2PROM 4000步（也可支持2000步）； （4）E^2PROM 8000步（也可支持2000/4000步）； （5）E^2PROM 16000步（也可支持2000/4000/8000步）； （6）不可以使用带实时时钟功能的卡盒
	RUN中写入功能	有（在可编程控制器RUN中，可以更改程序）

续表

项目		FX2N系列
指令的种类	顺控、步进梯形图	顺控指令27个，步进梯形图指令2个
	应用指令	132种309个
运算处理速度	基本指令	0.08μs/指令
	应用指令	1.52～数100μs/指令
输入信号电压		DC（24+10%）V
输入信号电流	X001～X007	DC24V/7mA
	X010以后	DC24V/5mA
输入响应时间		10ms
可调节输入响应时间		X001～X017，0～60ms
输出信号	继电器输出	电阻负载2A/点，8A/COM；感性负载80VA，AC120/240V；灯负载100W
	晶闸管输出	电阻负载0.3A/点，0.8A/COM；感性负载36VA，AC240V；灯负载30W
	晶体管输出	电阻负载0.5A/点，0.8A/COM；感性负载12W，DC24V；灯负载1.5W，DC24V
电源电压		AC100～240V，50/60Hz
允许瞬间断电时间		对于10ms以下的瞬间断电，控制动作不受影响
环境温度		使用时0～55℃；储存时－20～70℃
环境湿度		35%～89%RH时（不结露）使用
抗震		JIS C0911标准，10～55Hz，0.5mm（最大2G），3轴方向各2G（但用DIN导轨安装时0.5G）
抗冲击		JIS C0912标准，10G，3轴方向各3次
抗噪声干扰		在用噪声仿真器产生电压为1000Vp-p、噪声脉冲宽度为1μs、频率为30～100Hz的噪声干扰时工作正常
接地		第3种接地，不能接地时亦可悬空
使用环境		无腐蚀性气体，无尘埃

2. 基本单元

（1）基本单元型号的组成。三菱FX2N系列PLC基本单元型号的组成为“FX2N-①M②-③”，其中“FX2N”表示系列序号，“M”表示基本单元。

①——输入输出合计点数，范围为16～128，输入和输出点数相同（各一半）。

②——输出形式，R（继电器输出）、T（晶体管输出）、S（晶闸管输出）。

③——特殊品种区别，无符号（AC电源，DC输入）、D（DC电源，DC输入）、AI（AC电源，AC输入）、H（大电流输出扩展单元）、V（立式端子排扩展单元）、C（接插口输入输出方式）、F（输入滤波器时间常数为1ms的扩展单元）、L（TFL输入型扩展单元）、S（独立端子，无公共端扩展单元）。

（2）基本单元的结构。基本单元又称为PLC的主机或CPU模块，它在紧凑的外壳内集成了微处理器、集成电源、数字量I/O端子等，其本身就可以构成了一个功能强大的独立控制系统，其FX2N-32MR的外形如图6-1所示。基本单元有FX2N-16、FX2N-32、FX2N-48、FX2N-64、FX2N-80、FX2N-128共6个品种，它们的型号见表6-2。

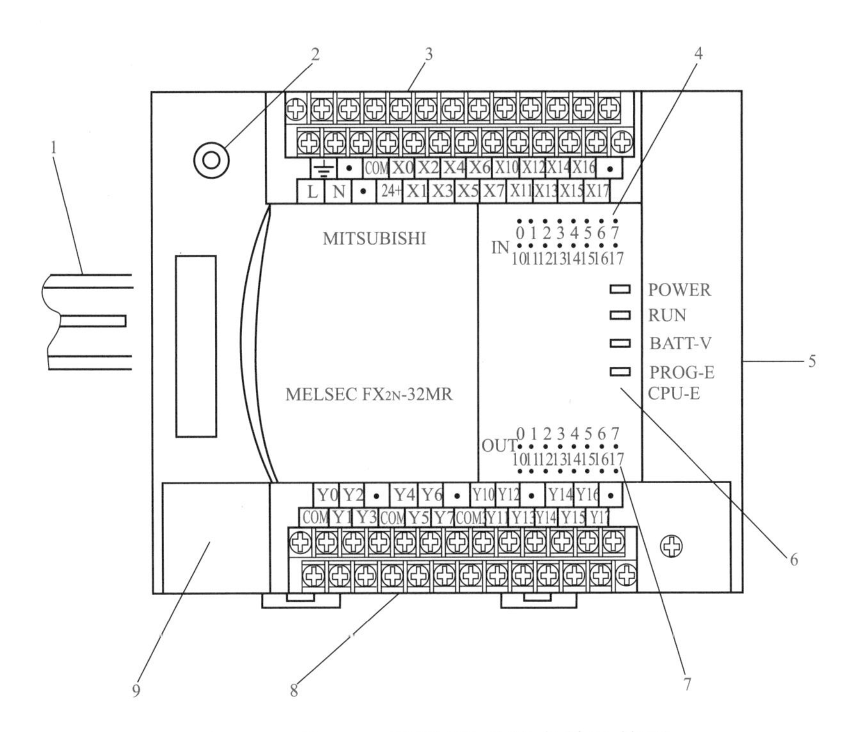

图 6-1　三菱 FX2N 系列 PLC 基本单元外形

1—DIN 导轨；2—上面板盖；3—输入端子排（带盖板）；4—输入 LED 指示灯；5—连接扩展单元等的接口盖板；6—状态 LED 指示灯；7—输出 LED 指示灯；8—输出端子排（带盖板）；9—连接外围设备的接口盖板

表 6-2　　　　三菱 FX2N 系列 PLC 基本单元型号

输入输出合计点数	输入点数	输出点数	FX2N 系列					
			AC 电源 DC 输入			DC 电源 DC 输入		AC 电源 AC 输入
			继电器输出	晶闸管输出	晶体管输出	继电器输出	晶体管输出	继电器输出
16	8	8	16MR	16MS	16MT	—	—	16MR-A
32	16	16	32MR	32MS	32MT	32MR-D	32MT-D	32MR-A
48	24	24	48MR	48MS	48MT	48MR-D	48MT-D	48MR-A
64	32	32	64MR	64MS	64MT	64MR-D	64MT-D	64MR-A
80	40	40	80MR	80MS	80MT	80MR-D	80MT-D	—
128	64	64	128MR	—	128MT	—	—	—

1）电源端子。每一种型号的基本单元只有一种电源供电形式，交流供电型可以接受AC120～240V 作为工作电源，直流供电型可接受 DC24 V 作为工作电源，其电源类型在基本单元模块上会进行标注，如图 6-2 所示。若基本单元上标注的是“FX2N-MR”，则表示交流 220V 供电，其中端子“N”为电源零线、“L”为电源相线，交流电压范围为 120～240V。若标注的是“FX2N-MR-D”，则表示直流 24V 供电，其中端子“⊕”为电源正极、“⊖”为电源负极。

2）输入端子（I 端子）。打开上部端子盖板，可以看到输入端子，它是系统的控制信号输入点，输入形式一般为直流，用 DC 表示。输入端子共 16 个（FX-32MR 型）X0～X7、X10～X17，带黑点的空位端子“•”任何情况下都不能使用，否则会损坏产品。端子编号采用 8 进制编码，遵循“逢 8 进 1”的排序规则，如图 6-3 所示。

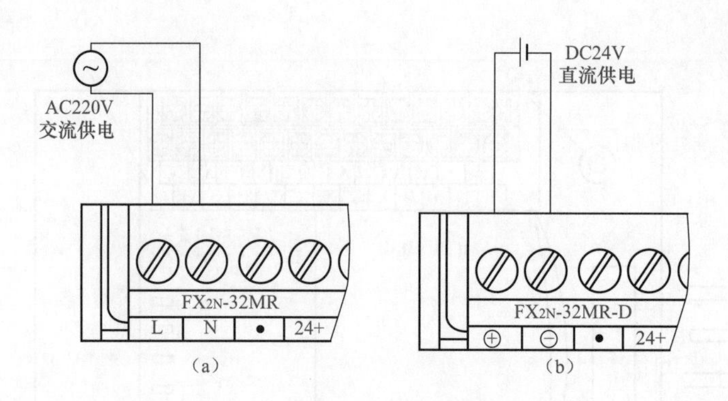

图 6-2　基本单元的电源类型

(a) 交流电源；(b) 直流电源

⏚	•	COM1	X0	X2	X4	X6	X10	X12	X14	X16	
L	N	•	24+	X1	X3	X5	X7	X11	X13	X15	X17

图 6-3　FX-32MR 型输入端子示意图

3）输出端子（O 端子）。打开下部端子盖，可以看到输出端子，它是系统的控制信号输出点，输出形式有三种，即继电器输出、晶体管输出、晶闸管输出。通常，继电器输出时，基本单元供电电源为交流，输出既可以带直流负载，也可以带交流负载；晶体管输出时，基本单元供电电源为直流，输出只能带直流负载；晶闸管输出时，基本单元供电电源为交流，输出只能带交流负载。输出端子采用分组式结构，分为 4 组（COM1、COM2、COM3、COM4）共 16 个（FX-32MR 型）Y0～Y3、Y4～Y7、Y10～Y13、Y14～Y17，各组之间相互独立，这样负载可以使用多种电压系列（如 AC220V、DC24V 等），带黑点的空位端子"•"任何情况下都不能使用，否则会损坏产品。端子编号采用八进制编码，遵循"逢 8 进 1"的排序规则，如图 6-4 所示。

Y0	Y2	•	Y4	Y6	•	Y10	Y12	•	Y14	Y16	•
COM1	Y1	Y3	COM2	Y5	Y7	COM3	Y11	Y13	COM4	Y15	Y17

图 6-4　FX-32MR 型输出端子示意图

4）工作模式选择开关。打开左边下面板盖，可以看到工作模式选择开关，它有两个转换位置 RUN、STOP。当开关拨到 RUN 时，基本单元才会执行用户编写的程序。当开关拨到 STOP 时，基本单元停止执行用户程序，此时可以利用编程设备向 PLC 写入程序，也可以利用编程设备检查用户存储器的内容、改变存储器的内容、改变 PLC 的各种设置。

5）工作状态 LED 指示灯。基本单元面板上有 4 个工作状态 LED 指示灯，其作用如下。

POWER（绿）。电源指示灯，运行正常时电源接通点亮，电源断开熄灭。若电源接通时指示灯不亮，则可以将"24＋"端子配线拔出，如果指示灯正常亮起，表示 FX$_{2N}$ 的 DC 负载过大，此时不要使用 FX$_{2N}$"24＋"端子的 DC 电源，需要另外准备 DC24V 电源供电器。若将"24＋"端子配线拔出后，指示灯仍然不亮，则有可能 PLC 内部保险丝已经烧断，此时需要联系供货商进行修理，对于非专业人员，一般不建议自行拆装 PLC。

RUN（绿）。运行状态指示灯，PLC 处于运行或监控状态时点亮，处于编程状态或运行异常时熄灭。

BATT-V（红）。内部电池电量指示灯，点亮时表示PLC内的锂电池寿命将至（约剩1个月），此时请尽快更换新的锂电池，否则可能会导致PLC内的程序（当使用RAM时）自动丢失。若更换新的锂电池之后，此红色LED灯仍然亮着，那很可能这台PLC的CPU板已经出现故障了，此时需要联系供货商进行修理。

PROG-E/CPU-E（红）。程序错误或CPU错误共用指示灯，程序错误时灯闪烁，CPU出现错误时灯点亮，运行正常时灯熄灭。

当红色LED灯闪烁时，大多数情况下是由程序设计不合理造成的，也有可能是参数设置错误，或者是外来的信号干扰导致程序内容发生变化。若是使用手持编程器（FX-20P-E）建议检查D8004，再按照参数D8004的内容检查参数D8060～D8069，从参数D8060～D8069中可得到一个数据，此为判别号码，具体参数可参阅《三菱可编程序控制器编程手册》。

当红色LED灯点亮时，有可能是以下几种原因造成的：①PLC内部有导电性的粉尘侵入；②PLC在扫描时超过100ms以上，只要检查参数D8012即可知道最长执行时间；③在通电中，将ROM/EPROM/E^2PROM记忆卡匣拔下；④PLC附近有干扰。排除上述的问题，而红色LED灯仍然点亮，此时则可能是PLC出现故障，需要联系供货商进行修理。

6）I/O状态LED指示灯。在基本单元面板上有上、下两排I/O状态LED指示灯，分别指示输入和输出的逻辑状态。当输入或输出为ON时灯点亮，为OFF时熄灭。

7）串行通信端口。打开左边下面板盖，可以看到RS-485的串行通信端口，它是连接编程器、打印机、显示器或其他外部设备的端口。

8）扩展I/O端口。打开右边侧面盖板，可以看到扩展I/O端口，它是基本单元与扩展单元、扩展模块、特殊模块的连接端口。随着控制系统规模和功能的增加，一个基本单元往往满足不了需要，这时可以通过扩展I/O端口进行扩展，以提升PLC的控制能力和通信能力。扩展模块由DIN（35mm宽）导轨固定，并用扩展电缆连接。

9）存储卡接口。打开左边上面板盖，可以看到安装存储卡盒选件用的接口。存储卡提供E^2PROM存储单元，在CPU模块上插入存储卡后，就可以将卡内的内容复制到CPU模块中，也可将PLC内的程序及重要参数复制到外接E^2PROM卡内作为备份。用存储卡传递程序时，被写入的基本单元必须与提供程序来源的基本单元相同或更高型号。

3. 扩展单元

为了完成比较复杂的控制功能，更好地满足应用要求，三菱FX2N系列PLC还配置了扩展单元，由于它本身没有自带CPU，故只能与基本单元通过导轨固定连接使用，用于扩展I/O点数（输入、输出点数同时扩展）。扩展单元有单独的输入电源端子，还可以对外供电，扩展点数比较大，一般为32点或48点。三菱FX2N系列PLC扩展单元型号的组成为FX2N-①E②-③，其中“FX2N”表示系列序号，“E”表示扩展单元，①、②、③表示的含义与基本单元型号相同。扩展单元的型号见表6-3。

表6-3　　三菱FX2N系列PLC扩展单元型号

输入输出合计点数	输入点数	输出点数	FX2N系列					
			AC电源DC输入			DC电源DC输入		AC电源AC输入
			继电器输出	晶闸管输出	晶体管输出	继电器输出	晶体管输出	继电器输出
32	16	16	32ER	32ES	32ET	—	—	—
48	24	24	48ER	—	48ET	48ER-D	48ET-D	48ER-A

4. 扩展模块

三菱 FX_{2N} 系列 PLC 还配置了扩展模块，由于它本身没有自带 CPU，故只能与基本单元通过导轨固定连接使用，用于扩展 I/O 点数（输入、输出点数不能同时扩展）。扩展模块从基本单元或扩展单元上取电，没有单独的输入电源端子，不可以对外供电，扩展点数比较少，一般为 8 点或 16 点。三菱 FX_{2N} 系列 PLC 扩展模块型号的组成为 FX_{2N}-①EX(Y) ②-③，其中“FX_{2N}”表示系列序号，“E”表示扩展模块，“X”表示输入模块，“Y”表示输出模块，①、②、③表示的含义与基本单元型号相同。扩展模块的型号见表 6-4。

表 6-4　　三菱 FX_{2N} 系列 PLC 扩展模块型号

输入输出合计点数	输入点数	输出点数	FX_{2N}系列			
			继电器输出	晶闸管输出	晶体管输出	输入
8	8	0	—	—	—	8EX
8	8	0	—	—	—	8EX-A
8	0	8	8EYR	—	8EYT，8EYT-H	—
16	16	0	—	—	—	16EX
16	0	16	16EYR	16EYS	16EYT	—

扩展模块按地域远近可分为近程扩展方式和远程扩展方式两种。在 CPU 主机上 I/O 点数不能满足需要时，或组合式 PLC 选用的模块较多，在基本单元上安装不开时，可通过扩展口进行近程扩展。当有部分现场信号相对集中，而又与其他现场信号相距较远时，可采用远程扩展方式。在远程扩展方式下，远程 I/O 模块作为远程从站可以安装在基本单元及其近程扩展机上，远程扩展机作为远程从站安装在现场。

远程主站用于远程从站与基本单元间的信息交换，每个远程控制系统中可以有多个远程主站，一个远程主站可以有多个远程扩展机从站，每个远程扩展机又可以带多个近程扩展机，但远程部分的扩展机数量有一定的限制。远程主站和从站（远程扩展机）之间利用双绞线连接，同一个主站下面的不同从站用双绞线并联在一起。远程扩展机与近程扩展机之间的连接与基本单元和近程扩展机之间的连接方式相同。远程部分的每个扩展机上都有一个编号，远程扩展机的编号由用户在远程扩展机上设定，具体编号按不同型号的规定而设置。

5. 特殊模块

特殊模块是特殊的扩展智能模块，品种有模拟量模块、高速计数模块、位置控制模块、温度传感器模块、通信模块等，其型号见表 6-5。特殊模块具有自己的 CPU、存储器和控制逻辑，与 I/O 接口电路及总线接口电路组成一个完整的微型计算机系统。一方面，它可以在自己的 CPU 和控制程序的控制下，通过 I/O 接口完成相应的输入输出和控制功能；另一方面，它可以通过总线接口与 CPU 进行数据交换，接收主 CPU 发来的命令和参数，并将执行结果和运行状态返回主 CPU。这样，既实现了特殊 I/O 单元的独立运行，减轻了主 CPU 的负担，又实现了主 CPU 模块对整个系统的控制与协调，从而大幅度增强了系统的处理能力和运行速度。

表 6-5 三菱 FX2N 系列 PLC 特殊模块型号

模块类型	模块型号	功能说明
模拟量模块	FX2N-4AD	4 通道 12 位模拟量输入模块
	FX2N-4DA	4 通道 12 位模拟量输出模块
	FX2N-2AD	2 通道 12 位模拟量输入模块
	FX2N-2DA	2 通道 12 位模拟量输出模块
	FX2N-8AD	8 通道 12 位模拟量输入模块
温度传感器模块	FX2N-4AD-PT	供 PT-100 温度传感器用的 4 通道 12 位模拟量输入模块
	FX2N-4AD-TC	供热电偶温度传感器用的 4 通道 12 位模拟量输入模块
高速计数模块	FX2N-1HC	50kHz 两相高速计数模块
位置控制模块	FX2N-1PG	100kHz 脉冲输出模块
	FX2N-10PG	1MHz 脉冲输出模块
	FX2N-10GM	有 4 点通用输入、6 点通用输出的一轴定位单元
	FX-20GM	2 轴定位单元，内置 E^2PROM
	FX2N-1RM-SET	可编程凸轮控制模块
通信模块	FX2N-232-BD	RS-232 通信用功能扩展板
	FX2N-232IF	RS-232C 通信用功能模块
	FX2N-422-BD	RS-422 通信用功能扩展板
	FX2N-485-BD	RS-485 通信用功能扩展板

（1）模拟量模块。模拟量输入模块将生产现场中连续变化的模拟量信号（如温度、流量、压力），通过变送器转换成 DC1～5V、DC0～10V、DC4～20mA、DC0～10mA 的标准电压或电流信号。模拟量输入模块的作用是把连续变化的电压、电流信号转化成 CPU 能处理的若干位数字信号。模拟量输出模块的作用是把 CPU 处理后的若干位数字信号转换成相应的模拟量信号输出，以满足生产控制过程中需要连续信号的要求。

（2）高速计数模块。高速计数模块用于脉冲或方波计数器、实时时钟、脉冲发生器、数字码盘等输出信号的检测和处理，用于快速变化过程中的测量或精确定位控制。高速计数模块常设计成智能型模板，在与主令启动信号连锁下，与 PLC 的 CPU 之间是互相独立的，它自行配置计数、控制、检测功能，占有独立的 I/O 地址，与 CPU 之间以 I/O 扫描方式进行信息交换。

（3）位置控制模块。位置控制模块是用于位置控制的智能 I/O 模块，它能改变被控点的位移、速度和位置，适用于步进电动机或脉冲输入的伺服电动机驱动器。位置控制模块一般自身带有 CPU、存储器 I/O 接口和总线接口，它一方面可以独立地进行脉冲输出，控制步进电动机或伺服电动机，带动被控对象运动；另一方面可以接收主 CPU 发来的控制命令和控制参数，完成相应的控制要求，并将结果和状态信息返回给主 CPU。

（4）温度传感器模块。温度传感器模块配置的传感器有热电偶和热电阻，它是变送器和模拟量输入模块的组合，其输入为温度传感器的输出信号，通过模块内的变送器和 A/D 转换器，将温度值转换为 BCD 码传送给 PLC。

（5）通信模块。计算机链接模块用于 PLC 与计算机的互联和通信，PLC 链接模块用于 PLC 和 PLC 之间的互联和通信。远程 I/O 模块有主站模块和从站模块两类，分别装在主站 PLC 机架和从站 PLC 机架上，实现主站 PLC 与从站 PLC 的远程互联和通信。

6. 编程器

编程器（HPP）是PLC重要的外围设备，它的作用是通过编辑语言，把用户程序送到PLC的用户程序存储器中去，即写入程序。除此之外，编程器还能对程序进行读出、插入、删除、修改、检查，也能对PLC的运行状况进行监控。编程器主要有智能型编程器（高级编程器）和手持式编程器（简易编程器）。

智能型编程器是高效型的，它将专用的编程软件包装入计算机，采用计算机进行编程操作，可以直接采用助记符、梯形图和高级语言进行编程，具有友好的人机界面、直观、功能强大、监视信息量大等特点，能较好地满足各种控制系统的需要。

手持式编程器是袖珍型的，它具有简单实用、价格低廉、易学、便于携带等特点，是一种很好的现场编程及监测工具，在现场调试时更显其优越性。但是编译与校验等工作均由基本单元完成，所以编程时必须要有基本单元参与，同时所用的语言也受到限制，不能使用编程比较方便形象、直观的图形，只能使用指令语句表方式输入，使用不够方便，所以它只适宜在小规模的PLC系统中应用。

三菱FX_{2N}系列PLC使用的手持式编程器有FX-10P型和FX-20P型（主流型号）两种，它们的使用方法基本相同，所不同的是FX-10P型的液晶显示屏只有两行，而FX-20P型有4行，每行16个字符；另外，FX-10P型只有在线编程功能，而FX-20P型除了有在线编程功能外，还有离线编程功能。在线编程也称为联机编程，编程器和PLC直接相连，并对PLC用户程序存储器进行直接操作。在离线编程方式下，编制的程序先写入编程器内部的RAM，再成批地传送到PLC的存储器，也可以在编程器和ROM写入器之间进行程序传送。

三菱FX-20P型手持式编程器如图6-5所示。其面板如图6-6所示，它可用于FX2、FX0、FX_{0N}、FX_{2C}、FX_{2N}型PLC，也可以通过FX-20P-FKIT转换器用于F1和F2系列的PLC。编程器主要包括以下几个部件，其中编程器与电缆是标配件，其他部分是选配件。

（1）FX-20P型编程器。

（2）FX-20P-CAB0型电缆，用于三菱FX0、FX_{0N}系列PLC编程。

（3）FX-20P-CAB型电缆，用于三菱其他FX系列PLC编程。

（4）FX-20P-FKIT型接口，用于三菱F1、F2系列PLC编程。

（5）FX-20P-RWM型ROM写入器模块。

（6）FX-20P-ADP型电源适配器。

编程器面板的上方是一个4行，每行16个字符的液晶显示器（带背光照明），面板的下方共有35个按键，最上面一行和最右边一列为11个功能按键，其余的24个按键为指令按键和数字按键。编程器右侧面的上方有一个插座，将FX-20P-CAB电缆的一端插入插座内，电缆的另一端插到FX系列PLC的RS-422编程器插座内。编程器的顶部有一个插座，可以连接FX-20P-RWM型ROM型写入器。编程器底部插有系统程序存储器卡盒，需要将编程器的系统程序更新时，只要更换系统程序存储器即可。

在编程器与PLC不相连的情况下（脱机或离线方式），需要用编程器编制用户程序时，可以使用FX-20P-ADP型电源适配器对编程器供电。编程器内附有8KB的RAM，在脱机方式时用来保存用户程序。编程器内附有高性能的电容器，通电1h后，在该电容器的支持下，存储器RAM内的信息可以保留3天。

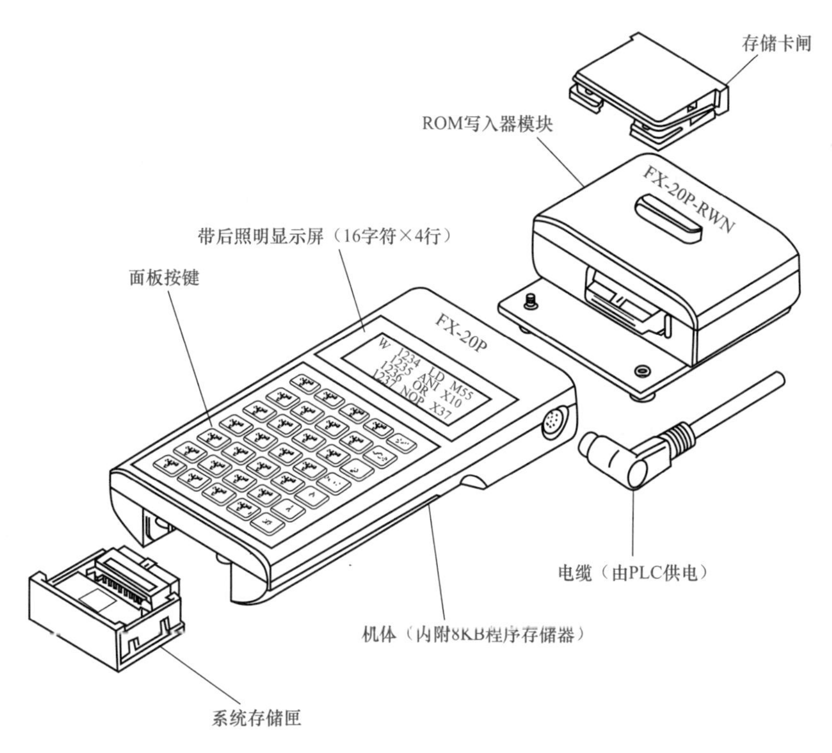

图 6-5　三菱 FX-20P 型手持式编程器

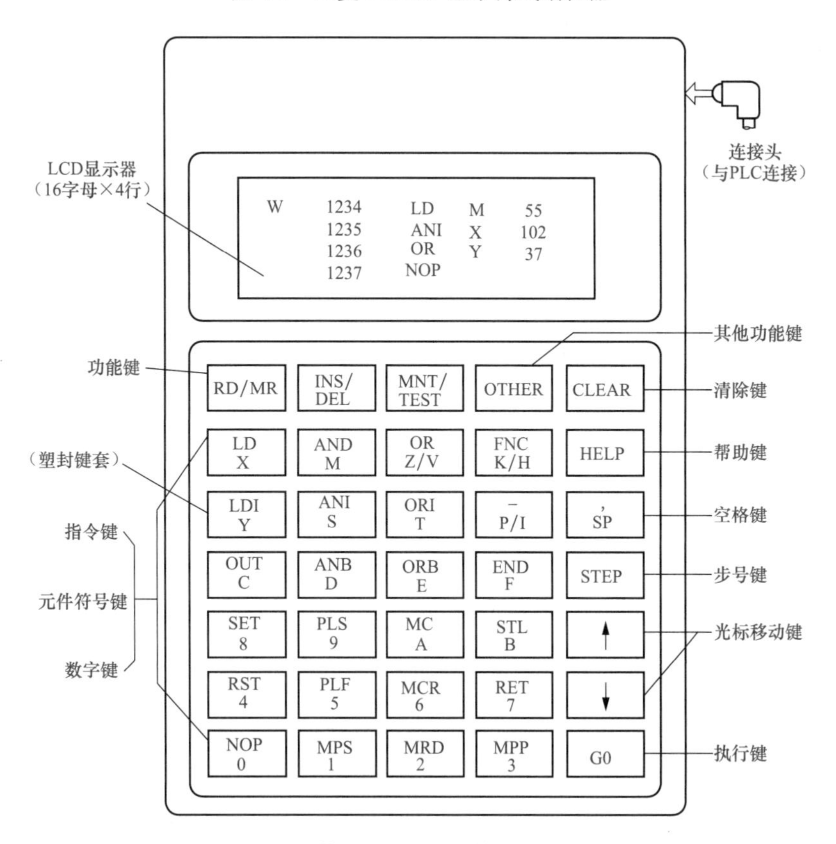

图 6-6　三菱 FX-20P 型手持式编程器面板

7. 编程软件

PLC生产商家较多，不同品牌的机型对应的编程软件存在一定的差别，它们的编程软件不能通用。三菱公司专为FX及其他系列PLC研制开发了在Windows95以上操作系统运行的GX-Developer中文编程软件，该软件功能十分强大，为用户提供了开发、编辑和监控的良好环境，集成了项目管理、程序键入、编译链接、模拟仿真和程序调试等功能。Windows风格的全中文界面、中文在线帮助信息及丰富的编程向导可以使用户快速掌握编程技巧。GX-Developer中文编程软件主要功能如下。

（1）可以通过线路符号、列表语言及SFC符号来创建PLC程序、建立注释数据及设置寄存器数据。

（2）创建PLC程序以及将其存储为文件，用打印机打印。

（3）可以在串行系统中与PLC进行通信、文件传送、操作监控以及各种功能测试。

（4）可以脱离PLC进行仿真调试。

8. 通信电缆

通信电缆是PLC与个人计算机（PC）实现数据交换的电缆，有以下三种连接方式。

（1）用PC/PLC通信电缆（RS-232—RS-485）连接，RS-232端连接PC，RS-485端连接PLC。

（2）使用通信处理器（CP）时，可用多点通信接口（MPI）通信电缆连接；

（3）使用多点通信接口（MPI）卡时，可用随MPI卡提供的一根专用通信电缆连接。

第三节　三菱FX_{2N}系列PLC的编程元件

1. 编程元件的概念

PLC的编程元件从物理性质上来说是电子电路及存储器，按工程技术人员的通俗叫法分别称为输入继电器、输出继电器、辅助继电器、特殊标志继电器、顺序控制继电器、定时器、计数器等。鉴于编程元件的物理属性是PLC内部电路的寄存器，并非实际的物理元件，故将它们称之为“软继电器”或“软元件”，它们与真实物理元件之间有很大的差别，表现在“软继电器”的工作-没有工作电压等级、功耗大小、电磁惯性、机械磨损和电蚀等，触头也没有数量限制，在不同的指令操作下，其工作状态可以无记忆，也可以有记忆，还可以用作脉冲数字元件使用。

编程元件具有与物理继电器相似的功能，当它的“线圈”通电时，其所属的动合触点闭合，动断触点断开；当它的“线圈”断电时，其所属的触点均恢复常态。PLC中的每一个编程元件都对应着其内部的一个寄存器位，由于可以无限次地读取寄存器的内容，所以可以认为每一个编程元件均有无数个动合触点和动断触点。为了区分它们的功能，通常给编程元件编上号码，这些号码就是CPU存储器单元的地址。

2. 编程元件的分类及编号

三菱FX_{2N}系列PLC将编程元件统一归为存储器单元，存储器单元按字节进行编址，无论寻址的是何种数据类型，通常应指出它所在的存储区域和在区域内的字节地址。每个存储器单元都有唯一的地址，地址由名称和编号两部分组成。名称部分用英文字母表示，如输入继电器用“X”表示，输出继电器用“Y”表示；编号部分用数字表示，其中输入继电器和

输出继电器的编号为八进制排序，遵循“逢 8 进 1”的排序规则，其余编程元件的编号为十进制排序。三菱 FX2N 系列 PLC 编程元件的分类及编号见表 6-6。

表 6-6　　　　三菱 FX2N 系列 PLC 编程元件的分类及编号

编程元件		编号及功能
输入继电器（X）	扩展并用时的合计最大点数 256 点	X0～X77，64 点（八进制编号）
输出继电器（Y）		Y0～Y77，64 点（八进制编号）
辅助继电器（M）	一般用	M000～M499，500 点
	保持用	M500～M1023，524 点，电池保持区域，区域特性可以改变
	保持用	M1024～M3071，2048 点，电池保持区域，区域特性不可以改变
	特殊用	M8000～M8255，256 点
状态继电器（S）	初始化用	S0～S9，10 点
	回零用	S10～S19，10 点
	一般用	S20～S499，480 点
	保持用	S500～S899，400 点
	信号报警用	S900～S999，100 点
定时器（T）	100ms	T0～T199，200 点（0.1～3276.7s）
	10ms	T200～T245，46 点（0.01～327.67s）
	1ms（积算型）	T246～T249，4 点（0.001～32.767s）
	100ms（积算型）	T250～T255，6 点（0.1～3276.7s）
计数器（C）	16 位增计数（一般用）	C0～C99，100 点（0～32，767 的计数），非电池保持区域，区域特性可以改变
	16 位增计数（保持用）	C100～C199，100 点（0～32，767 的计数），电池保持区域，区域特性可以改变
	32 位增减计数（一般用）	C200～C219，20 点（－2，147，483，648～＋2，147，483，647 的计数），非电池保持区域，区域特性可以改变
	32 位增减计数（保持用）	C220～C234，15 点（－2，147，483，648～＋2，147，483，647 的计数），电池保持区域，区域特性可以改变
	32 位高速增减计数	C235～C255 中的 6 点，包含单相 60kHz 两点，10kHz 四点或双相 30kHz 一点，5kHz 一点
数据寄存器（D、V、Z）	16 位一般用	D0～D199，200 点
	16 位保持用	D200～D511，312 点，电池保持区域，区域特性可以改变
	16 位文件用	D512～D7999，7488 点（以 500 点为单位，将 D1000 以后的软元件设定为文件寄存器），电池保持的固定区域，区域特性不可以改变
	16 位特殊用	D8000～D8195，196 点
	16 位变址用	V0～V7、Z0～Z7，16 点
指针（P、I）	跳转、子程序用	P0～P127，128 点
	输入中断用	I00□～I50□，6 点
	计时中断用	I6□□～I8□□，3 点
	计数中断用	I010～I060，6 点
常数（K、H）	十进制数（K）	16 位－32768～32767；32 位－2147483648～2147483647
	十六进制数（H）	16 位 0～FFFF；32 位 0～FFFFFFFF

3. 编程元件的功能

(1) 输入继电器（X）。输入继电器（X）就是PLC存储系统中的输入映像寄存器，通过输入继电器，将PLC的存储系统与外部输入端子建立明确的对应关系。PLC的输入端子是从外部接受输入信号的窗口，每一个输入端子与输入继电器的相应位相对应。输入点的状态在每次扫描周期开始（或结束）时进行采样，故输入信号的持续时间应大于PLC的扫描周期，如果不满足这一条件，则可能会丢失输入信号。采集到的信号存于输入继电器，作为程序处理时输入点状态的依据。

输入继电器的状态只能由外部输入信号驱动，而不能在内部由程序指令来改变，所以在程序中绝不能出现其线圈，线圈的吸合或释放只取决于外部输入信号的状态（ON或OFF）。输入继电器内部有动断、动合两种触点供编程时随时使用，且使用次数不限。

三菱FX_{2N}系列PLC提供了64个输入映像寄存器，它一般按X“编号”的编址方式来读取每一个输入继电器的状态，如地址格式为“X1”，编号为八进制排序，遵循“逢8进1”的排序规则，输入继电器的编号与接线端子的编号一致。

(2) 输出继电器（Y）。输出继电器（Y）就是PLC存储系统中的输出映像寄存器，通过输出继电器将PLC的存储系统与外部输出端子建立明确的对应关系。PLC的输出端子是向外部输出信号的窗口，每一个输出端子与输出继电器的相应位相对应。在扫描周期的末尾，CPU将存放在输出继电器中的输出判断结果以批量处理方式复制到相应的输出端子上，通过输出端将输出信号传送给外部负载（用户设备）。输出继电器线圈的吸合或释放由程序指令控制，内部的动断、动合两种触点供编程时随时使用，且使用次数不限。

三菱FX_{2N}系列PLC提供了64个输出映像寄存器，它一般按Y“编号”的编址方式来读取每一个输出继电器的状态，如地址格式为“Y1”，编号为八进制排序，遵循“逢8进1”的排序规则，输入继电器的编号与接线端子的编号一致。

(3) 辅助继电器（M）。辅助继电器（M）又称内部线圈，通常以位为单位使用，故又称位存储器，它是模拟传统继电器控制系统中的中间继电器的功能，用于存放中间控制状态或存储其他相关的数据，只供内部编程使用，并只能由程序驱动。辅助继电器与外部没有任何联系，不能直接驱动外部负载，且其内部的动断、动合两种触点使用次数不受限制。

三菱FX_{2N}系列PLC的辅助继电器包括通用辅助继电器、断电保持辅助继电器和特殊辅助继电器三种，它们一般按M“编号”的编址方式来读取每一个辅助继电器的状态，编号为十进制排序规则，如地址格式为“M0”。

1) 通用辅助继电器。通用辅助继电器的元件编号为M0～M499，共500点，没有断电保持功能。如果PLC运行时突然断电，输出继电器和M0～M499将全部变为OFF。若电源再次接通，除了因外部输入信号而变为ON的元件以外，其余的仍保持OFF状态。

2) 断电保持辅助继电器M500～M3071。断电保持辅助继电器的元件编号为M500～M3071，共2572点，因有锂电池作为后备电源，故具有断电保持功能。若PLC在运行中发生断电，输出继电器和通用辅助继电器全部成为断开状态，即使重新通电后，这些状态也不能恢复，而断电保持辅助继电器可以保持断电前的状态，在重新上电后，即可重现断电前的状态（仅在第一个扫描周期之内），并在该基础上继续工作。

3) 特殊辅助继电器。特殊辅助继电器又称特殊内部线圈，是具有特殊功能的辅助继电器，它作为用户程序与系统程序之间的界面，为用户提供一些特殊的控制功能及系统信息，

如PLC的某些状态，时钟脉冲和标志（如进位、借位标志等），设定PLC的运行方式，或者用于步进顺控、禁止中断、设定计数器的计数方式等，用户对操作的一些特殊要求也通过它通知系统。

特殊辅助继电器的元件编号为M8000～M8255，共256点，通常分为触点利用型和线圈驱动型两类，一些常用的特殊辅助继电器见表6-7，其余的特殊辅助继电器的功能读者可查阅FX2N系列PLC的用户手册进行了解。

表6-7　　常用的特殊辅助继电器

特殊辅助继电器	特性	编号	功能	说明
触点利用型	线圈由PLC的系统程序驱动，在用户程序中可直接使用其触点，但不能使用它们的线圈	M8000	运行监视继电器	当PLC开机运行后，M8000为ON；停止执行时，M8000为OFF。M8000可作为“PLC正常运行”标志上传给计算机
		M8001	运行监视继电器	当PLC开机运行后，M8001为OFF；停止执行时，M8001为ON
		M8002	初始脉冲继电器	当PLC开机运行后，M8002仅在M8000由OFF变为ON时，自动接通一个扫描周期。可以用M8002的动合触点来使断电保持功能的元件初始化复位，或给某些元件设置初始值
		M8003	初始脉冲继电器	当PLC开机运行后，M8003仅在M8000由OFF变为ON时，自动断开一个扫描周期
		M8005	锂电池电压降低继电器	电池电压下降至规定值时变为ON，可以用它的触点驱动输出继电器和外部指示灯，提醒工作人员更换锂电池
		M8011	内部10ms时钟脉冲继电器	当PLC上电后（不管运行与否），自动产生周期为10ms的时钟脉冲
		M8012	内部100ms时钟脉冲继电器	当PLC上电后（不管运行与否），自动产生周期为100ms的时钟脉冲
		M8013	内部1s时钟脉冲继电器	当PLC上电后（不管运行与否），自动产生周期为1s的时钟脉冲
		M8014	内部1min时钟脉冲继电器	当PLC上电后（不管运行与否），自动产生周期为1min的时钟脉冲
线圈驱动型	线圈由PLC的用户程序驱动后PLC执行特定的操作，在用户程序中不可直接使用其触点	M8030	电池LED灭灯指示继电器	线圈得电后，电池电压降低，发光二极管熄灭
		M8033	内存保持继电器	线圈得电后，PLC由RUN进入STOP状态，映像寄存器与数据寄存器中的内容保持不变
		M8034	禁止所有输出继电器	线圈得电后，禁止所有的输出，但是程序仍然正常执行
		M8039	恒定扫描模式继电器	线圈得电后，PLC以D8039中指定的扫描时间工作

（4）状态继电器（S）。状态继电器（S）是用于编制顺序控制程序或步进控制程序的一种编程元件，它与步进顺控指令（提供控制程序的逻辑分段）配合使用，对顺序控制状态进行描述和初始化，可以在小型PLC上编制复杂的顺序控制程序。当不对状态继电器使用步进顺控指令时，可以把它当作辅助继电器（M）使用。

三菱 FX2N 系列 PLC 提供了 1000 个状态继电器，它一般按 S“编号”的编址方式来读取每一个状态继电器的状态，编号为十进制排序规则，如地址格式为“S1”，通常状态继电器有以下五种类型。

1）初始状态继电器 S0～S9，共 10 点。

2）回零状态继电器 S10～S19，共 10 点，供返回原点用。

3）通用状态继电器 S20～S499，共 480 点，没有断电保持功能，但是用程序可以将它们设定为有断电保持功能状态。

4）断电保持状态继电器 S500～S899，共 400 点。

5）报警用状态继电器 S900～S999，共 100 点。

(5) 定时器（T）。定时器（T）是累计时间增量的编程元件，其作用相当于一个继电器控制系统中的通电延时型时间继电器，在自动控制的大部分领域都需要用定时器进行延时控制。灵活地使用定时器可以编制出工艺要求复杂的控制程序。定时器的设定值可由用户程序存储器内的常数设定，必要时也可以由外部设定。当定时器的工作条件满足时，计时开始，从当前值 0 开始按一定的时间单位（定时精度）增加。当定时器的当前值达到设定值时，定时器发生动作，发出中断请求信号，以便 PLC 响应作出相应的处理。定时器内部有动断、动合两种延时触点供编程时随时使用，且使用次数不限。

定时器的定时精度（时间增量或时间单位）有 3 个等级，即 1ms、10ms、100ms。定时精度 1ms 的定时器，设定值为 1～32767s，其定时范围为 0.001～32.767s；定时精度 10ms 的定时器，设定值为 1～32767s，其定时范围为 0.01～327.67s；定时精度 100ms 的定时器，设定值为 1～32767s，其定时范围为 0.1～3276.7s。

根据定时器的定时时间是否可以累计，定时器可分为通用（非积算型）定时器和积算器型定时器。通用定时器没有保持功能，在输入电路断开或停电时被复位，原计时值被清零。积算器型定时器在输入电路断开或停电时不会复位，原计时值不被清零可保持，当输入电路再接通或复电时，计时值在原有值的基础上继续累计。

三菱 FX2N 系列 PLC 提供了 256 个定时器，全部为通电延时型，其中通用定时器 246 个，积算定时器 10 个，它们一般按 T“编号”的编址方式来读取每一个定时器的状态，编号为十进制排序规则，如地址格式为“T24”。

1）通用定时器 T0～T245。通用定时器 T0～T199 定时精度为 100ms，共 200 点，其中 T192～T199 为子程序中断服务程序专用的定时器；通用定时器 T200～T245 定时精度为 10ms，共 46 点。

2）积算定时器 T246～T255。积算定时器 T246～T249 定时精度为 1ms，共 4 点；积算定时器 T250～T255 定时精度为 100ms，共 6 点。

(6) 计数器（C）。计数器（C）用于计数某一输入端（X、Y、M、S）输入脉冲电平由低到高的次数，可实现对产品的计数操作，但这种计数操作是在扫描周期内进行的，因此计数的频率受扫描周期制约，即需要计数的触点输入脉冲信号相邻的两个上升沿的时间必须大于 PLC 的扫描周期，否则将出现计数误差。计数器的设定值可以由用户程序存储器内的常数设定，必要时也可以由外部设定。当计数器的工作条件满足时，开始累计某一输入端的输入脉冲电平上升沿（正跳变）的次数。当计数的当前值达到设定值时，计数器发生动作，发出中断请求信号，以便 PLC 响应作出相应的处理。计数器内部有动断、动合两种触点供编

程时随时使用，且使用次数不限。

根据计数器的计数是否可以累计，可分为通用型计数器和断电保持型计数器。通用型计数器没有保持功能，在输入电路断开或停电时，停止计数，原计数值被复位清零。断电保持型计数器在输入电路断开或停电时，停止计数，原计数值不被清零可保持，当输入电路再接通或复电时，计数值在原有值的基础上继续累计。只有在复位信号到来时，计数器当前值被复位清零。

三菱 FX2N 系列 PLC 提供了 256 个计数器，其中 16 位（双字节寻址）增计数器有 200 个，32 位（4 字节寻址）增减计数器有 35 个，32 位（4 字节寻址）高速增减计数器有 21 个，它们一般按 C“编号”的编址方式来读取每一个计数器的状态，编号为十进制排序规则，如地址格式为“C3”。

1）16 位增计数器 C0～C199。16 位加计数器共 200 个，其中 C0～C99 为通用型，C100～C199 为断电保持型。设定值为 1～32767，除了可由常数 K 来设定计数器的设定值外，也可以通过指定数据寄存器 D 来设定，这时设定值等于指定的数据寄存器中的数据。

2）32 位增减计数器 C200～C234。32 位增/减计数器共有 35 个，其中 C200～C219 为通用型，C220～C234 为断电保持型。设定值为－2147483648～＋2147483647，除了可由常数 K 来设定计数器的设定值外，也可以通过指定数据寄存器 D 来设定。32 位设定值存放在元件号相连的两个数据寄存器中。如果指定的寄存器为 D0，则设定值存放在 D1 和 D0 中。32 位增减计数器的增减计数方式由特殊辅助继电器 M8200～M8234 设定，特殊辅助继电器为 ON 时，对应的计数器为减计数，特殊辅助继电器为 OFF 时，对应的计数器为增计数。

3）高速计数器 C235～C255。高速计数器用于累计比 CPU 扫描速度更快的高速脉冲信号，其计数过程与 CPU 扫描周期无关。高速计数器共 21 个，均为 32 位（4 字节寻址）增减型计数器，其中 C235～C240 为单相单输入无启动/复位端子高速计数器，C241～C245 为单相单输入有启动/复位端子高速计数器，C246～C250 为单相双输入高速计数器，C251～C255 为双相 A-B 型高速计数器。

高速计数器的选择并不是任意的，而是取决于所需计数器的类型及高速输入端子。用于高速计数器输入的端子只有 6 点，即 X0～X5，其中 X0、X2、X3 最高计数频率为 10kHz，X1、X4、X5 的最高计数频率为 7kHz，各个高速计数器有对应的输入端子。如果这 6 个输入端中的一个已被某个高速计数器占用，它就不能再用于其他高速计数器，因此最多只能允许 6 个高速计数器同时工作。

（7）数据寄存器（D、V、Z）。数据寄存器是暂时存放 PLC 控制系统中的操作数、运算结果和运算的中间结果，以减少访问存储器的次数，或者存放从存储器读取的数据以及写入存储器的数据，然后将其传送至其他设备以配合 CPU 完成对 PLC 的指令操作。

三菱 FX2N 系列 PLC 提供了 8212 个数据寄存器，均为 16 位（双字节寻址）数据寄存器，其中通用数据寄存器有 200 个，断电保持数据寄存器有 312 个，文件寄存器有 7488 个，特殊寄存器有 196 个，变址寄存器有 16 个，它们一般按 D“编号”的编址方式来读取每一个数据寄存器的状态，编号为十进制排序规则，如地址格式为“D45”。

1）通用数据寄存器 D0～D199。只要不写入其他数据，已写入的数据便不会变化。但是，PLC 由 RUN 变为 STOP 时全部数据均清零。若特殊辅助继电器 M8033 已被驱动，则 PLC 由 RUN 变为 STOP 时数据不会被清零。

2）断电保持数据寄存器D200～D511。基本上与通用数据寄存器等同，除非改写数据，否则原有数据不会丢失，不论电源接通与否，PLC运行与否，其内容也不会变化。然而在两台PLC作点对点的通信时，D490～D509会被用于通信操作。

3）文件寄存器D512～D7999。用于存放大量数据的专用数据寄存器，如存放采集数据、统计计算数据、多组控制参数等，它占用用户程序存储器内的某一存储区间，可用编程器或编程软件进行写操作。PLC运行时，可用BMOV指令将文件寄存器内容读到通用数据存储器中，但不能用指令将数据写入文件寄存器中。

4）特殊寄存器D8000～D8195。用于PLC内部各种元件的运行监视，是写入特定目的的数据或已经写入数据的寄存器，其内容在电源接通时，写入初始化值，通常先清零，然后由系统ROM来写入。未加定义的特殊寄存器，用户不能使用。

5）变址寄存器V0～V7、Z0～Z7。用于改变PLC内部各种元件的编号（变址），与其他数据寄存器一样读写。

（8）指针（P、I）。PLC在执行子程序、中断程序或者发生跳转时，需要有标号来指明跳转的入口地址，这个标号就是指针，它是用来指示分支指令的跳转目标和中断程序的入口标号。

三菱FX_{2N}系列PLC提供了143个指针，其中用于程序分支用的指针有128个，用于中断的指针有15个，它们一般按P（I）“编号”的编址方式来读取每一个指针的状态，如地址格式为“P15”。

1）分支用指针P0～P127。分支用指针的使用一般配合特殊功能指令CJ和CALL，其中CJ指令用于指示跳转目标的入口地址，CALL指令用于指示调用子程序的入口地址。如执行条件跳转指令为CJP0，表示跳转到指令的标号位置为P0，执行标号P0开始的程序；执行子程序调用指令为CALL P1，表示跳转到标号为P1处，执行从P1开始的子程序。在程序中应用跳转指令或者调用子程序指令时需要十分小心，因为PLC运行的过程中是在不断循环执行用户程序，使用跳转指令容易造成程序上的混乱。

2）中断用指针（I）。中断用指针是用来指明某一中断源的中断程序入口标号，它主要有输入中断、计时中断和计数中断三种，每一种中断对应一种中断指针。当中断发生时，PLC通过中断指针的标记地址进入中断程序，当执行到IRET（中断返回）指令时返回主程序。

输入中断指针I00□～I50□（6个）。用于即时接收来自特定的输入地址号（X0～X5）的输入信号，它持续在线，不受PLC扫描周期的影响。当输入信号被触发时，执行该指针标识的中断子程序。通过输入中断可以处理比扫描周期更短的信号，因而可以在顺控过程中作为必要的优先处理或者在短时脉冲处理控制中使用。输入中断指针的地址编号为I00口（X0）、I10口（X1）、I20□（X2）、I30□（X3）、I40□（X4）、I50□（X5），其中□为“1”时表示上升沿中断，为“0”时表示下降沿中断。

计时中断指针I6□□～I8□□（3个）。程序每隔特定的循环时间（10～99ms）会执行计时中断指针指定的中断子程序，用于需要有别于PLC的运算周期的循环处理控制中使用。计时中断指针的地址编号为I6□□、I7□□、I8□□，其中□□为10～99ms的中断时间，如I720表示每隔20ms执行一次标号I720后面的中断程序，当执行到IRET（中断返回）指令时返回主程序。

计数中断指针I010～I060（6个）。根据PLC内置的高速计数器的计数当前值与计数设

定值的比较结果，确定是否执行中断子程序，常用于利用高速计数器优先处理计数结果的控制。计数中断指针的地址编号为I010、I020、I030、I040、I050、I060，如当内置高数计数器的当前值达到设定值时，进入标号为I010的中断程序，当执行到IRET（中断返回）指令时返回主程序。

（9）常数（K、H）。常数也可以作为元件处理，因为它占用一定的存储空间。符号K用来表示十进制整数常数，如十进制常数123表示为K123，它主要用来指定定时器或计数器的设定值及应用功能指令操作数中的数值。16位常数K的范围为－32768～32767，32位常数K的范围为－2147483648～2147483647。符号H用来表示十六进制整数常数，它包括0～9和A～F这16个数字（A——10、B——11、C——12、D——13、E——14、F——15），如十六进制常数345表示为H159，它主要用来表示应用功能指令的操作数值。16位常数H的范围为0～FFFF，32位常数H的范围为0～FFFFFFFF。

第四节　三菱FX2N系列PLC的用户程序

1. 用户程序的种类

三菱FX2N系列PLC的用户程序有主程序、子程序和中断程序三种，其中主程序必须进行编写，且位于程序的最前面，随后是子程序与中断程序，子程序和中断程序可以根据需要进行选用与编写，它们的相互关系如图6-7所示。

（1）主程序。主程序是程序的主体，只有一个，它通过指令控制整个应用程序的执行，每次CPU扫描都要执行一次主程序，它可以调用子程序和中断程序。

（2）子程序。子程序是一个可选指令的集合，可以有多个，它仅在被另一子程序或中断程序调用时执行，同一个子程序可以在不同的地方被多次调用。子程序可以编写也可以不编写，并非每次CPU扫描都需要执行全部子程序。

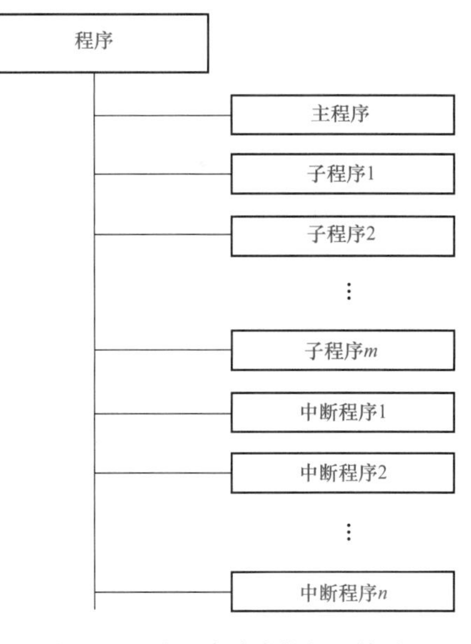

图6-7　用户程序种类的相互关系

（3）中断程序。中断程序是一个可选指令的集合，可以有多个，它在中断事件发生由主程序调用时执行。中断事件有输入中断、定时中断、高速计数中断、通信中断等，当CPU响应中断时，可以执行中断程序。因为不能预知何时会出现中断事件，所以不允许中断程序改写可能在其他程序中使用的存储器。中断程序可以编写也可以不编写，并非每次CPU扫描都需要执行全部子程序。

2. 用户程序的结构

由主程序、子程序和中断程序可以组成线性程序结构和分块程序结构。

（1）线性程序结构。线性程序结构是指一个工程的全部控制任务被分成若干个小的程序段，按照控制的顺序依次排放在主程序中。编程时，用程序控制指令将各个小的程序段依次链接起来。程序执行过程中，CPU不断扫描主程序，按编写好的指令代码顺序地执行控制工作。

线性程序结构简单明了，但是仅适合于控制量比较小的场合，控制任务越大，线性程序的结构就越复杂，执行效率就越低，系统也就越不稳定。

(2) 分块程序结构。分块程序结构是指一个工程的全部控制任务被分成多个任务模块，每个模块的控制任务由子程序或中断程序完成。编程时，主程序与子程序（或中断程序）分开独立编写。在程序执行过程中，CPU 不断扫描主程序，碰到子程序调用指令就转移到相应的子程序中去执行，遇到中断请求就调用相应的中断程序。

分块程序结构虽然复杂一点，但是可以把一个复杂的控制任务分解成多个简单的控制任务，这样有利于程序编写，而且程序调试起来也比较简单。所以，对于一些相对复杂的工程控制，分块程序的优势是十分明显的。

3. 用户程序的编程语言

三菱 FX2N 系列 PLC 的编程语言主要有梯形图、指令语句表（或称指令助记符语言）、逻辑功能图和高级编程语言四种，其中梯形图和指令语句表是较常用的编程语言，而且两者常常联合使用。

(1) 梯形图。梯形图是一种从继电器控制电路图演变而来的图形语言，它借助类似于继电器的动合触点、动断触点、线圈以及串联与并联等术语和符号，根据控制要求连接而成的表示 PLC 输入和输出之间逻辑关系的图形，具有形象、直观、实用和逻辑关系明显等特点，是电气工作者易于掌握的一种编程语言。

用梯形图替代继电器控制系统，其实就是替代控制电路部分，而主电路部分基本保持不变。尽管 PLC 与继电器控制系统的逻辑部分组成元件不同，但在控制系统中所起的逻辑控制条件作用是一致的。梯形图与继电器控制电路图虽然相呼应，但绝不是一一对应的。

梯形图的基本结构如图 6-8 所示。通常用图形符号┤ ├表示编程元件的动合触点、用图形符号┤/├表示编程元件的动断触点，用图形符号┤[ ]├或┤( )├表示它们的线圈，梯形图中编程元件的种类用图形符号及标注的字母或数字加以区别。

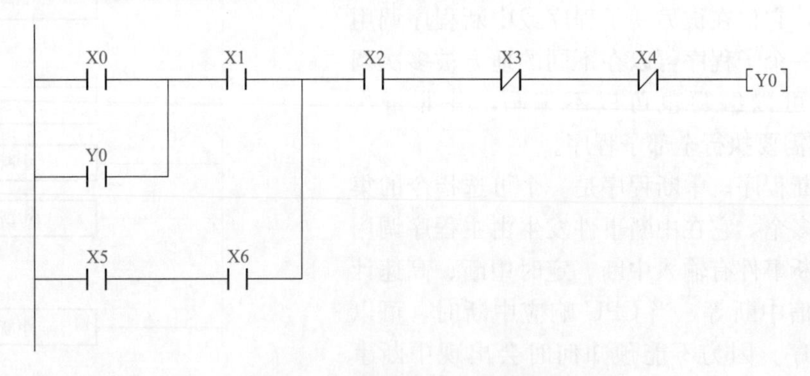

图 6-8 梯形图的基本结构

(2) 指令语句表。指令语句表简称语句表，是 PLC 的命令语句表达式。用梯形图编程虽然直观、简便，但要求 PLC 配置较大的显示器方可输入图形符号，这在有些小型机上常难以满足，特别是在生产现场编写调试程序时，常要借助于编程器，它显示屏小，采用的就是指令语句表语言。编程时，一般先根据要求编制梯形图语言，然后再将梯形图转换成指令语句表语言。

指令语句表的基本结构如图 6-9 所示。它是由若干条语句组成的程序，语句是程序的最

小独立单元，每个操作功能由一条或几条语句来执行。指令语句表语言类似于计算机的汇编语言，也是由操作码和操作数两个部分组成。操作码用助记符（如 LD、A 等）表示，用来告诉 CPU 要执行什么功能，如逻辑运算的与、或、非；算术运算的加、减、乘、除；时间或条件控制中的计时、计数、移位等功能。操作数一般由编程元件代号（如 X、Y 等）和参数组成，参数可以是地址（如 2、7 等）也可以是一个常数（预先设定值）。

步序号	指令	元件号
0	LD	X0
1	OR	X5
2	AND	X1
3	LD	X6
4	AND	X7
5	ORB	
6	AND	X2
7	AND	X3
8	AND	X4
9	OUT	Y0

图 6-9　指令语句表的基本结构

（3）逻辑功能图。逻辑功能图是一种由逻辑功能符号组成的功能块来表达命令的图形语言，这种编程语言基本上沿用了数字逻辑电路的逻辑方块图，它极易表达条件与结果之间的逻辑关系，其基本结构如图 6-10 所示。

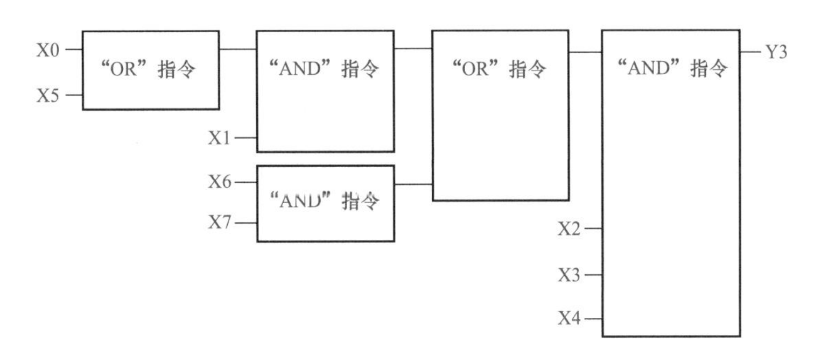

图 6-10　逻辑功能图的基本结构

逻辑功能图对每一种功能都使用一个运算方块，其运算功能由方块内的符号确定，常用“与”“或”“非”等逻辑功能表达控制逻辑。逻辑功能图与功能方块有关的输入画在方块的左边，输出画在方块的右边，其输入端和输出端通过软连接的方式，分别连接到所需的其他端子，完成所需的控制运算或控制功能。采用这种编程语言，不仅能简单明确地表现逻辑功能，还能通过对各种功能块的组合，实现加法、乘法、比较等高级功能，所以，逻辑功能图是一种功能较强的图形编程语言。但由于每种功能图需要占用一定的程序内存，对功能图的执行需要一定的执行时间。因此，这种编程语言只在大中型 PLC 和集散控制系统的编程和组态中才被采用。

（4）高级编程语言。高级编程语言主要用于其他编程语言较难实现的用户程序编制，大多数 PLC 制造商采用的高级编程语言与 BASIC 语言、PASCAL 语言或 C 语言等高级语言相类似，但为了应用方便，在语句的表达方法及语句的种类等方面都进行了简化。采用高级编程语言进行编程，可以完成较复杂的控制运算，但要求编程人员有一定的计算机高级语言的知识和编程技巧，且高级编程语言的直观性和操作性较差。

第五节　三菱 FX_{2N} 系列 PLC 的基本逻辑指令

虽然不同品牌的 PLC 的基本逻辑指令有差异，但是梯形图的格式相同，编程时各种指令也大同小异，具体的指令应参照生产厂家的使用说明书。基本逻辑指令主要是对 PLC 存储中的某一位进行位逻辑运算和控制，又称位逻辑指令，它处理的对象为二进制位信号、位逻辑指令扫描信号状态“0”和“1”位，并根据布尔逻辑对它们进行组合，所产生的结果

（“0”或“1”）称为逻辑运算结果。

编程元件的触点代表CPU对存储器某个位的读操作，动合触点和存储器的位状态相同，动断触点和存储器的位状态相反。编程元件的线圈代表CPU对存储器某个位的写操作，若程序中逻辑运算结果为“1”，则表示CPU将该线圈对应的存储器位置“1”；若程序中逻辑运算结果为“0”，则表示CPU将该线圈对应的存储器位置“0”。

1.“取”“取反”“输出”指令

（1）指令操作码及功能。

1）“取”指令（LD）——起始指令，用于梯级的开始是动合触点。

2）“取反”指令（LDI）——起始指令，用于梯级的开始是动断触点。

3）“输出”指令（OUT）——又称“赋值”指令，用于线圈驱动的输出。

（2）指令说明。

1）“LD”“LDI”“OUT”指令使用方法如图6-11所示。

2）“取”“取反”指令对应的触点一般与梯形图左侧母线相连，也可用于分支电路的开始。

3）“输出”指令对应的输出线圈应放在梯形图的最右边，输出线圈不带负载时，输出端应使用辅助继电器M或其他，而不能使用输出继电器Y。

4）“输出”指令只可以并联使用且无限次，但不能串联使用，在一个程序中应避免重复使用同一编号的继电器线圈。

5）“取”“取反”“输出”指令均可以用于输入继电器X（仅“输出”指令不可用）、输出继电器Y、辅助继电器M、状态继电器S、定时器T、计数器C，当“输出”指令的操作元件是定时器T和计数器C时，必须设置常数K。

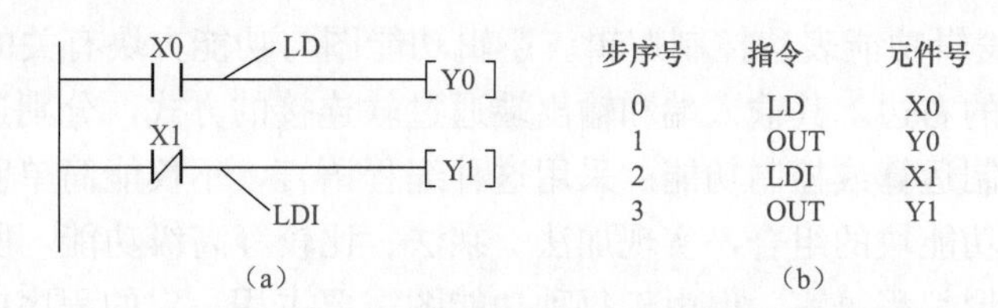

步序号	指令	元件号
0	LD	X0
1	OUT	Y0
2	LDI	X1
3	OUT	Y1

(b)

图6-11 “LD”“LDI”“OUT”指令使用方法

（a）梯形图；（b）指令语句表

2.“与”“与非”指令

（1）指令操作码及功能。

1）“与”指令（AND）——用于串联单个动合触点。

2）“与非”指令（ANI）——用于串联单个动断触点。

（2）指令说明。

1）“AND”“ANI”指令使用方法如图6-12所示。

2）串联触点的个数没有限制，可以连续使用。

3）“与”“与非”指令均可以用于输入继电器X、输出继电器Y、辅助继电器M、状态继电器S、定时器T、计数器C。

3.“或”“或非”指令

（1）指令操作码及功能。

1）“或”指令（OR）——用于并联单个动合触点。

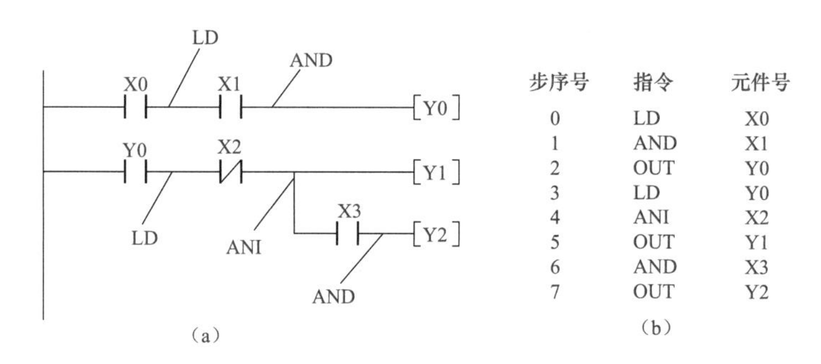

步序号	指令	元件号
0	LD	X0
1	AND	X1
2	OUT	Y0
3	LD	Y0
4	ANI	X2
5	OUT	Y1
6	AND	X3
7	OUT	Y2

图 6-12　“AND”“ANI”指令使用方法

(a) 梯形图；(b) 指令语句表

2)“或非”指令（ORI)——用于并联单个动断触点。

(2) 指令说明。

1)“OR”“ORI”指令使用方法如图 6-13 所示。

2) 并联触点的个数没有限制，可以连续使用。

3)“或”“或非”指令均可以用于输入继电器 X、输出继电器 Y、辅助继电器 M、状态继电器 S、定时器 T、计数器 C。

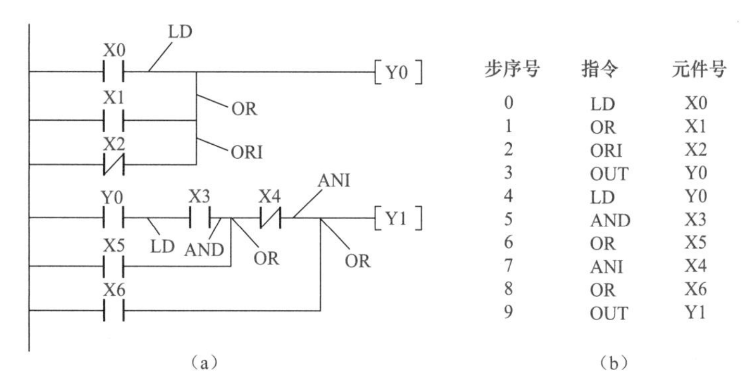

步序号	指令	元件号
0	LD	X0
1	OR	X1
2	ORI	X2
3	OUT	Y0
4	LD	Y0
5	AND	X3
6	OR	X5
7	ANI	X4
8	OR	X6
9	OUT	Y1

图 6-13　“OR”“ORI”指令使用方法

(a) 梯形图；(b) 指令语句表

4.“复位”“置位”指令

(1) 指令操作码及功能。

1)“置位”指令（SET)——用于线圈接通，使操作对象被置位（变为“1”）并维持接通状态。

2)“复位”指令（RST)——用于线圈断开，使操作对象被复位（变为“0”）并维持断开状态。

(2) 指令说明。

1)“RST”“SET”指令使用方法如图 6-14 所示。

2)“复位”“置位”指令也是线圈的输出指令，当“置位”指令执行时，线圈置“1”(接通)，即使“置位”指令的输入逻辑断开后，被置位的线圈仍然保持接通状态，只有当“复位”指令执行时，线圈才置“0”(断开)。

3) 对同一元件可以反复使用“复位”“置位”指令，顺序可任意，但在最后执行的一条才有效。

4）“复位”“置位”指令通常是成对使用。

5）“复位”“置位”指令均可用于输出继电器Y、辅助继电器M、状态继电器S、数据寄存器（D、V、Z）、定时器T、计数器C。

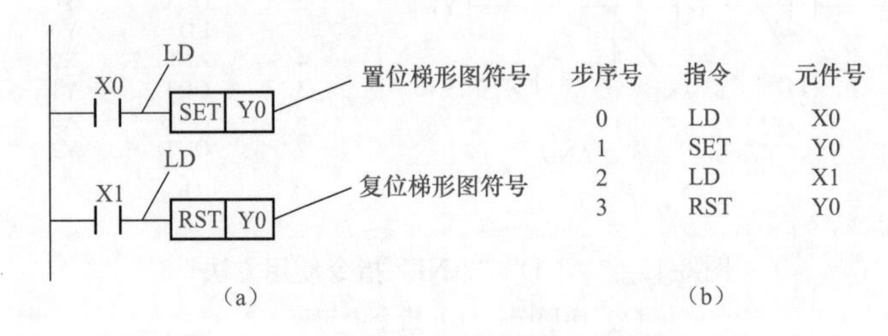

图6-14 “RST”“SET”指令使用方法

（a）梯形图；（b）指令语句表

5. “上升沿微分”“下降沿微分”指令

（1）指令操作码及功能。“上升沿微分”“下降沿微分”指令见表6-8。

表6-8 “上升沿微分”“下降沿微分”指令

指令助记符	指令名称	指令功能
LDP	取脉冲上升沿	上升沿检测运算开始
LDF	取脉冲下降沿	下降沿检测运算开始
ANDP	与脉冲上升沿	上升沿检测串联连接
ANDF	与脉冲下降沿	下降沿检测串联连接
ORP	或脉冲上升沿	上升沿检测并联连接
ORF	或脉冲下降沿	下降沿检测并联连接

1）“上升沿微分”指令（LDP、ANDP、ORP）——当检测到输入脉冲信号为上升沿时，驱动继电器产生一个脉冲宽度为一个扫描周期的脉冲信号输出。

2）“下降沿微分”指令（LDF、ANDF、ORF）——当检测到输入脉冲信号为下降沿时，驱动继电器产生一个脉冲宽度为一个扫描周期的脉冲信号输出。

（2）指令说明。

1）“上升沿微分”“下降沿微分”指令使用方法如图6-15所示。

2）“上升沿微分”“下降沿微分”指令无操作数。

3）继电器产生的脉冲宽度为一个扫描周期的脉冲信号输出仅为一个。

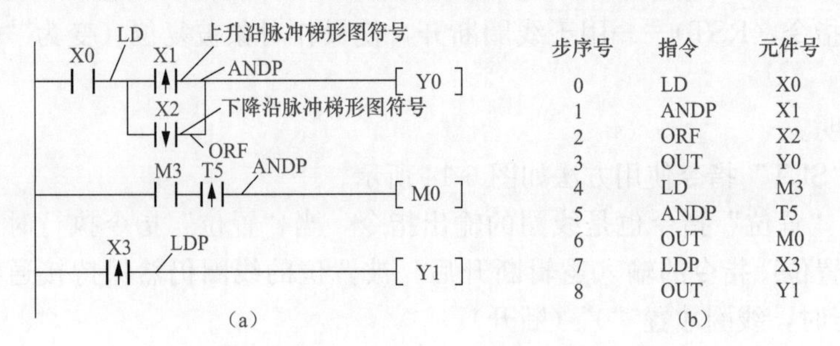

图6-15 “上升沿微分”“下降沿微分”指令使用方法

（a）梯形图；（b）指令语句表

4）继电器的脉冲信号输出可以用于启动或结束一个控制程序、一个运算过程，也可以用于计数器和存储器的复位脉冲等。

5）使用“上升沿微分”指令，可以将输入的宽脉冲信号变成脉宽等于扫描周期的触发脉冲信号，并保持原信号的周期不变。

6）“上升沿微分”“下降沿微分”指令均可用于输入继电器X、输出继电器Y、辅助继电器M、状态继电器S、定时器T、计数器C。

6. “块或”“块与”指令

（1）指令操作码及功能。

1）“块或”指令（ORB）——用于触点串联电路块与其前电路的并联连接。

2）“块与”指令（ANB）——用于触点并联电路块与其前电路的串联连接。

（2）指令说明。

1）“ORB”“ANB”指令使用方法如图6-16所示。

2）“块或”“块与”指令无操作数。

3）触点串联电路块是指含有两个或两个以上触点串联形成的电路。

4）触点并联电路块是指含有两个或两个以上触点并联形成的电路。

5）有多个触点串联电路块并联连接时，每个触点串联电路块开始时应该用“LD”或“LDI”指令，使用次数不得超过8次。

6）有多个触点并联电路块串联连接时，每个触点并联电路块开始时应该用“LD”或“LDI”指令，使用次数不得超过8次。

7）有多个触点串联电路块并联连接时，如对每个电路块使用“ORB”指令，则并联的电路块使用次数不得超过8次。

8）有多个触点并联电路块串联连接时，如对每个电路块使用“ANB”指令，则串联的电路块使用次数不得超过8次。

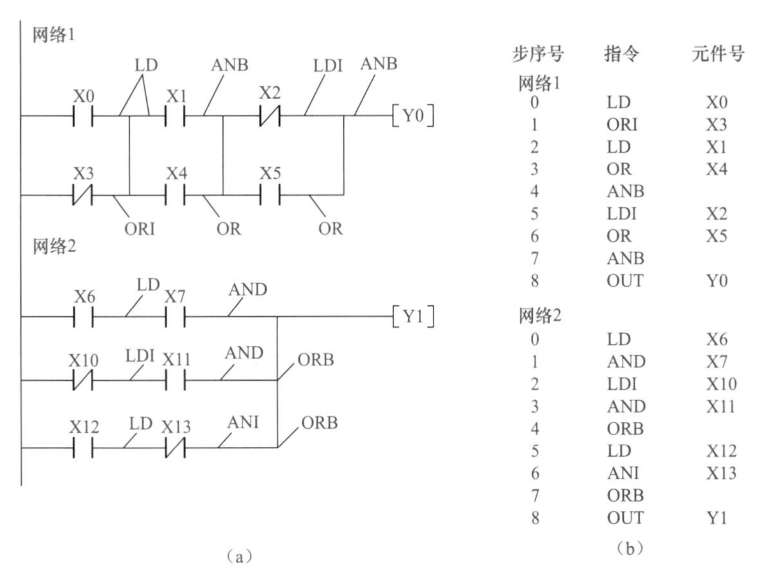

步序号	指令	元件号
网络1		
0	LD	X0
1	ORI	X3
2	LD	X1
3	OR	X4
4	ANB	
5	LDI	X2
6	OR	X5
7	ANB	
8	OUT	Y0
网络2		
0	LD	X6
1	AND	X7
2	LDI	X10
3	AND	X11
4	ORB	
5	LD	X12
6	ANI	X13
7	ORB	
8	OUT	Y1

（b）

图6-16 “ORB”“ANB”指令使用方法

（a）梯形图；（b）指令语句表

7. “空操作”指令

（1）指令操作码及功能。“空操作”指令（NOP）——用于程序的修改，仅做空操作运行，不影响程序的执行。

（2）指令说明。

1）“NOP”指令使用方法如图6-17所示。

2）“空操作”指令无操作数。

3）“NOP”指令在程序中占一个步序，可在编程时预先插入，以备修改和增加指令。

4）在程序中加入“NOP”指令，在改变或追加程序时，可以减少步序号的改变。

5）若用“NOP”指令取代已写入的指令，则可以修改电路，并将使原梯形图的构成发生较大的变化。

6）执行完清除用户存储器操作后，用户存储器的内容全部变为“空操作”指令。

步序号	指令	元件号
0	LD	X0
1	NOP	
2	NOP	
3	OUT	Y0

（a）

步序号	指令	元件号
0	NOP	
1	NOP	
2	LD	X2
3	AND	X3
4	NOP	
5	AND	X4
6	OUT	Y0

（b）

图6-17 “NOP”指令使用方法

（a）短接触点；（b）删除触点

8. “定时器”指令

（1）指令操作码及功能。三菱FX2N系列PLC没有专门的“定时器”指令，而是用“OUT”指令驱动定时器线圈，其设定值可以直接用常数K设定，也可以间接通过指定某个数据寄存器中存放的数据来设定。

（2）指令说明。

1）“定时器”指令使用方法如图6-18所示。

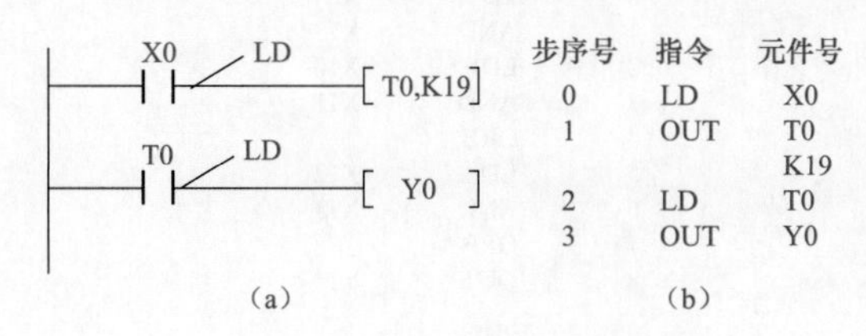

图6-18 “定时器”指令使用方法

（a）梯形图；（b）指令语句表

2）延时通用定时器。无记忆功能，定时器线圈接通时定时器开始计时，当前值从0开始递增，当等于或大于设定值（K值）时，定时器位为“1”，其触点动作。达到设定值后，当前值仍继续计数，直到最大值32767。当定时器线圈断开时，定时器自动复位，当前值被清零，定时器位变为“0”，其触点复原。

3）延时积算定时器。有记忆功能，定时器线圈接通时定时器开始计时，当前值从0开始递增，当等于或大于设定值（K值）时，定时器位为“1”，其触点动作。如果出现定时器的当前值小于设定值时，定时器线圈就断开的情况，则定时器暂停计时，并对当前值进行记忆（即保留前段计时时间）。当定时器线圈再次接通时，定时器在当前值的基础上继续计时，直至当前值等于或大于设定值（K值）时，定时器位为“1”，其触点动作，该功能可实现定时器线圈分段接通的累积时间。定时器线圈断开时定时器不会自动复位，必须用单独的复位指令“RST”使其复位。复位后，当前值被清零，定时器位变为“0”，其触点复原。

4）定时器总数为256个，每个定时器都有唯一的编号T0～T255。定时器定时时间等于设定值与精度的乘积，定时器编号与精度的关系见表6-9。

表6-9　　定时器编号与精度

定时器类型	定时器编号	精度	最大计时值
通用定时器	T0～T199	100ms	3276.7s
	T200～T245	10ms	327.67s
积算定时器	T246～T249	1ms	32.767s
	T250～T255	100ms	3276.7s

9. “计数器”指令

（1）指令操作码及功能。三菱FX2N系列PLC没有专门的“计数器”指令，而是用“OUT”指令驱动计数器线圈，其设定值可以直接用常数K设定，也可以间接通过指定某个数据寄存器中存放的数据来设定。

（2）指令说明。

1）“计数器”递增计数指令使用方法如图6-19所示。“计数器”递增/递减计数指令使用方法如图6-20所示。

2）递增计数。计数器使用两条指令完成计数任务，第1条为RST指令将计数器清零；第2条为计数脉冲输入，脉冲的上升沿有效。当等于或大于设定值（K）时，计数器位为“1”，其触点动作。当复位输入端（RST）接通时，当前值被清零，计数器位变为“0”，其触点复原。

3）递增/递减计数。计数器使用3条指令完成计数任务，第1条为增减计数方式控制指令，增减计数方式由特殊辅助继电器M8200～M8234设定，特殊辅助继电器为ON时，对应的计数器为减计数，特殊辅助继电器为OFF时，对应的计数器为增计数；第2条为RST指令将计数器清零；第3条为计数脉冲输入，脉冲的上升沿有效。当等于或大于设定值（K）时，计数器位为“1”，其触点动作。当复位输入端（RST）接通时，当前值被清零，计数器位变为“0”，其触点复原。

4）递增计数是从0开始，累加到设定值，计数器触点动作。递减计数是从设定值开始，累减到0，计数器触点动作。

5）计数器总数为256个，每个计数器都有唯一的编号C0～C255。

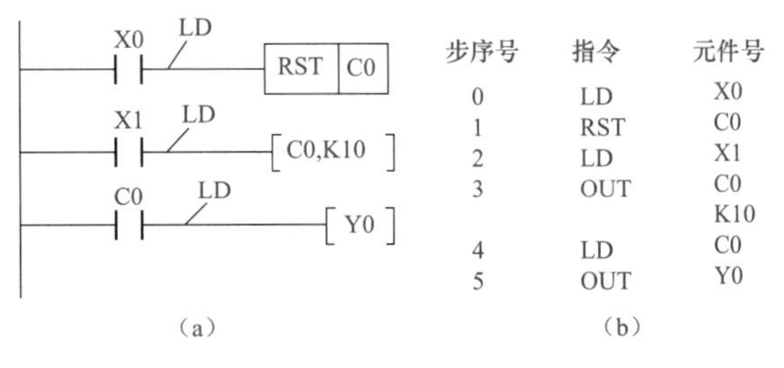

图6-19 “计数器”递增计数指令使用方法
（a）梯形图；（b）指令语句表

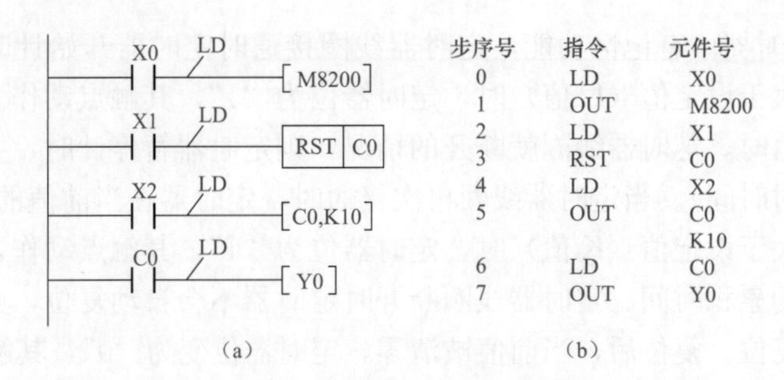

图 6-20 “计数器”递增/递减计数指令使用方法

(a) 梯形图；(b) 指令语句表

10. “堆栈”指令

(1) 指令操作码及功能。

1) “堆栈”指令（MPS）——称入栈指令，用于存储电路中分支处的逻辑运算结果，以便后面处理有线圈的支路时可以调用该运算结果。

2) “堆栈”指令（MRD）——称读栈指令，用于读取存储在堆栈最上层的电路中分支点处的运算结果，将下一触点强制性地连接在该点，读数后堆栈内的数据不会上移或下移。

3) “堆栈”指令（MPP）——称出栈指令，用于将存储在电路中分支点的运算结果弹出（调用并去掉），将下一触点连接在该点后，从堆栈中去掉该点的运算结果。

(2) 指令说明。

1) “MPS”“MRD”“MPP”指令使用方法如图 6-21 所示。首先“MPS”指令会将分支处的逻辑运算结果（即 X0 触点的状态）存储起来，送入堆栈中，第 1 路输出后面的指令正常书写；第 2 路输出首先使用“MRD”指令读取已经存储下来的支路运算结果，再用“AND”指令与后面并联的输入继电器 X2 的动合触点连接，控制输出继电器 Y1 的输出；第 3 路的输出使用“MPP”指令将已经存储下来的支路运算结果弹出并去掉，所以输入继电器 X3 的动合触点要使用“LD”指令。

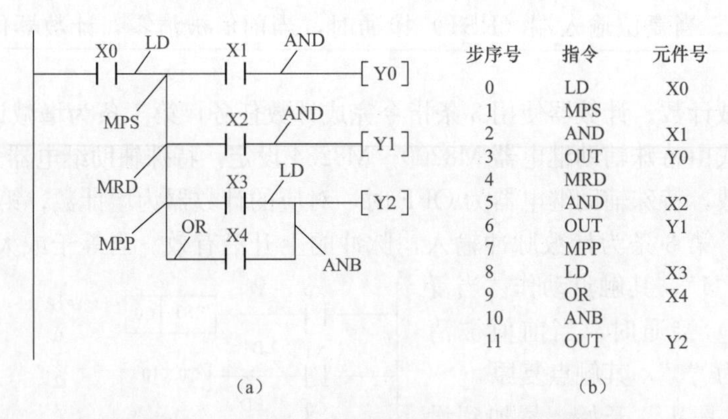

图 6-21 “MPS”“MRD”“MPP”指令使用方法

(a) 梯形图；(b) 指令语句表

2) “堆栈”指令无操作数。

3) 三菱 FX_{2N} 系列 PLC 提供一个 11 层的堆栈，最上面一层为栈顶，它用来存储逻辑运算的结果，下面 10 个层用来存储中间的运算结果，堆栈中的数据按“先进后出”的原则存取。

4）使用一次“MPS”指令，将当时的逻辑运算结果压入堆栈的第一层，堆栈中原来的数据依次向下一层推移，原栈底值被挤出丢失。

5）使用一次“MRD”指令，将堆栈中第 2 层的值复制到栈顶，第 2～11 层的数据不变，原栈顶值被挤出丢失。

6）使用一次“MPP”指令，将堆栈中各层的数据向上移动一层，第 2 层的数据成为堆栈新的栈顶值，原栈顶值在读出后从栈内消失。

7）合理使用“MPS”“MRD”“MPP”指令可以使程序简化，但需要注意的是，“MPS”指令与“MPP”指令必须成对使用，连续使用次数不得大于 11 次，且“MPS”指令在前，“MPP”指令在后。

11.“主控触点”指令

（1）指令操作码及功能。

1）“主控触点”指令（MC）——称主控开始指令，又称公共触点串联的连接指令，用于表示主控区的开始。

2）“主控触点”指令（MCR）——称主控复位指令，又称公共触点串联的清除指令，用于表示主控区的结束。

（2）指令说明。

1）“MC”“MCR”指令使用方法如图 6-22 所示。当输入继电器 X2 的动合触点闭合时，左母线上串联的辅助继电器 M10 接通，MC 指令到 MCR 指令之间的 3 个梯级都能得到执行。此时，若输入继电器 X3 与 X4 的动合触点都闭合，则输出继电器 Y0 接通；若输入继电器 X5 接通，则输出继电器 Y1 接通；若输入继电器 X6 保持动断，则定时器 T6 开始延时。当输入继电器 X2 的动合触点断开时，MC 指令到 MCR 指令之间的 3 个梯级不执行，程序跳到 MCR 下面执行。此时，输出继电器 Y0 和 Y1 均断开，定时器 T6 复位；

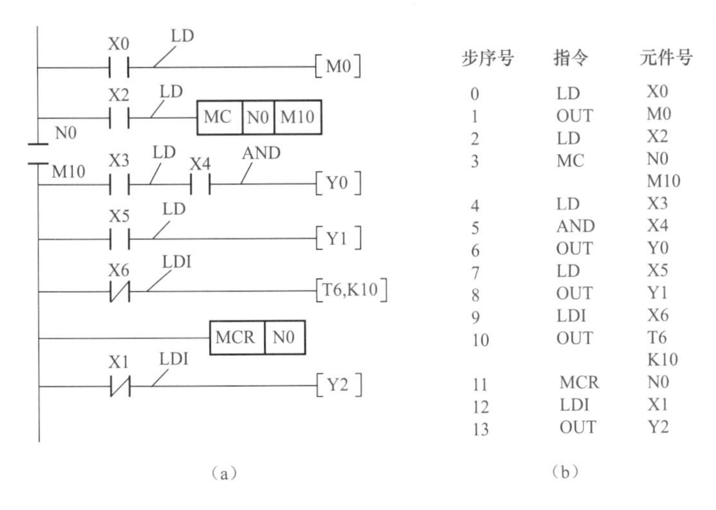

步序号	指令	元件号
0	LD	X0
1	OUT	M0
2	LD	X2
3	MC	N0 M10
4	LD	X3
5	AND	X4
6	OUT	Y0
7	LD	X5
8	OUT	Y1
9	LDI	X6
10	OUT	T6 K10
11	MCR	N0
12	LDI	X1
13	OUT	Y2

图 6-22　“MC”“MCR”指令使用方法

（a）梯形图；（b）指令语句表

2）使用主控指令的触点称为主控触点，当 PLC 在编程时，常会出现多个触点或多个线圈同时受一个或一组触点控制的情况，若此时使用“主控触点”指令，可以简化电路。

3）主控触点在梯形图中与一般的触点垂直，它是与母线相连的动合触点，是控制一组电路的总开关。

4）与主控触点相连的触点必须用LD或LDI指令。

5）使用MC指令后，相当于母线移到主控触点的后面，使用MCR指令后，母线回到原来的位置。

6）“MC”指令只能用于输出继电器Y、辅助继电器M（不包括特殊辅助继电器），“MCR”指令只能用于主控指令的使用次数N（N0～N7）。

12.“子程序调用”指令

（1）指令操作码及功能。

1）“子程序调用”指令（CALL）——指令编号为FNC01，用于调用子程序。

2）“子程序调用”指令（SRET）——指令编号为FNC02，用于子程序返回。

（2）指令说明。

1）“子程序调用”指令使用方法如图6-23所示。当X0为ON时，执行“CALL，P10”指令，程序转到执行P10所指向的子程序。在子程序中执行结束后，通过“SRET”指令返回到“CALL”指令的下一条指令处，继续执行X1。若X0为OFF时，则程序按顺序执行。

2）“CALL”指令的操作数只能用于指针P0～P127，“SRET”指令无操作数。

3）“CALL”指令必须与“FEND”和“SRET”指令一起使用。

4）子程序标号要写在主程序结束指令“FEND”之后。

5）标号P0和子程序返回指令“SRET”间的程序构成了P0子程序的内容。

6）当主程序带有多个子程序时，子程序要依次放在主程序结束指令“FEND”之后，并用不同的标号加以区分。

7）子程序标号范围为P0～P127，这些标号与条件转移中所用的标号相同，而且在条件转移中已经使用的标号，子程序不能再用。

8）同一标号只能使用一次，而不同的“CALL”指令可以多次调用同一标号的子程序。

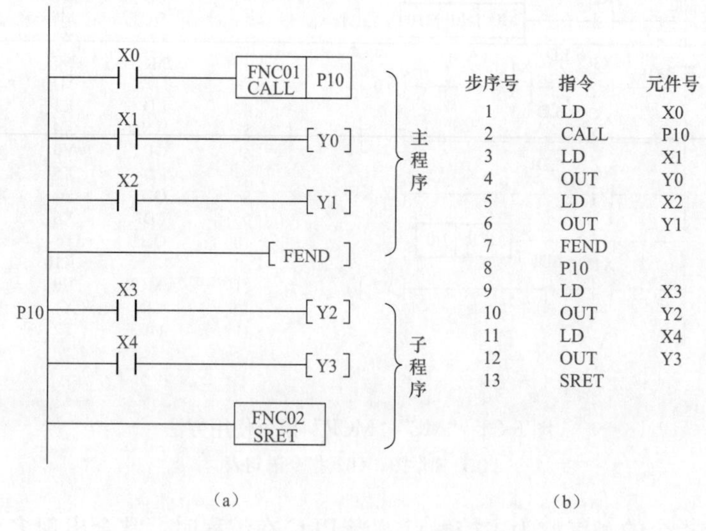

步序号	指令	元件号
1	LD	X0
2	CALL	P10
3	LD	X1
4	OUT	Y0
5	LD	X2
6	OUT	Y1
7	FEND	
8	P10	
9	LD	X3
10	OUT	Y2
11	LD	X4
12	OUT	Y3
13	SRET	

图6-23 “子程序调用”指令使用方法

（a）梯形图；（b）指令语句表

13.“程序结束”指令

（1）指令操作码及功能。“程序结束”指令（END）——用于表示程序结束，可以强制结束当前的扫描执行程序。

（2）指令说明。

1）“END”指令无操作数。

2）PLC在循环扫描的工作过程中，对“END”指令以后的程序不再执行，而直接进入输出处理阶段。

3）在调试程序过程中，可以利用“END”指令对程序进行分段调试，调试好以后必须依次删去程序中间的“END”指令。

4）三菱FX_{2N}系列PLC在程序输入完毕，必须写入“END”指令，否则程序不能运行。

第七章

三菱FX2N系列PLC的基本应用

第一节　PLC 的编程规则及步骤

1. 继电控制电路与梯形图的关系

（1）用 PLC 的梯形图替代继电器控制系统，其实就是替代控制电路部分，而主电路部分基本保持不变。在 PLC 组成的控制电路中大致可分为三个部分：输入部分、逻辑部分、输出部分，这与继电器控制系统很相似。其中输入部分、输出部分与继电器控制系统所用的电器大致相同，所不同的是 PLC 中输入、输出部分为输入、输出单元，增加了光电耦合、电平转换、功率放大等电路。PLC 的逻辑部分是由微处理器、存储器组成的，由计算机软件替代继电器控制电路，实现“软接线”，可以灵活编程。尽管 PLC 与继电器控制系统的逻辑部分组成元件不同，但在控制系统中所起的逻辑控制条件作用是一致的。

（2）继电器控制电路中使用的继电器是物理电器，继电器与其他控制电器之间的连接必须通过硬接线来完成；PLC 的继电器不是物理电器，它是 PLC 内部电路的寄存器，常称之为“软继电器”，它具有与物理继电器相似的功能。当它的“线圈”通电时，其所属的动合触点闭合，动断触点断开；当它的“线圈”断电时，其所属触点均恢复常态。再有物理继电器触点是机械触点，其触点个数是有限的；而 PLC 中的每一个继电器都对应着其内部的一个寄存器位，由于可以无限次地读取寄存器的内容，所以可以认为 PLC 的每一个继电器均有无数个动合、动断触点。

（3）继电器控制电路的两条母线必须与电源相连接，其每一行（也称梯级）在满足一定条件时通过两条母线形成电流通路，使继电器、接触器线圈通电动作。而 PLC 梯形图的左右两根母线（右母线通常可以省略不画）并不接电源，它只表示每一个梯级的起始与终了，每一个梯级中并没有实际的电流通过。通常说 PLC 的线圈接通与断开，只不过是为了分析问题的方便而假设的逻辑概念上的接通与断开，可以假想为逻辑电流从左母线流向右母线，这是 PLC 梯形图与继电器控制电路的本质区别。

（4）继电器控制是依靠硬接线的变换来实现各种控制功能的，实际是各个主令电器发出的动作信号直接控制各个继电器、接触器线圈的通断；而 PLC 是通过程序来实现各种控制的，实际是 PLC 的 CPU 不断读取现场各个主令电器发出的动作信号，根据用户程序的编排，CPU 经过分析处理得出结果发出动作信号到输出单元，由输出单元驱动各个（包括继电器，接触器线圈在内的）执行元件。

（5）PLC梯形图与继电器控制电路图相呼应，但绝不是一一对应的，继电器电气图与PLC梯形图的关系如图7-1所示。图中X0和X1分别表示PLC输入继电器的两个触点，它们分别与停止按钮SB1和启动按钮SB2相对应；Y0表示输出继电器的线圈和动合触点，它与接触器KM相对应。输入端的直流电源E通常是由PLC内部提供的，也可用外接电源，输出端的交流电源是外接的，“1M”“1L”是两边各自的公共端子。

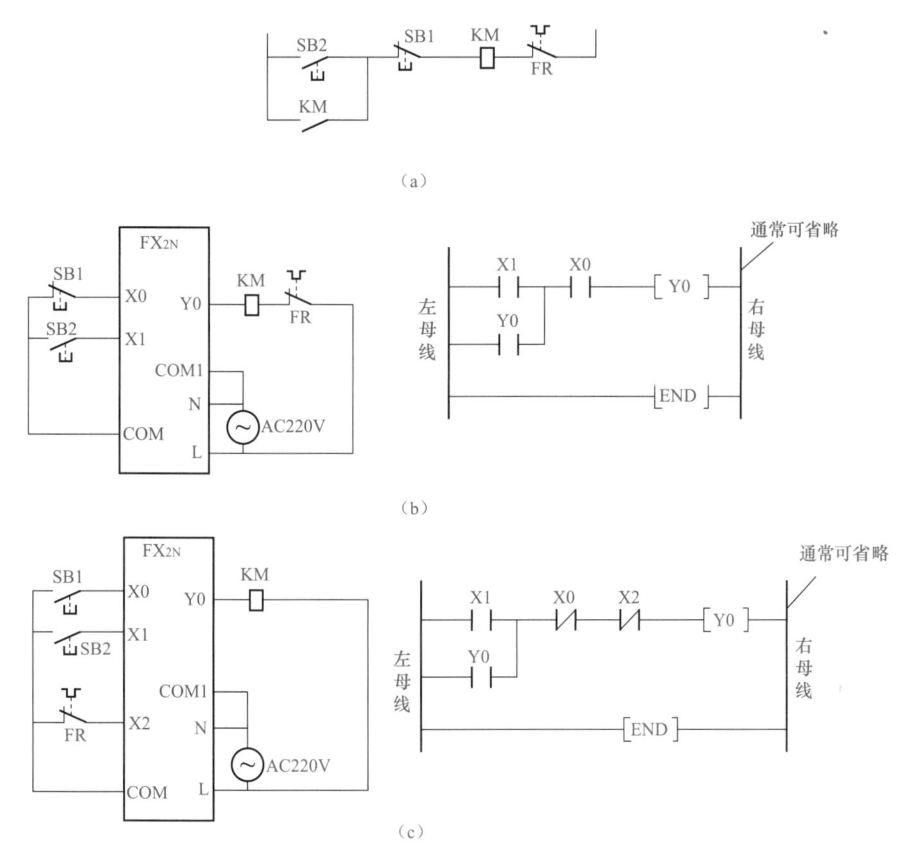

图7-1　电气图与梯形图的关系

（a）电气图；（b）梯形图（形式一）；（c）梯形图（形式二）

（6）在外部接线时，停止按钮SB1有两种接法：一种按照图7-1（b）的接法，SB1在PLC输入继电器的X0端子上仍接成动断触点形式，则在编制梯形图时，用的是动合触点X0。因SB1闭合，对应的输入继电器接通，这时它的动合触点X0是闭合的。按下SB1，断开输入继电器，Y0才断开。

另一种按照图7-1（c）的接法，将SB1在PLC输入继电器的X0端子上接成动合触点形式，则在编制梯形图时，用的是动断触点X0。因SB1断开，对应的输入继电器断开，其动断触点X0仍然闭合。当按下SB1时，接通输入继电器，X0才断开。为了使梯形图和继电器控制电路一一对应，PLC输入设备的触点应尽可能地接成动合触点形式。

（7）手动复位式热继电器FR的动断触点可以将其直接接在PLC的输出回路中，仍然与接触器的线圈串联，依靠硬件实现过载保护，通常不作为PLC的输入信号，这样可以节约PLC的一个输入点，如图7-1（b）所示。

自动复位式热继电器FR则不可采用上述接法，必须将它的触点接在PLC的输入端（可接动合触点或动断触点），作为PLC的输入信号，依靠梯形图程序软件来实现过载保护，如图7-1（c）所示。这样可以避免电动机停止转动后一段时间因热继电器的触点自动恢复原状而重新运转，造成设备和人身事故。

2. 梯形图编程规则

PLC生产商家在为用户提供完整的指令的同时，还附有详细的编程规则，它相当于应用指令编写程序的语法，用户必须遵循这些规则进行编程。由于各个PLC的生产商家不同，指令也有区别，所以编程规则也不尽相同。但是，为了让用户编程方便、易学，各规则也有很多相同之处。

（1）梯形图的每一逻辑行（梯级）皆起始于左母线，终止于右母线（右母线通常可以省略不画）。每个梯形图由多个梯级组成，一般每个输出元件构成一个梯级，每个梯级可由多个支路组成并必须有一个输出元件。

（2）各种编程元件的输出线圈符号应放在梯级的最右边，一端与右边母线相连，不允许直接与左母线相连或放在触点的左边，任何触点不能放在线圈的右边与右母线相连。

（3）编制梯形图时，应尽量做到自左至右顺序进行，按逻辑动作的先后从上往下逐行编写，不得跳跃和遗漏，PLC将按此顺序执行程序。

（4）在梯形图中应避免将触点画在垂直线上，这种桥式梯形图无法用指令语句编程。

（5）PLC编程元件的触点在编制程序时的使用次数是无限制的，这是由于每一触点的状态存入PLC内的存储单元，可以反复读写，但在一个程序中应避免重复使用同一编号的继电器线圈。

（6）每一逻辑行内的触点可以串联、并联，但输出继电器线圈之间只可以并联，不能串联。

（7）计数器和定时器有两个输入端（计数端和计时端，置位端和复位端），编程时应按具体要求决定此两个输入端信号出现的次序，否则会造成误动作。

（8）程序较为复杂时，可采用子程序，子程序可以为多个，但主程序只有一个。

3. 指令语句表编程规则

（1）指令语句表编程与梯形图编程，两者相互对应，并可以相互转换。

（2）指令语句表是按语句排列顺序（步序）编程的，也必须符合顺序执行原则。指令语句的顺序与控制逻辑有密切关系，不能随意颠倒、插入或删除，以免引起程序错误或控制逻辑错误。

（3）指令语句表中各语句的操作数（编程元件号）必须是PLC允许范围内的参数，否则将引起程序出错。

（4）指令语句表的步序号应从用户存储器的起始地址开始，连续不断地编制。

4. 程序编程步骤

（1）分析被控对象的工艺过程和系统的控制要求，明确动作的顺序和条件，画出控制系统流程图（或状态转移图），如果控制系统较简单，则可以省略这一步。

（2）将所有的现场输入信号和输出控制对象分别列出，并按PLC内部可编程元件号的范围，给每个输入和输出分配一个确定的I/O端编号，编制出PLC的I/O端的分配表，或绘制出PLC的I/O接线图。

（3）设计梯形图程序，编写指令语句表。在有通用编程器的情况下，可以直接在编程器上编好梯形图，下载到PLC中即可运行。若用PLC指令根据梯形图按一定的规则编写出程序，则应与梯形图一一对应。值得注意的是，在梯形图和语句表程序中，没有输入继电器的线圈。

（4）用编程器将程序输入到PLC的用户存储器中，详细的输入步骤及方法应按编程器说明书的规定进行，以保证程序语法等的正确性。

（5）调试程序，直到达到系统的控制要求为止。调试是一项重要的工作，其基本原则是：先简单后复杂，先软件后硬件，先单机后整体，先空载后负载。调试期间注意随时复制程序、随机修改图样、随时完善系统。调试时，应先对组成系统的各个单元进行单独的调试，当各个单元调试通过后，再在实验室的条件下（不与实际设备相连接）进行总体实验室联调。对于简单的系统，实验室联调也可以在生产现场进行。联调所需的输入信号可以通过模拟方法解决，但一定注意不能与实际设备连接。

5. 梯形图编程技巧

（1）绘制等效电路。如果梯形图构成的电路结构比较复杂，用块指令“ANB”“ORB”等难以解决，则可以重复使用一些触点画出它的等效电路，然后再进行编程，如图7-2所示。这样处理可能会多用一些指令，但不会增加硬件成本，对系统的运行也不会有什么影响。

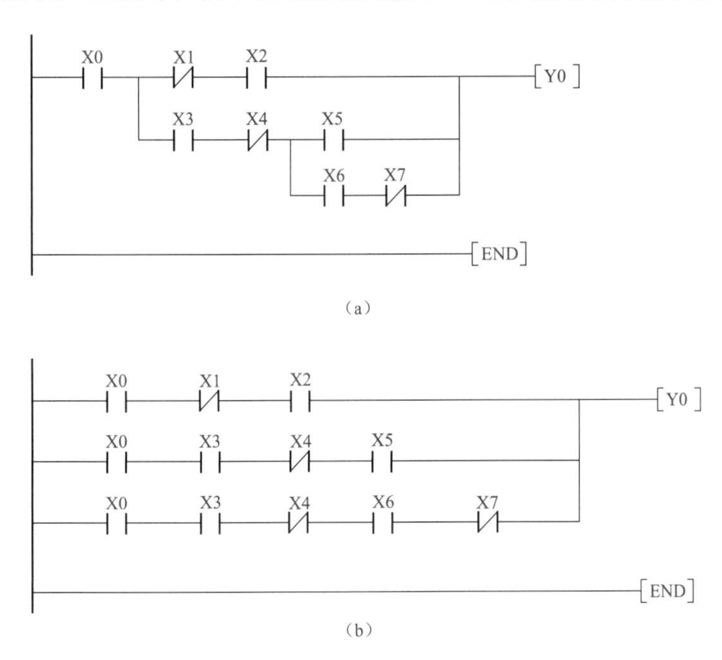

图7-2　绘制等效电路

（a）复杂电路；（b）等效电路

（2）设置中间单元。在梯形图中，如果多个线圈都受同一触点串并联电路控制，那么为了简化程序，可以在编程过程中设置一个用该电路控制的辅助继电器，辅助继电器类似于继电器电路中的中间继电器，如图7-3所示。图7-3中M0即为辅助继电器，当动合触点M0断开时，使输出继电器Y0、Y1、Y3线圈都断开。

（3）尽量减少输入、输出信号。PLC的价格与I/O点数有关，因此减少I/O点数是降低硬件费用的最主要措施。如果几个输入器件触点的串并联电路总是作为一个整体出现，则可以将它

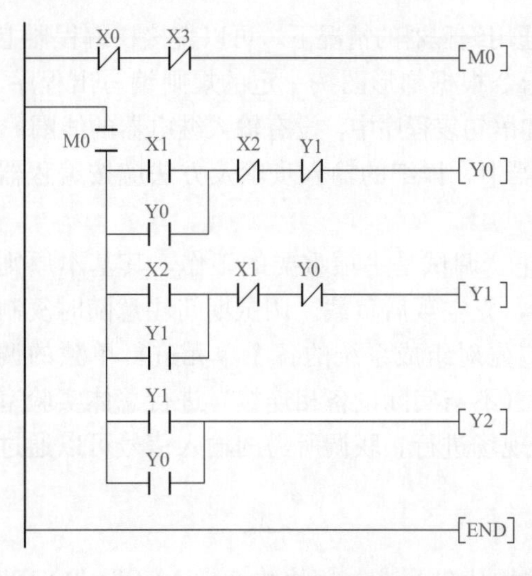

图 7-3 设置中间单元

们视为同一个输入信号，只占PLC的一个输入点。

(4) 输入端尽量用动合触点表达。在继电器控制电路中，停止按钮和热继电器均用动断触点来表达，而在PLC输入端它们均要转换成动合触点形式，这样一来，在梯形图程序中，它们则要用动断触点形式来表达。

(5) 用辅助继电器触点代替时间继电器的瞬动触点。时间继电器除了有延时动作的触点外，还有在线圈得电或失电时马上动作的瞬动触点。对于电路中有瞬动触点的时间继电器，可以在梯形图中定时器线圈的两端并联上辅助继电器的线圈，这样辅助继电器的触点就相当于时间继电器的瞬动触点。

(6) 设立外部互锁电路。在用PLC控制时，为了防止控制电动机正、反转的两个接触器同时动作，造成电源瞬间短路，在梯形图中设置了与它们对应的输出继电器的线圈串联软动断触点组成的软互锁电路进行互锁。但由于PLC在循环扫描工作时，执行程序的速度非常快，内部软继电器互锁只相差一个扫描周期，而外部接触器触点的断开时间往往大于一个扫描周期，所以会出现接触器触点还来不及动作就执行下一个程序的情况。因此，还应在PLC的外部设置由接触器的动断触点组成的硬互锁电路，这样软硬件双重互锁才可有效地避免电源瞬间短路的问题。

第二节 PLC控制电动机连续运行

1. 项目描述

电动机连续运行控制电路如图7-4所示。

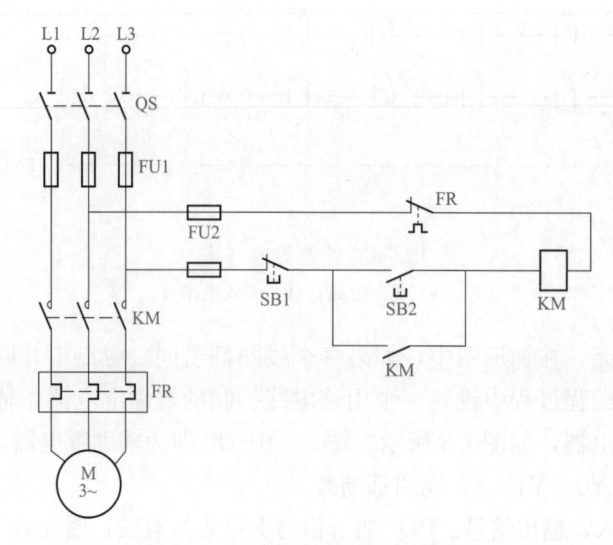

图 7-4 电动机连续运行控制电路

（1）电路控制要求。

1）按下启动按钮，三相异步电动机单向连续运行。

2）按下停止按钮，三相异步电动机停止运行。

3）具有短路保护和过载保护等必要的保护措施。

（2）电路识读。合上电源开关 QS 接通三相电源，启动时，按下启动按钮 SB2，接触器 KM 线圈得电吸合并自锁，其主电路中的主触点闭合，电动机接通三相电源开始全压启动连续运行。

停机时，按下停止按钮 SB1，接触器 KM 线圈失电释放，其主电路中的主触点断开，电动机断电停止运行。若要电动机重新运行，则必须进行第二次启动（按下启动按钮 SB2）才能实现。

2. 确定 I/O 点数及分配

启动按钮 SB2、停止按钮 SB1、热继电器触点 FR 这 3 个外部器件需接在 PLC 的 3 个输入端子上，可分配为 X0、X1、X2 输入点；接触器线圈 KM 需接在输出端子上，可分配为 Y0 输出点。由此可知为了实现 PLC 控制电动机连续运行，共需要 I/O 为 3 个输入点、一个输出点。至于自锁和互锁触点是内部的“软”触点，不占用 I/O 点。PLC 控制电动机连续运行的 I/O 点数及分配见表 7-1。其 I/O 接线如图 7-5 所示。

表 7-1　　PLC 控制电动机连续运行的 I/O 点数及分配

输入		
输入点	输入元件	功能说明
X0	SB2	启动按钮
X1	SB1	停止按钮
X2	FR	热继电器触点
输出		
输出点	输出元件	功能说明
Y0	KM	电动机连续运行接触器

3. 编制梯形图

PLC 控制电动机连续运行的梯形图如图 7-6 所示。

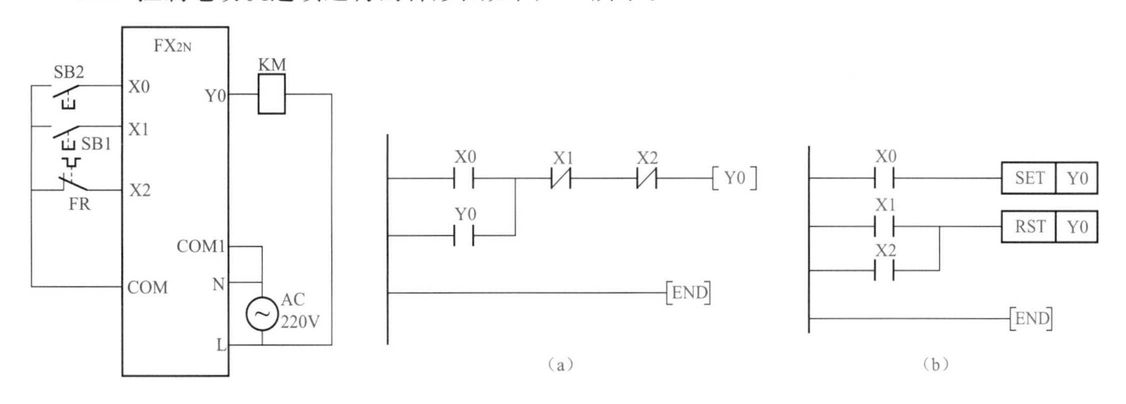

图 7-5　PLC 控制电动机连续运行的 I/O 接线图

图 7-6　PLC 控制电动机连续运行的梯形图
（a）梯形图（形式一）；（b）梯形图（形式二）

4. PLC 控制过程

（1）梯形图（形式一）。

1）按下启动按钮 SB2 时，输入继电器 X0 得电。

2）动合触点 X0 闭合，输出继电器 Y0 线圈接通并自锁，接触器 KM 线圈得电吸合，其主触点闭合，电动机启动连续稳定运行。

3）停机时，按下停止按钮 SB1，输入继电器 X1 得电。

4）动断触点 X1 断开，使输出继电器 Y0 线圈断开，接触器 KM 线圈失电释放，其主触点断开，电动机停止运行。

5）过载时，热继电器触点 FR 动作，输入继电器 X2 得电。

6）动断触点 X2 断开，使输出继电器 Y0 线圈断开，接触器 KM 线圈失电释放，其主触点断开，切断电动机交流供电电源，从而达到过载保护的目的。

（2）梯形图（形式二）。

1）按下启动按钮 SB2 时，输入继电器 X0 得电。

2）动合触点 X0 闭合，使输出继电器 Y0 线圈接通并置位“1”，接触器 KM 线圈得电吸合，其主触点闭合，电动机启动连续稳定运行。

3）停机时，按下停止按钮 SB1，输入继电器 X1 得电。

4）动合触点 X1 闭合，使输出继电器 Y0 线圈接通并复位置“0”，接触器 KM 线圈失电释放，其主触点断开，电动机停止运行。

5）过载时，热继电器触点 FR 动作，输入继电器 X2 得电。

6）动合触点 X2 闭合，使输出继电器 Y0 线圈接通并复位置“0”，接触器 KM 线圈失电释放，其主触点断开，切断电动机交流供电电源，从而达到过载保护的目的。

第三节　PLC 控制电动机正反转运行

1. 项目描述

电动机正反转运行控制电路如图 7-7 所示。

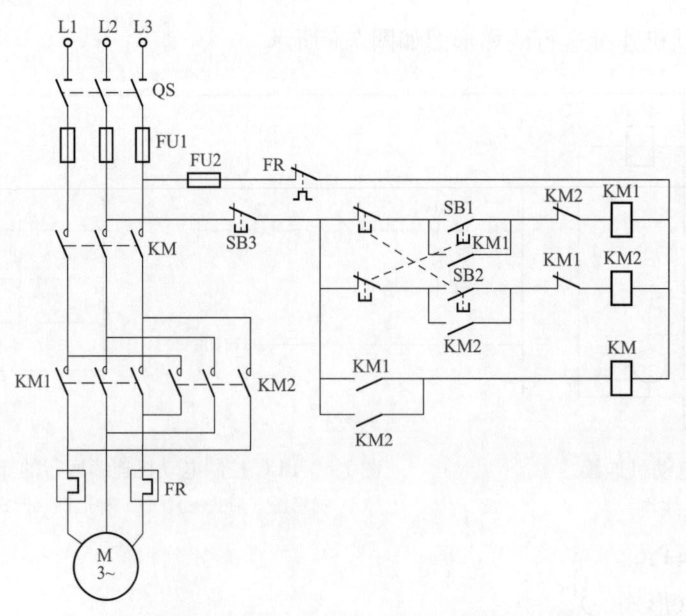

图 7-7　电动机正反转运行控制电路

（1）电路控制要求。

1）按下正转启动按钮，三相异步电动机正向连续运行。

2）按下反转启动按钮，三相异步电动机反向连续运行。

3）无论是正转还是反转，一旦按下停止按钮，三相异步电动机都停止运行。

4）具有短路保护和过载保护等必要的保护措施。

（2）电路识读。合上电源开关 QS 接通三相电源，按下正转按钮 SB1，接触器 KM1、KM 线圈先后得电吸合，其主电路中的主触点闭合，电动机 M 启动正转。

反转控制时可直接按下反转按钮 SB2，接触器 KM1 线圈失电释放，其主电路中的主触点断开，电动机正转运行停止。同时，接触器 KM2、KM 线圈先后得电吸合，其主电路中的主触点闭合，电动机 M 启动反转。

当按下停止按钮 SB3 时，控制线路断电，所有接触器线圈失电释放，电动机 M 无论是正转还是反转都将停止运行。

2. 确定 I/O 点数及分配

正转按钮 SB1、反转按钮 SB2、停止按钮 SB3、热继电器触点 FR 这 4 个外部器件需接在 PLC 的 4 个输入端了上，可分配为 X0、X1、X2、X3 输入点；接触器线圈 KM、KM1、KM2 需接在 3 个输出端子上，可分配为 Y0、Y1、Y2 输出点。由此可知为了实现 PLC 控制电动机正反转运行，共需要 I/O 为 4 个输入点、3 个输出点。至于自锁和互锁触点是内部的“软”触点，不占用 I/O 点。PLC 控制电动机正反转运行的 I/O 点数及分配见表 7-2。其I/O 接线如图 7-8 所示。

表 7-2　　PLC 控制电动机正反转运行的 I/O 点数及分配

输入		
输入点	输入元件	功能说明
X0	SB3	停止按钮
X1	SB1	正转启动按钮
X2	SB2	反转启动按钮
X3	FR	热继电器触点
输出		
输出点	输出元件	功能说明
Y0	KM	电源接通接触器
Y1	KM1	正转接触器
Y2	KM2	反转接触器

3. 编制梯形图

PLC 控制电动机正反转运行的梯形图如图 7-9 所示。

在用 PLC 控制时，为了防止控制电动机正反转的两个接触器同时动作，造成电源瞬间短路，在梯形图中设置了与它们对应的输出继电器的线圈串联软动断触点 Y1、Y2 组成的软互锁电路进行互锁。但由于 PLC 在循环扫描工作时，执行程序的速度非常快，内部软继电器互锁只相差一个扫描周期，而外部接触器触点的断开时间往往大于一个扫描周期，所以会出现接触器触点还来不及动作就执行下一个程序的情况。因此，还应在 PLC 的外部设置由

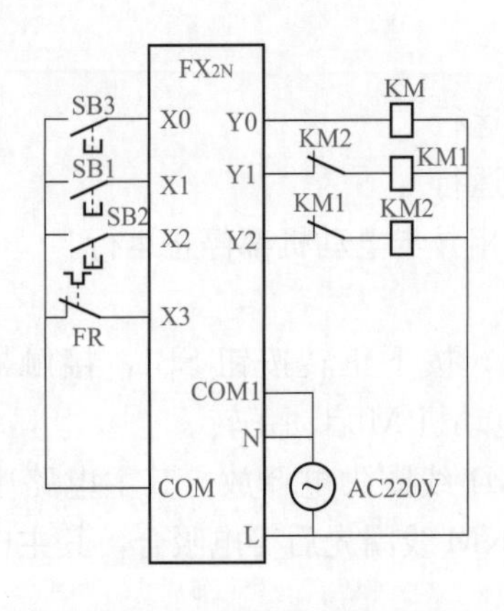

图 7-8　PLC 控制电动机正反转运行的 I/O 接线图

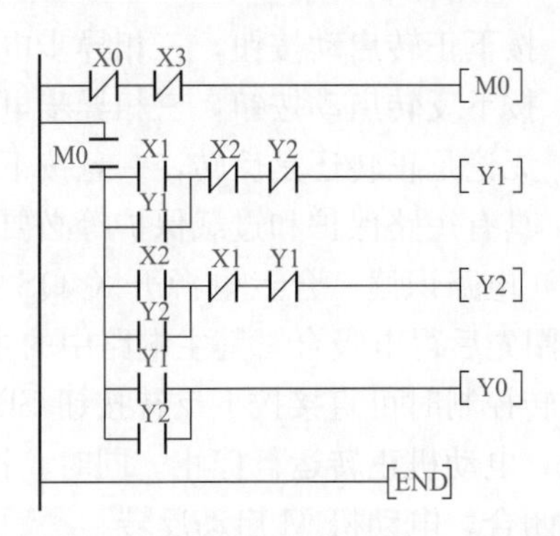

图 7-9　PLC 控制电动机正反转运行的梯形图

接触器的动断触点 KM1 和 KM2 组成的硬互锁电路，这样软硬件双重互锁才可有效地避免电源瞬间短路的问题。

4. PLC 控制过程

1）按下正向启动按钮 SB1 时，输入继电器 X1 得电。

2）动合触点 X1 闭合，使输出继电器 Y1 线圈接通并自锁，接触器 KM1 线圈得电吸合，其主触点闭合。

3）动合触点 Y1 闭合，使输出继电器 Y0 线圈接通，接触器 KM 线圈得电吸合，其主触点闭合，电动机正向启动运行。

4）按下反转启动按钮 SB2 时，输入继电器 X2 得电。

5）一方面动断触点 X2 断开，使输出继电器 Y1 线圈断开，KM1 线圈失电释放，其主触点断开。

6）同时动合触点 Y1 断开，使输出继电器 Y0 线圈断开，接触器 KM 线圈也失电释放，其主触点断开，因此可有效地熄灭电弧，防止电动机换向时发生相间短路。

7）另一方面动合触点 X2 闭合，使输出继电器 Y2 线圈接通并自锁，接触器 KM2 线圈得电吸合，其主触点闭合。

8）同时动合触点 Y2 闭合，使输出继电器 Y0 线圈接通，接触器 KM 线圈重新得电吸合，其主触点闭合，电动机反向启动运行。

9）停机时，按下停机按钮 SB3，输入继电器 X0 得电。

10）动断触点 X0 断开，使辅助继电器 M0 线圈断开，导致动合触点 M0 断开，使输出继电器 Y0、Y1、Y2 线圈同时断开，进而使接触器 KM、KM1、KM2 线圈全部失电释放，其主触点断开，切断电动机交流供电电源，电动机无论是正转还是反转都将停机。

11）过载时，热继电器触点 FR 动作，输入继电器 X3 得电。

12）动断触点 X3 断开，使辅助继电器 M0 线圈断开，导致动合触点 M0 断开，使输出继电器 Y0、Y1、Y2 线圈同时断开，进而使接触器 KM、KM1、KM2 线圈全部失电释放，其主触点断开，切断电动机交流供电电源，从而达到过载保护的目的。

第四节 PLC控制电动机Y-△降压启动运行

1. 项目描述

电动机Y-△降压启动运行控制电路如图7-10所示。

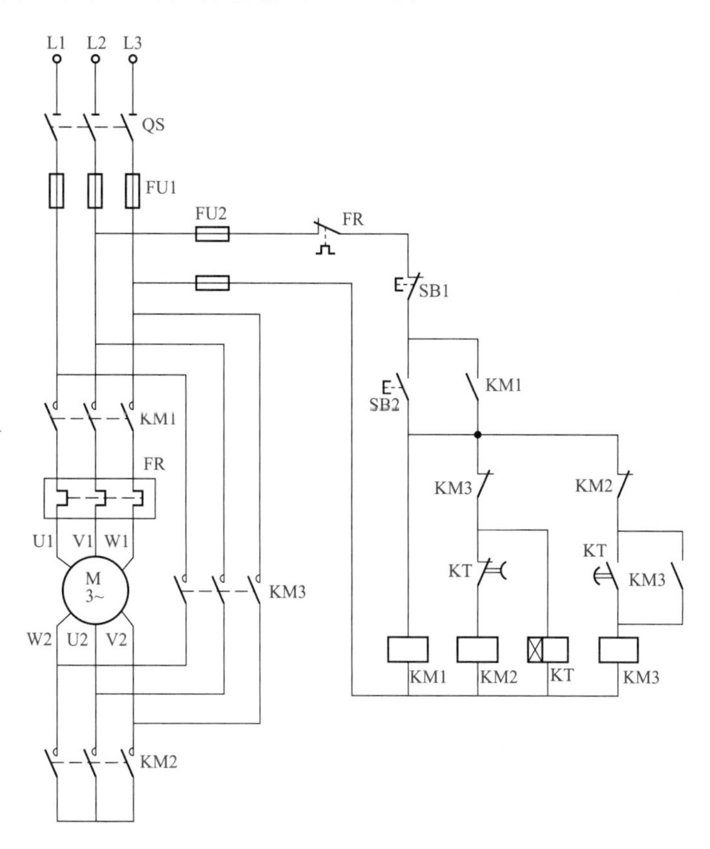

图7-10 电动机Y-△降压启动运行控制电路

（1）电路控制要求。

1）按下启动按钮，电动机三相绕组在Y形接法下低压启动。

2）由通电延时型时间继电器自动完成绕组Y-△接法的切换控制。

3）电动机在绕组△形接法下连续运行。

4）具有短路保护和过载保护等必要的保护措施。

（2）电路识读。合上电源开关QS接通三相电源，按下启动按钮SB2，接触器KM1、KM2的线圈得电吸合并自锁，主电路中的KM1主触点闭合接通电动机定子三相绕组的首端（U1、V1、W1），主电路中的KM2主触点将定子绕组尾端（U2、V2、W2）连在一起，电动机三相绕组在Y形接法下低压启动。与此同时，时间继电器KT的线圈得电，开始延时计时。

当电动机转速上升到接近额定转速时，延时设定时间到，一方面延时动断触点KT断开接触器KM2线圈的回路，接触器KM2线圈失电释放，其主电路中的主触点将三相绕组尾端（U2、V2、W2）连接断开，解除绕组Y形接法；另一方面延时动合触点KT闭合，接触器

KM3线圈得电吸合并自锁，其主电路中的主触点闭合，将电动机三相绕组连接成△形接法，使电动机在△形接法下连续运行，至此便自动完成了Y-△降压启动的任务。

当按下停止按钮SB1时，控制线路断电，各接触器线圈失电释放，电动机M停止运行。

2. 确定I/O点数及分配

启动按钮SB2、停止按钮SB1、热继电器触点FR这3个外部器件需接在PLC的3个输入端子上，可分配为X0、X1、X2输入点；主接触器线圈KM1、Y形接触器线圈KM2、△形接触器线圈KM3需接在3个输出端子上，可分配为Y0、Y1、Y2输出点。由此可知为了实现PLC控制电动机Y-△降压启动运行，共需要I/O为3个输入点、3个输出点。至于自锁和互锁触点是内部的"软"触点，不占用I/O点。PLC控制电动机Y-△降压启动运行的I/O点数及分配见表7-3。其I/O接线如图7-11所示。

表7-3　PLC控制电动机Y-△降压启动运行的I/O点数及分配

输入		
输入点	输入元件	功能说明
X0	SB2	启动按钮
X1	SB1	停止按钮
X2	FR	热继电器触点
输出		
输出点	输出元件	功能说明
Y0	KM1	主接触器
Y1	KM2	Y形接触器
Y2	KM3	△形接触器

3. 编制梯形图

PLC控制电动机Y-△降压启动运行的梯形图如图7-12所示。

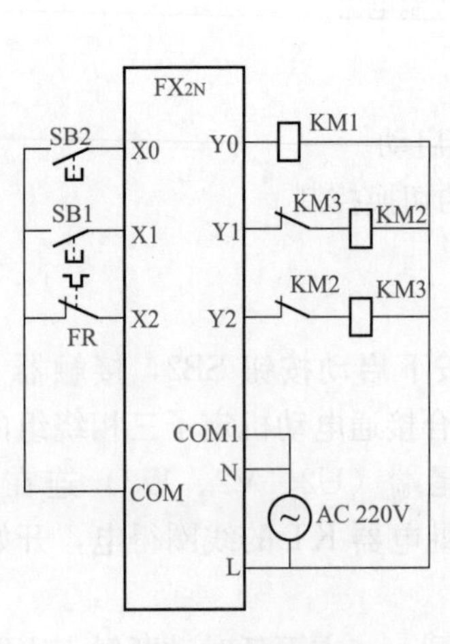

图7-11　PLC控制电动机Y-△降压启动运行的I/O接线图

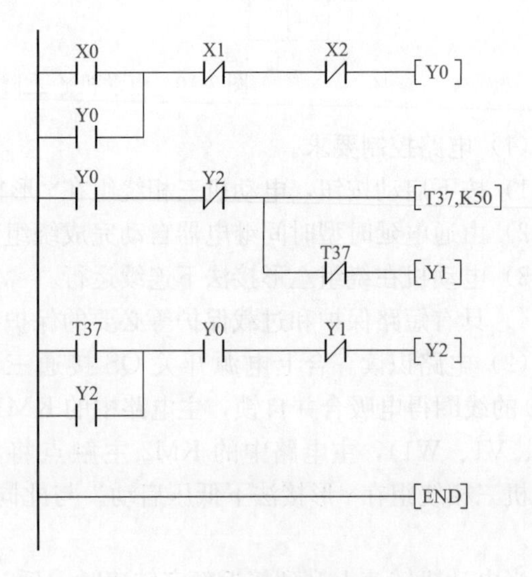

图7-12　PLC控制电动机Y-△降压启动运行的梯形图

4. PLC 控制过程

（1）按下启动按钮 SB2，输入继电器 X0 得电。

（2）动合触点 X0 闭合，使输出继电器 Y0 线圈接通并自锁，接触器 KM1 线圈得电吸合。

（3）与此同时输出继电器 Y1 线圈接通，接触器 KM2 线圈得电吸合。

（4）至此，接触器 KM1、KM2 线圈均得电吸合，其主触点闭合，将电动机绕组连接成Y形开始启动。

（5）动合触点 X0 闭合，使通电延时型定时器 T37 接通，计时开始。

（6）当计时时间到 K(50×100ms=5s）值时，定时器设定时间到，电动机转速上升到接近额定转速。

（7）动断触点 T37 断开，使输出继电器 Y1 线圈断开，接触器 KM2 线圈失电释放，其主触点断开，解除电动机绕组Y形连接。

（8）同时动合触点 T37 接通，使输出继电器 Y2 线圈接通并自锁，接触器 KM3 线圈得电吸合。

（9）至此，接触器 KM1、KM3 线圈均得电吸合，其主触点闭合，电动机绕组自动连接成△形投入稳定运行。

（10）停机时，按下停止按钮 SB1，输入继电器 X1 得电。

（11）动断触点 X1 断开，使输出继电器 Y0 线圈断开，接触器 KM1 线圈失电释放，其主触点断开，切断电动机交流供电电源，电动机无论是在启动阶段还是运行阶段都将停机。

（12）过载时，热继电器触点 FR 动作，输入继电器 X2 得电。

（13）动断触点 X2 断开，使输出继电器 Y0 线圈断开，接触器 KM1 线圈失电释放，其主触点断开，切断电动机交流供电电源，从而达到过载保护的目的。

第五节 PLC 控制电动机串电阻降压启动及反接制动运行

1. 项目描述

电动机串电阻降压启动及反接制动运行控制电路如图 7-13 所示。

（1）电路控制要求。

1）按下启动按钮，电动机三相绕组串电阻降压启动。

2）由速度继电器自动完成短接电阻的控制。

3）电动机在绕组△形接法下连续运行。

4）按下停止按钮，电动机三相绕组串电阻反接制动。

5）具有短路保护和过载保护等必要的保护措施。

（2）电路识读。合上电源开关 QS 接通三相电源，按下启动按钮 SB1，接触器 KM1 线圈得电吸合并自锁，其主电路中的主触点闭合，电动机接入正向电源串入启动电阻 R 开始启动，同时接触器 KM1 的两对动合触点闭合，为后续的控制做好准备。

当电动机转速上升到某一定值时（此值为速度继电器 KS 的整定值，可调节，如调至 100r/min 时动作），速度继电器 KS 的动合触点闭合，中间继电器 KA 线圈得电吸合并自锁，其动合触点闭合，接触器 KM3 线圈得电吸合，其主电路中的主触点短接启动电阻 R，电动

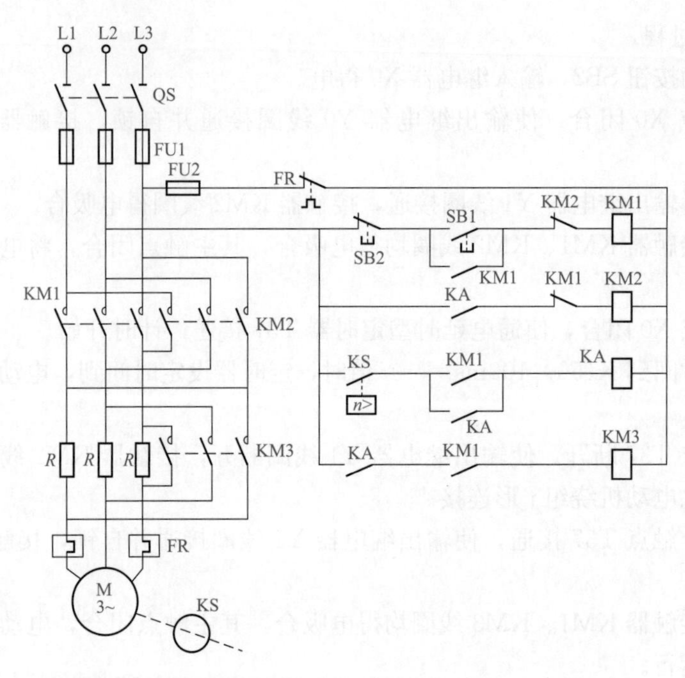

图 7-13　电动机串电阻降压启动及反接制动运行控制电路

机转速上升至额定值投入稳定运行。

制动时，按下停机按钮 SB2，接触器 KM1 线圈失电释放，切断电动机正向电源。动断触点 KM1 闭合，使制动用的接触器 KM2 线圈得电吸合，其主电路中的主触点闭合，电动机接入反向电源进入反接制动状态。与此同时，接触器 KM1 的动合触点断开，接触器 KM3 线圈失电释放，主电路串入电阻 R 限制制动电流。当电动机转速迅速下降至某一定值（如 100r/min）时，速度继电器 KS 动合触点断开，中间继电器 KA 线圈失电释放，其动合触点断开，接触器 KM2 线圈失电释放，切断电动机反向电源，反接制动结束，电动机停转。

2. 确定 I/O 点数及分配

启动按钮 SB1、停止按钮 SB2、速度继电器 KS、热继电器触点 FR 这 4 个外部器件需接在 PLC 的 4 个输入端子上，可分配为 X0、X1、X2、X3 输入点；接触器线圈 KM1、KM2、KM3 和中间继电器 KA 需接在 4 个输出端子上，可分配为 Y0、Y1、Y2、Y3 输出点。由此可知为了实现 PLC 控制电动机串电阻降压启动及反接制动运行，共需要 I/O 为 4 个输入点、4 个输出点。至于自锁和互锁触点是内部的“软”触点，不占用 I/O 点。PLC 控制电动机串电阻降压启动及反接制动运行的 I/O 点数及分配见表 7-4。其 I/O 接线如图 7-14 所示。

表 7-4　PLC 控制电动机串电阻降压启动及反接制动运行的 I/O 点数及分配

输入		
输入点	输入元件	功能说明
X0	SB1	启动按钮
X1	SB2	停止按钮
X2	KS	速度继电器触点
X3	FR	热继电器触点

续表

输出		
输出点	输出元件	功能说明
Y0	KM1	串接启动电阻接触器
Y1	KM2	反接制动接触器
Y2	KM3	短接启动电阻接触器
Y3	KA	中间继电器

3. 编制梯形图

PLC 控制电动机串电阻降压启动及反接制动运行的梯形图如图 7-15 所示。

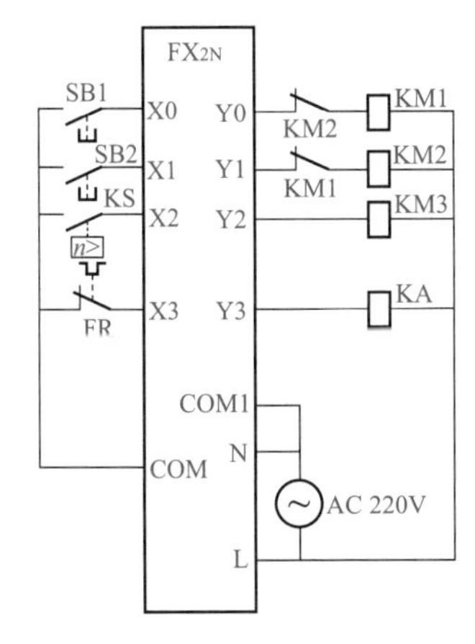

图 7-14　PLC 控制电动机串电阻降压启动及反接制动运行的 I/O 接线图

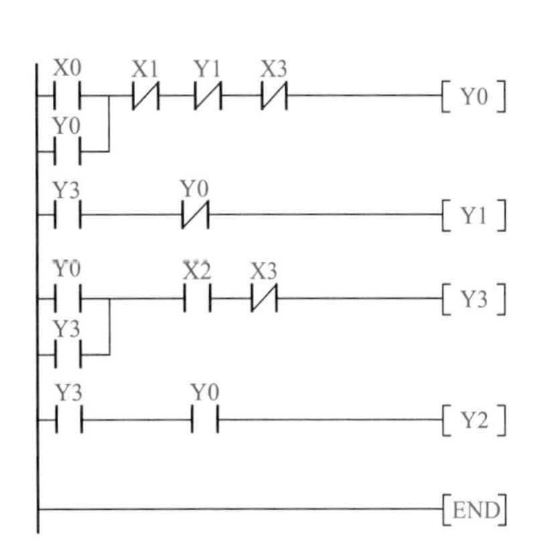

图 7-15　PLC 控制电动机串电阻降压启动及反接制动运行的梯形图

4. PLC 控制过程

（1）启动时，按下启动按钮 SB1，输入继电器 X0 得电。

（2）动合触点 X0 闭合，使输出继电器 Y0 线圈接通并自锁，接触器 KM1 线圈得电吸合，其主触点闭合，电动机接入正向电源串入启动电阻 R 开始启动。

（3）同时两个动合触点 Y0 闭合，为后续的控制做好准备。

（4）当电动机转速上升到某一定值（如 100r/min）时，速度继电器 KS 的动合触点闭合，输入继电器 X2 得电。

（5）动合触点 X2 闭合，使输出继电器 Y3 线圈接通并自锁，中间继电器 KA 线圈得电吸合。

（6）动合触点 Y3 闭合，使输出继电器 Y2 线圈接通，接触器 KM3 线圈得电吸合，其主触点闭合，短接启动电阻 R，电动机转速上升至额定值投入稳定运行。

（7）制动时，按下停止按钮 SB2，输入继电器 X1 得电。

（8）动断触点 X1 断开，使输出继电器 Y0 线圈断开，接触器 KM1 线圈失电释放，其主触点断开，切断电动机正向电源。

（9）动断触点 Y0 闭合，使输出继电器 Y1 线圈接通，制动用的接触器 KM2 线圈得电吸合，其主触点闭合，电动机接入反向电源进入反接制动状态。

（10）与此同时，动合触点 Y0 断开，使输出继电器 Y2 线圈断开，接触器 KM3 线圈失电释放，其主触点复位断开，将电阻 R 串入主电路限制制动电流。

（11）当电动机转速迅速下降至某一定值（如 100r/min）时，速度继电器 KS 动合触点复位断开，输入继电器 X2 失电。

（12）动合触点 X2 断开，使输出继电器 Y3 线圈断开，中间继电器 KA 线圈失电释放。

（13）动合触点 Y3 断开，使输出继电器 Y1 线圈断开，接触器 KM2 线圈失电释放，其主触点断开，切断电动机反向电源，反接制动结束，电动机停转。

（14）过载时，热继电器触点 FR 动作，输入继电器 X3 得电。

（15）动断触点 X3 断开，使输出继电器 Y0、Y3 线圈断开，中间继电器 KA、接触器 KM1、KM2、KM3 线圈均失电释放，其主触点断开，切断电动机交流供电电源，起到过载保护作用。

第六节　PLC 控制电动机全波整流能耗制动运行

1. 项目描述

电动机全波整流能耗制动运行控制电路如图 7-16 所示。

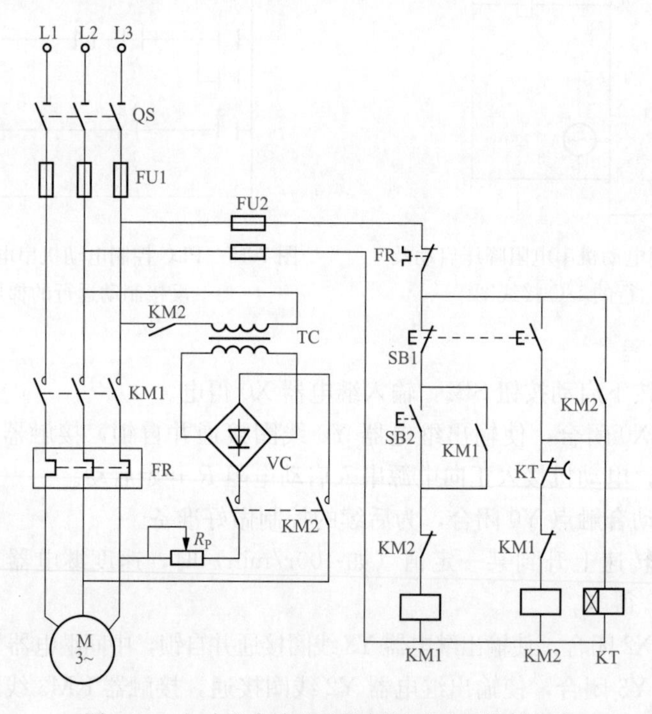

图 7-16　电动机全波整流能耗制动运行控制电路

（1）电路控制要求。

1）按下启动按钮，电动机启动全压连续运行。

2）按下停止按钮，电动机全波整流能耗制动。

3）由通电延时型时间继电器自动控制能耗制动的时间。

4）具有短路保护和过载保护等必要的保护措施。

（2）电路识读。合上电源开关 QS 接通三相电源，按下启动按钮 SB2，接触器 KM1 线圈得电吸合并自锁和互锁，主电路中 KM1 主触点闭合，电动机 M 启动全压连续运行。

停车制动时，按下停止（兼能耗制动）按钮SB1，一方面SB1动断触点断开，接触器KM1线圈失电释放，其辅助触点复位，解除自锁和互锁。主电路中KM1主触点断开，电动机脱离三相交流电源惯性运转。

另一方面SB1动合触点闭合，使接触器KM2、时间继电器KT线圈得电吸合并自锁，主电路中KM2的主触点闭合，将直流电源接入电动机绕组进行能耗制动，制动电流的大小由电位器R_P调节。与此同时，时间继电器KT开始延时。电动机在能耗制动作用下转速迅速下降，当接近于零时，延时设定时间到，其延时动断触点KT断开，使KM2、KT线圈相继失电释放，KM2的主触点断开主电路中的直流电源，能耗制动结束。

2. 确定I/O点数及分配

启动按钮SB2、停止按钮SB1、热继电器触点FR这3个外部器件需接在PLC的3个输入端子上，可分配为X0、X1、X2输入点；接触器线圈KM1、KM2需接在两个输出端子上，可分配为Y0、Y1输出点。由此可知为了实现PLC控制电动机全波整流能耗制动运行，共需要I/O为3个输入点、两个输出点。至于自锁和互锁触点是内部的“软”触点，不占用I/O点。PLC控制电动机全波整流能耗制动运行的I/O点数及分配见表7-5。其I/O接线如图7-17所示。

表7-5　　PLC控制电动机全波整流能耗制动运行的I/O点数及分配

输入		
输入点	输入元件	功能说明
X0	SB2	启动按钮
X1	SB1	停止按钮
X2	FR	热继电器触点
输出		
输出点	输出元件	功能说明
Y0	KM1	连续运行接触器
Y1	KM2	能耗制动接触器

3. 编制梯形图

PLC控制电动机全波整流能耗制动运行的梯形图如图7-18所示。

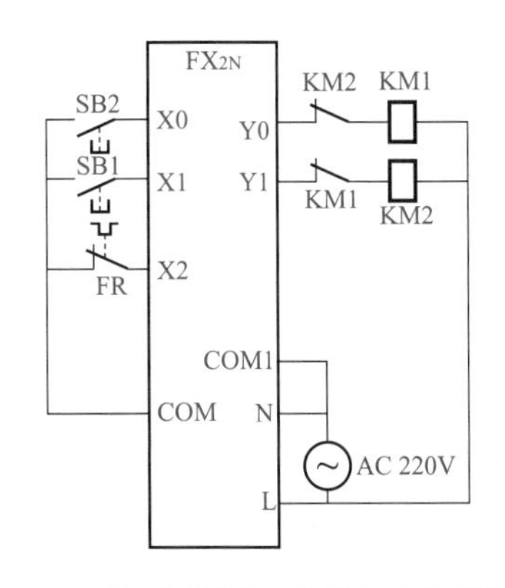

图7-17　PLC控制电动机全波整流能耗制动运行的I/O接线图

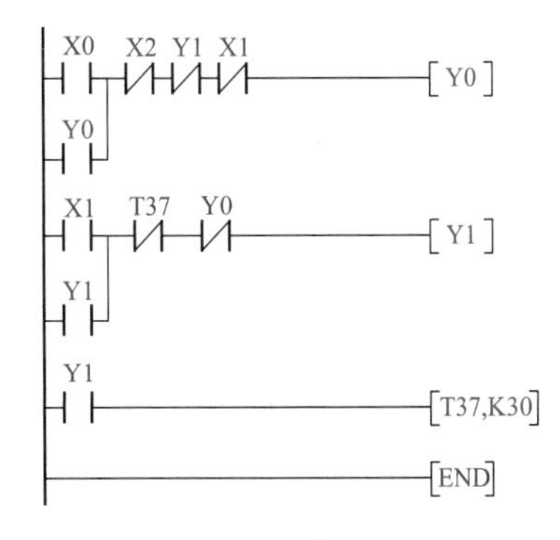

图7-18　PLC控制电动机全波整流能耗制动运行的梯形图

4. PLC 控制过程

(1) 启动时，按下启动按钮 SB2，输入继电器 X0 得电。

(2) 动合触点 X0 闭合，使输出继电器 Y0 线圈接通并自锁，接触器 KM1 线圈得电吸合，其主触点闭合，电动机接入电源全压启动连续运行。

(3) 制动时，按下停止按钮 SB1，输入继电器 X1 得电。

(4) 动断触点 X1 断开，使输出继电器 Y0 线圈断开，接触器 KM1 线圈失电释放，其主触点断开，电动机脱离三相交流电源惯性运转。

(5) 动合触点 X1 闭合，使输出继电器 Y1 线圈接通并自锁，接触器 KM2 线圈得电吸合，其主触点闭合，经全波整流后的直流电源接入电动机的绕组，对电动机实行能耗制动，制动电流的大小由电位器 R_P 调节。

(6) 动合触点 Y1 闭合，使通电延时型定时器 T37 接通，计时开始。

(7) 电动机在能耗制动作用下转速迅速下降，当接近零时，定时器计时时间到达 K (30×100ms=3s) 值，动断触点 T37 断开，使输出继电器 Y1 线圈断开，接触器 KM2 线圈失电释放，其主触点断开，电动机脱离直流电源，能耗制动结束。

(8) 过载时，热继电器触点 FR 动作，输入继电器 X2 得电。

(9) 动断触点 X2 断开，使输出继电器 Y0 线圈断开，接触器 KM1 线圈失电释放，其主触点断开，切断电动机交流供电电源，起到过载保护作用。

第七节 PLC 控制电动机自动往返循环运行

1. 项目描述

电动机自动往返循环运行控制电路如图 7-19 所示。

(1) 电路控制要求。

1) 按下正转（或反转）启动按钮，电动机启动全压连续运行，带动工作台左移（或右移），当运动到指定位置时，压动限位开关，电动机反转（或正转）运行，带动工作台右移（或左移），当运动到指定位置时，压动限位开关，电动机正转（或反转）运行，带动工作台左移（或右移），如此周而复始，在指定的两个位置之间自动往返，循环运行。

2) 按下停止按钮，电动机无论是正转还是反转都将停机。

3) 具有短路保护和过载保护等必要的保护措施。

(2) 电路识读。合上电源开关 QS 接通三相电源，按下正转启动按钮 SB2（按下反转启动按钮 SB3 的工作过程相同，不再另述），接触器 KM1 线圈得电吸合，主电路中 KM1 主触点闭合，电动机 M 正向运行，拖动工作台向左移动。

当工作台向左移动到指定位置时，挡铁 1 碰撞限位开关 SQ1，使其动断触点断开，接触器 KM1 线圈失电释放，主电路中 KM1 主触点断开，电动机断电停转。与此同时，限位开关 SQ1 的动合触点闭合，接触器 KM2 线圈得电吸合，主电路中 KM2 主触点闭合，电动机 M 反向运行，拖动工作台向右移动。此时限位开关 SQ1 虽复位，但接触器 KM2 的自锁触点已闭合，故电动机 M 继续拖动工作台向右移动。

当工作台向右移动到指定位置时，挡铁 2 碰撞限位开关 SQ2，使其动断触点断开，接触器 KM2 线圈失电释放，主电路中 KM2 主触点断开，电动机断电停转。与此同时，限位开关

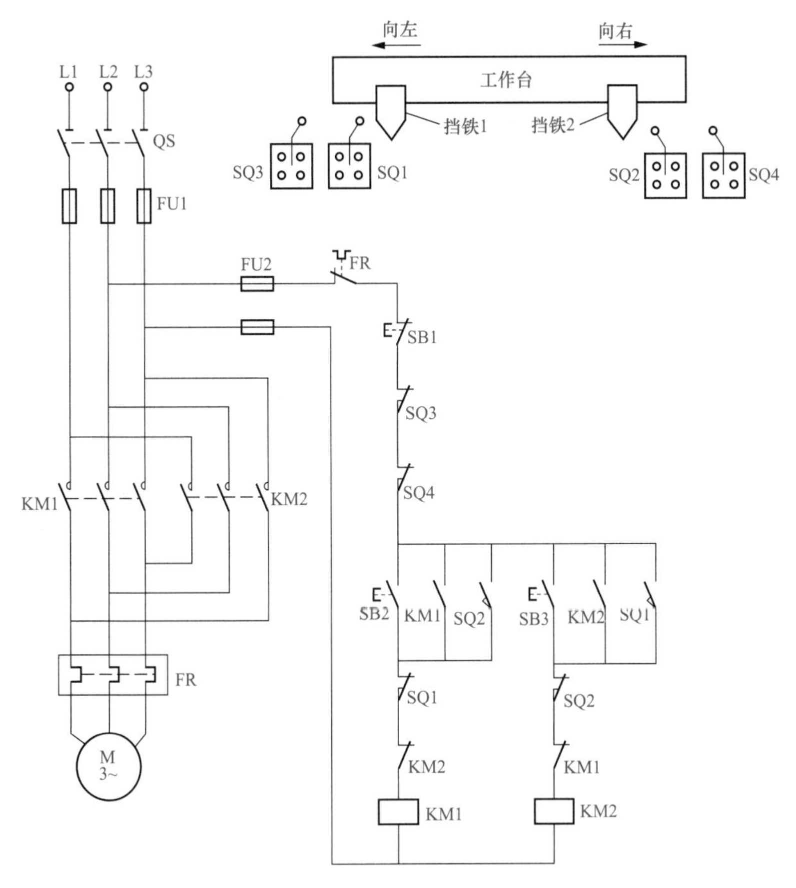

图 7-19　电动机自动往返循环运行控制电路

SQ2 的动合触点闭合，接触器 KM1 线圈又得电吸合，主电路中 KM1 主触点闭合，电动机 M 又开始正向运行，拖动工作台向左移动。此时限位开关 SQ2 虽复位，但接触器 KM1 的自锁触点已闭合，故电动机 M 继续拖动工作台向左移动。

如此周而复始，工作台在指定的两个位置之间自动往返循环运行，直到停机为止。若要在电动机运行途中停机，应按下停止按钮 SB1，此时控制线路断电，接触器线圈失电释放，电动机 M 无论是正转还是反转都将停机。

为了防止 SQ1 或 SQ2 故障或失效造成工作台继续运动不停的事故，在运动部件循环运动的方向上还安装了另外两个限位开关 SQ3、SQ4，它们装在运动部件正常循环的指定位置之外，起限位保护作用。

2. 确定 I/O 点数及分配

正转按钮 SB2、反转按钮 SB3、停止按钮 SB1、热继电器触点 FR、限位开关 SQ1、SQ2、SQ3、SQ4 这 8 个外部器件需接在 PLC 的 8 个输入端子上，可分配为 X0、X1、X2、X3、X4、X5、X6、X7 输入点；接触器线圈 KM1、KM2 需接在两个输出端子上，可分配为 Y0、Y1 输出点。由此可知为了实现 PLC 控制电动机自动往返循环运行，共需要 I/O 为 8 个输入点、两个输出点。至于自锁和互锁触点是内部的“软”触点，不占用 I/O 点。PLC 控制电动机自动往返循环运行的 I/O 点数及分配见表 7-6。其 I/O 接线如图 7-20 所示。

表 7-6　　PLC 控制电动机自动往返循环运行的 I/O 点数及分配

输入		
输入点	输入元件	功能说明
X0	SB2	正转启动按钮
X1	SB3	反转启动按钮
X2	SB1	停止按钮
X3	FR	热继电器触点
X4	SQ1	限位开关触点
X5	SQ2	限位开关触点
X6	SQ3	限位开关触点
X7	SQ4	限位开关触点
输出		
输出点	输出元件	功能说明
Y0	KM1	连续正向运行接触器
Y1	KM2	连续反向运行接触器

3. 编制梯形图

PLC 控制电动机自动往返循环运行的梯形图如图 7-21 所示。

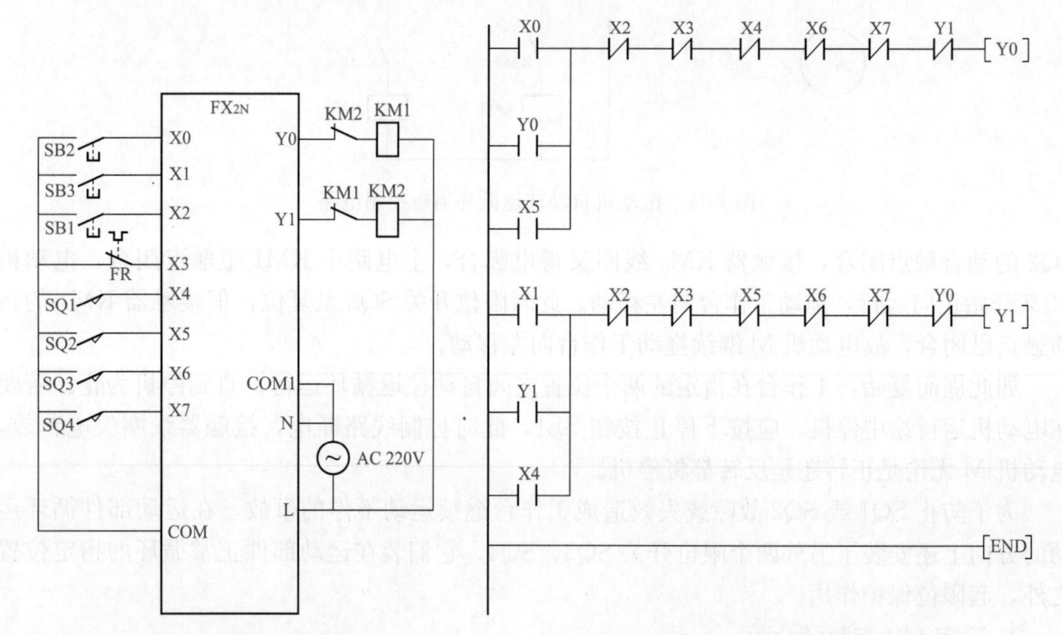

图 7-20　PLC 控制电动机自动往返循环运行的 I/O 接线图

图 7-21　PLC 控制电动机自动往返循环运行的梯形图

4. PLC 控制过程

(1) 启动时，按下正转启动按钮 SB2（按下反转启动按钮 SB3 的工作过程相同，不再另述），输入继电器 X0 得电。

(2) 动合触点 X0 闭合，使输出继电器 Y0 线圈接通并自锁，接触器 KM1 线圈得电吸合，其主触点闭合，电动机接入电源正向全压连续运行，通过机械传动装置拖动工作台向左

运动。

（3）当工作台向左运动到指定位置时，挡铁 1 碰撞限位开关 SQ1，使输入继电器 X4 得电。

（4）动断触点 X4 断开，使输出继电器 Y0 线圈断开，接触器 KM1 线圈失电释放，其主触点断开，电动机脱离三相交流电源惯性运转。

（5）动合触点 X4 闭合，使输出继电器 Y1 线圈接通并自锁，接触器 KM2 线圈得电吸合，其主触点闭合，电动机接入电源反向全压连续运行，通过机械传动装置拖动工作台向右运动。

（6）当工作台向右运动到指定位置时，挡铁 2 碰撞限位开关 SQ2，使输入继电器 X5 得电。

（7）动断触点 X5 断开，使输出继电器 Y1 线圈断开，接触器 KM2 线圈失电释放，其主触点断开，电动机脱离三相交流电源惯性运转。

（8）动合触点 X5 闭合，使输出继电器 Y0 线圈接通并自锁，接触器 KM1 线圈得电吸合，其主触点闭合，电动机接入电源又开始正向全压连续运行。

（9）如此周而复始，工作台在指定的两个位置之间自动往返循环运行，直到停机为止。

（10）停机时，按下停机按钮 SB1，输入继电器 X2 得电。

（11）动断触点 X2 断开，使输出继电器 Y0、Y1 线圈断开，接触器 KM1、KM2 线圈失电释放，其主触点断开，电动机脱离三相交流电源停转，工作台停止运动。

（12）过载时，热继电器触点 FR 动作，输入继电器 X3 得电。

（13）动断触点 X3 断开，使输出继电器 Y0、Y1 线圈断开，接触器 KM1、KM2 线圈失电释放，其主触点断开，切断电动机交流供电电源，起到过载保护作用。

（14）限位开关 SQ3、SQ4 安装在工作台正常的循环指定位置之外，当限位开关 SQ1 或 SQ2 失效时，挡铁 1 或 2 碰撞到限位开关 SQ3 或 SQ4，使输入继电器 X6 或 X7 得电。

（15）动断触点 X6 或 X7 断开，使输出继电器 Y0 或 Y1 线圈断开，接触器 KM1 或 KM2 线圈失电释放，其主触点断开，切断电动机交流供电电源，起到终端保护作用。

第八节　PLC 控制电动机顺序启动、逆序停车运行

1. 项目描述

电动机顺序启动、逆序停车运行控制电路如图 7-22 所示。

（1）电路控制要求。

1）两条顺序相连的传送带（1 号、2 号），为了避免运送的物料在 2 号传送带上堆积，工作时，按下 2 号传送带（电动机 M2）的启动按钮后，2 号传送带开始运行。

2）1 号传送带（电动机 M1）在 2 号传送带启动 5s 后自行启动。

3）停机时，按下 1 号传送带（电动机 M1）的停止按钮后，1 号传送带停止运行。

4）2 号传送带（电动机 M2）在 1 号传送带停止 10s 后自行停止。

5）由通电延时型时间继电器自动控制时间。

6）具有短路保护和过载保护等必要的保护措施。

（2）电路识读。合上电源开关 QS 接通三相电源，按下启动按钮 SB1 时，中间继电器 KA1 线圈得电吸合并自锁，其动合触点闭合，使接触器 KM2 线圈得电吸合，其主触点闭合，

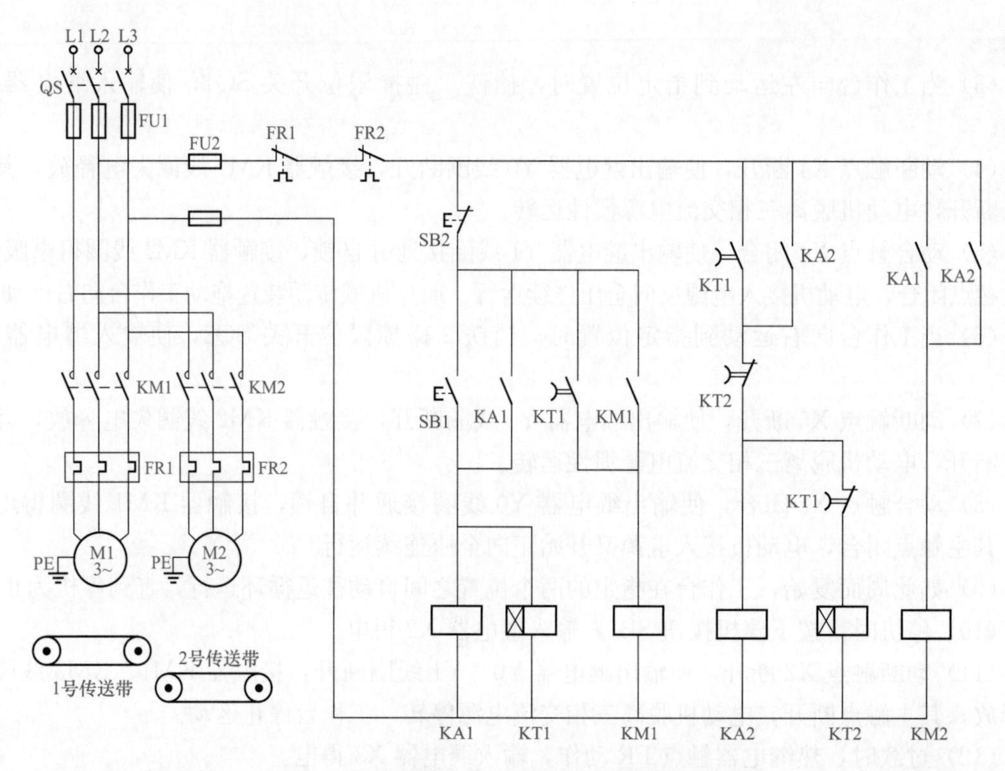

图 7-22 电动机顺序启动、逆序停车运行控制电路

电动机 M2（2 号传送带）启动运行。同时，时间继电器 KT1 线圈得电，开始延时。当延时设定时间（5s）到，其中一个延时动合触点 KT1 闭合，使接触器 KM1 线圈得电吸合，其主触点闭合，电动机 M1（1 号传送带）启动运行。同时，另一个延时动合触点 KT1 闭合，使中间继电器 KA2 线圈得电吸合并自锁。

按下停止按钮 SB2 时，接触器 KM1、中间继电器 KA1、时间继电器 KT1 线圈同时失电释放，使接触器 KM1 线圈失电释放，其主触点断开，电动机 M1（1 号传送带）停止运行。虽然中间继电器 KA1 的动合触点断开，但由于中间继电器 KA2 的动合触点仍闭合形成自锁，接触器 KM2 线圈仍得电吸合，故此时电动机 M2（2 号传送带）仍在运行。由于时间继电器 KT1 的延时动断触点复位闭合，使时间继电器 KT2 线圈得电，开始延时。当延时设定时间（10s）到，其延时动断触点 KT2 断开，使中间继电器 KA2 线圈失电释放，其动合触点断开解除自锁，使接触器 KM2 线圈失电释放，其主触点断开，电动机 M2（2 号传送带）停止运行。

2. 确定 I/O 点数及分配

启动按钮 SB1、停止按钮 SB2、热继电器触点 FR1、热继电器触点 FR2 这 4 个外部器件需接在 PLC 的 4 个输入端子上，可分配为 X0、X1、X2、X3 输入点；接触器线圈 KM1、KM2、中间继电器 KA1、KA2 需接在 4 个输出端子上，可分配为 Y0、Y1、Y2、Y3 输出点。由此可知为了实现 PLC 控制电动机顺序启动、逆序停车运行，共需要 I/O 为 4 个输入点、4 个输出点。至于自锁和互锁触点是内部的“软”触点，不占用 I/O 点。PLC 控制电动机顺序启动、逆序停车运行的 I/O 点数及分配见表 7-7。其 I/O 接线如图 7-23 所示。

表 7-7　　PLC 控制电动机顺序启动、逆序停车运行的 I/O 点数及分配

输入		
输入点	输入元件	功能说明
X0	SB1	启动按钮
X1	SB2	停止按钮
X2	FR1	电动机 M1 热继电器触点
X3	FR2	电动机 M2 热继电器触点
输出		
输出点	输出元件	功能说明
Y0	KA1	中间继电器
Y1	KA2	中间继电器
Y2	KM1	电动机 M1 运行接触器
Y3	KM2	电动机 M2 运行接触器

3. 编制梯形图

PLC 控制电动机顺序启动、逆序停车运行的梯形图如图 7-24 所示。

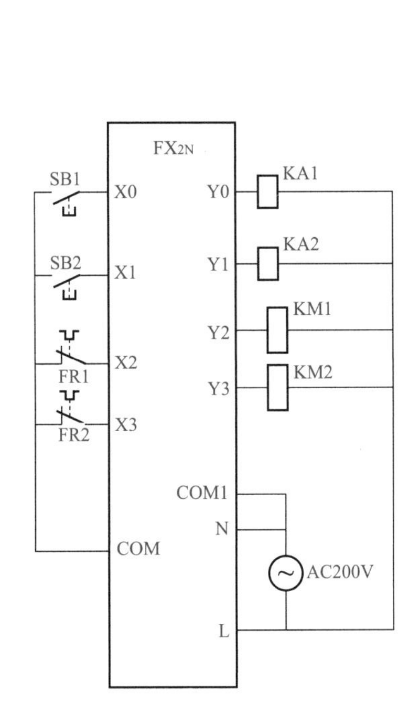

图 7-23　PLC 控制电动机顺序启动、逆序停车运行的 I/O 接线图

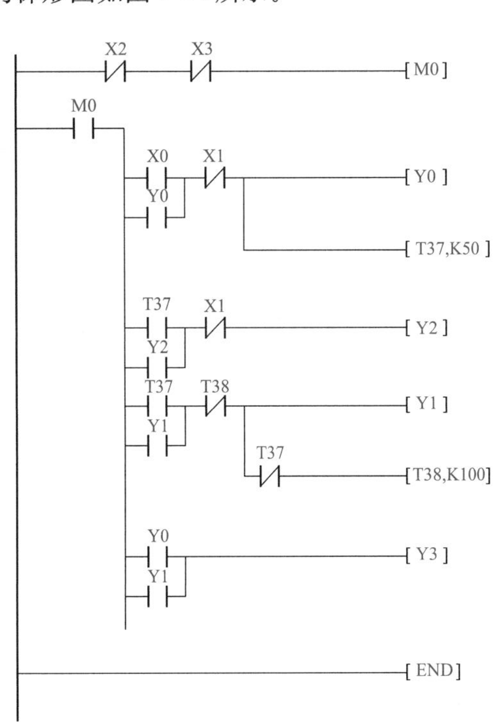

图 7-24　PLC 控制电动机顺序启动、逆序停车运行的梯形图

4. PLC 控制过程

（1）按下启动按钮 SB1，输入继电器 X0 得电。

（2）动合触点 X0 闭合，使输出继电器 Y0 线圈接通并自锁，中间继电器 KA1 线圈得电吸合，其动合触点闭合，使接触器 KM2 线圈得电吸合，其主触点闭合，电动机 M2（2 号传送带）启动运行。

（3）同时，通电延时型定时器 T37 接通，计时开始。

（4）当计时时间到 K(50×100ms=5s) 值时，定时器设定时间到。

（5）其中一个延时动合触点 T37 闭合，一方面输出继电器 Y2 线圈接通并自锁，使接触器 KM1 线圈得电吸合，其主触点闭合，电动机 M1（1 号传送带）启动运行。

（6）另一个延时动合触点 T37 闭合，使输出继电器 Y1 线圈接通并自锁，中间继电器 KA2 线圈得电吸合，其动合触点闭合，为后续控制做好准备。

（7）按下停止按钮 SB2 时，输入继电器 X1 得电。

（8）动断触点 X1 断开，使输出继电器 Y0、Y2 线圈断开，中间继电器 KA1、接触器 KM1、通电延时型定时器 T37 线圈同时失电释放，接触器 KM1 主触点断开，电动机 M1（1 号传送带）停止运行。

（9）虽然中间继电器 KA1 的动合触点 Y0 断开，但由于中间继电器 KA2 的动合触点 Y1 仍闭合形成自锁，使输出继电器 Y3 线圈仍保持接通，故此时电动机 M2（2 号传送带）仍在运行。

（10）同时，定时器的延时动断触点 T37 复位闭合，使通电延时型定时器 T38 接通，计时开始。

（11）当计时时间到 K(100×100ms=10s) 值时，定时器设定时间到。

（12）延时动断触点 T38 断开，使输出继电器 Y1 线圈断开，中间继电器 KA2 线圈失电释放，其动合触点 Y1 复位断开解除自锁，输出继电器 Y3 线圈断开，使接触器 KM2 线圈失电释放，其主触点断开，电动机 M2（2 号传送带）停止运行。

（13）过载时，热继电器触点 FR1 或 FR2 动作，输入继电器 X2 或 X3 得电。

（14）动断触点 X2 或 X3 断开，使辅助继电器 M0 线圈断开，接触器 KM1、KM2 线圈失电释放，其主触点断开，切断电动机交流供电电源，起到过载保护作用。

三菱FX2N系列PLC的典型应用

第一节　PLC 在钻床控制中的应用

1. 项目描述

钻床是一种用钻头在工件上进行钻削加工的通用机床，可以完成钻通孔、盲孔，更换特殊刀具后可扩孔、铰孔、攻丝及修刮端面等多种形式的加工。加工过程中工件不动，让刀具移动，将刀具中心对正孔中心，并使刀具旋转钻削。摇臂钻床由 4 台三相异步电动机拖动，M1 为主轴电动机，M2 为摇臂升降电动机，M3 为液压泵电动机，M4 为冷却泵电动机，这些电动机都采用直接启动方式，应用 PLC 进行控制时，也必须满足其相应的控制要求。

摇臂钻床 4 台三相异步电动机的控制要求如下。

(1) 主轴电动机（M1）。要求能够实现正、反转和调速运行，以实现钻削及进给。主轴的正、反转由机械手柄操作，一般通过双向片式正、反转摩擦离合器来实现，不同的主轴转速度和刀具进给速度通过改变主轴箱中的齿轮变速机构来调节。

(2) 摇臂升降电动机（M2）。要求能正、反转运行，以实现摇臂上升或下降，从而调整钻头与工件的相对位置。当摇臂升（或降）到预定位置，摇臂能在电气和机械夹紧装置配合下，自动夹紧在外立柱上。

(3) 液压泵电动机（M3）。要求能正、反转运行，并根据要求采用点动控制，以实现拖动液压泵提供压力油对外立柱进行夹紧与放松。

(4) 冷却泵电动机（M4）。只要求单向运行，以实现输送冷却液对正在加工的刀具及工件进行冷却。

2. 确定 I/O 点数及分配

根据以上的控制要求，为了实现 PLC 控制钻床控制，共需要 I/O 为 14 个输入点、9 个输出点。PLC 控制钻床的 I/O 点数及分配见表 8-1。其 I/O 接线如图 8-1 所示。

表 8-1　　PLC 控制钻床的 I/O 点数及分配

输入		
输入点	输入元件	功能说明
X0	SB1	M1 停止按钮
X1	SB2	M1 启动按钮
X2	SB3	摇臂上升按钮

续表

输入		
输入点	输入元件	功能说明
X3	SB4	摇臂下降按钮
X4	SB5	主轴箱和立柱松开按钮
X5	SB6	主轴箱和立柱夹紧按钮
X6	SQ1	摇臂上升限位
X7	SQ2	摇臂下降限位
X10	SQ3	摇臂松开到位开关
X11	SQ4	摇臂夹紧到位开关
X12	SQ5	主轴箱与立柱夹紧松开到位开关
X13	SA-12	转换开关
X14	SA-23	转换开关
X15	FR	M3 热继电器
输出		
输出点	输出元件	功能说明
Y0	KM1	M1 启动接触器
Y1	KM2	摇臂上升接触器
Y2	KM3	摇臂下降接触器
Y3	KM4	液压泵正转接触器
Y4	KM5	液压泵反转接触器
Y5	YV1	电磁阀
Y6	YV2	电磁阀
Y7	HL1	主轴箱与立柱夹紧指示灯
Y10	HL2	主轴箱与立柱松开指示灯

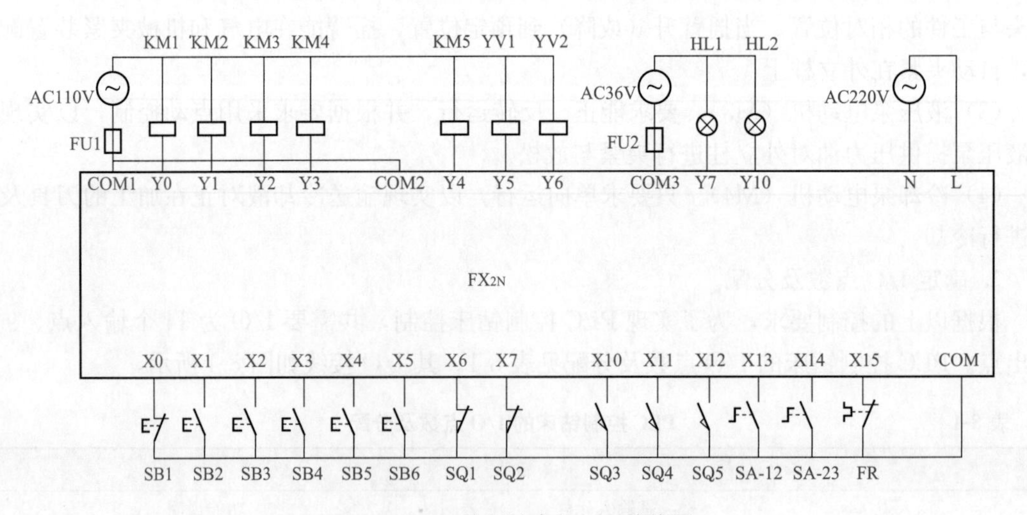

图 8-1 PLC 控制钻床的 I/O 接线图

3. 编制梯形图

根据摇臂钻床的动作要求，PLC 控制钻床的梯形图如图 8-2 所示。

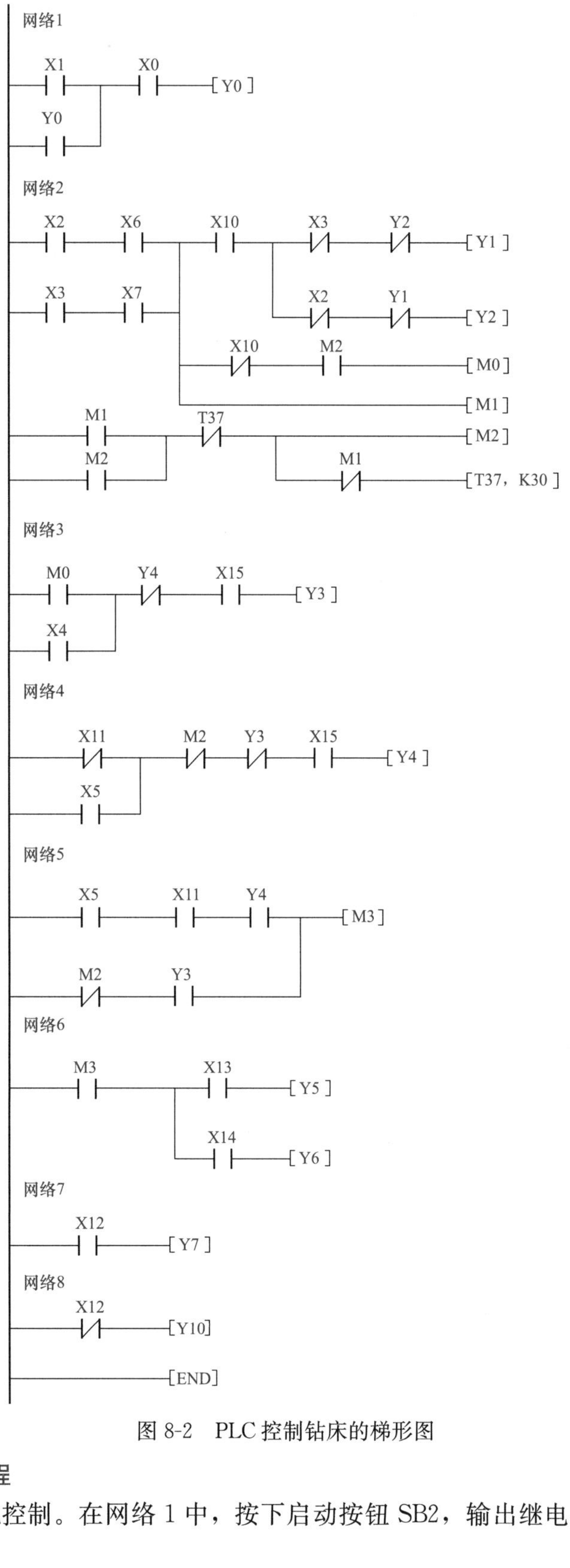

网络1

X1　X0　[Y0]

Y0

网络2

X2　X6　X10　X3　Y2　[Y1]

X3　X7　X2　Y1　[Y2]

X10　M2　[M0]

[M1]

M1　T37　[M2]

M2　M1　[T37，K30]

网络3

M0　Y4　X15　[Y3]

X4

网络4

X11　M2　Y3　X15　[Y4]

X5

网络5

X5　X11　Y4　[M3]

M2　Y3

网络6

M3　X13　[Y5]

X14　[Y6]

网络7

X12　[Y7]

网络8

X12　[Y10]

[END]

图 8-2　PLC 控制钻床的梯形图

4. PLC 控制过程

（1）主轴电动机控制。在网络 1 中，按下启动按钮 SB2，输出继电器 Y0 线圈接通并自锁，使接触器KM1得电吸合，主轴电动机M1启动运行；按下停止按钮SB1，接触器KM1失电释放，主轴电动机M1停止运行。

（2）摇臂升降控制。

1）在网络2、3、4中，按上升（或下降）按钮SB3（或SB4），辅助继电器M0线圈接通，输出继电器Y3线圈接通，使接触器KM4得电吸合，液压泵电动机M3启动运行。压力油经分配阀进入摇臂的松开油腔，推动活塞和菱形块使摇臂松开。同时活塞杆通过弹簧片压下限位开关SQ3，输出继电器Y3线圈断开，使接触器KM4线圈失电释放，接触器KM2（或KM3）线圈得电吸合，液压泵电动机M3停止运行。

2）摇臂升降电动机M2开始运行，带动摇臂上升（或下降）。如果摇臂没有松开，则限位开关SQ3动合触点就不能闭合，接触器KM2（或KM3）线圈就不能得电吸合，摇臂就不能升降。当摇臂上升（或下降）到所需的位置时，松开按钮SB3（或SB4），接触器KM2（或KM3）线圈失电释放，摇臂升降电动机M2停止运行，摇臂停止上升（或下降）。

3）辅助继电器M2起延时作用，即辅助继电器M1线圈断开后M2线圈会延时断开，主要用于保证摇臂上升（或下降）结束时，升降电动机M2在断开电源后依惯性旋转完全停止时（大约需要时间2～3s），才开始摇臂的夹紧动作。

4）通电延时型定时器T37计时时间到K(30×100ms＝3s）值时，定时器设定时间到，辅助继电器M2线圈断开，其动断触点M2闭合，接触器KM5线圈得电吸合，液压泵电动机M3反向运行，供给压力油。压力油经分配阀进入摇臂夹紧油腔，使摇臂夹紧。同时活塞杆通过弹簧片压下限位开关SQ4，使接触器KM5线圈失电释放，液压泵电动机M3停止运行。

5）限位开关SQ1、SQ2用来限制摇臂的升降行程，当摇臂升降到极限位置时，限位开关SQ1、SQ2动作，接触器KM2（或KM3）线圈失电释放，摇臂升降电动机M2停止运行，摇臂停止升降。

6）摇臂的自动夹紧是由限位开关SQ4来控制的，如果液压夹紧系统出现故障，不能自动夹紧摇臂或者由于限位开关SQ4调整不当，在摇臂夹紧后不能使限位开关SQ3的动断触点断开，都会使液压泵电动机处于长时间过载运行状态，造成损坏。为了防止损坏液压泵电动机，电路中使用热继电器FR，其整定值应根据液压泵电动机M3的额定电流进行调整。

（3）立柱和主轴箱控制。立柱和主轴箱的松开和夹紧既可以单独进行，又可以同时进行，它由转换开关SA控制，由网络5、6、7、8实现。

1）立柱和主轴箱的松开和夹紧同时进行。首先把转换开关SA扳到中间位置“2”，这时按松开按钮SB5，输出继电器Y3线圈得电，接触器KM4线圈得电吸合，液压泵电动机M3正转运行，电磁阀YV1，YV2线圈得电吸合，高压油经电磁阀进入立柱和主轴箱松开油腔，推动活塞和菱形块，使立轴和主轴箱同时松开，松开指示灯HL2亮。

按夹紧按钮SB6，输出继电器Y4线圈得电，接触器KM5线圈得电吸合，液压泵电动机M3反转运行，高压油经电磁阀进入立柱和主轴箱夹紧油腔，反向推动活塞和菱形块，使立轴和主轴箱同时夹紧，夹紧指示灯HL1亮。

2）立柱和主轴箱的松开和夹紧单独进行。当需要主柱、主轴箱单独松开（或夹紧）时，只需将转换开关SA扳到立柱和主轴箱单独松开（或夹紧）的位置，其动作原理同上面松开和夹紧同时进行一样。

第二节 PLC 在机械手控制中的应用

1. 项目描述

机械手是在机械化、自动化生产过程中发展起来的一种新型装置，它能模仿人手臂的某些动作功能，可以按固定顺序在空间抓、放、搬运物体等，动作灵活多样，广泛应用在工业生产和其他领域。机械手的全部动作由气缸驱动，PLC 控制相应的电磁阀驱动气动执行元件完成各动作。

机械手搬运零部件的动作过程如图 8-3 所示。图 8-3 中表示的工作是机械手将工件从右工作台搬运到左工作台，整个动作过程分解为 10 个工步，即从原位开始按顺序执行①下降→②夹紧→③上升→④左旋→⑤伸臂→⑥下降→⑦放松→⑧上升→⑨缩臂→⑩右旋十个动作后，才能完成一次工作循环回到原位。

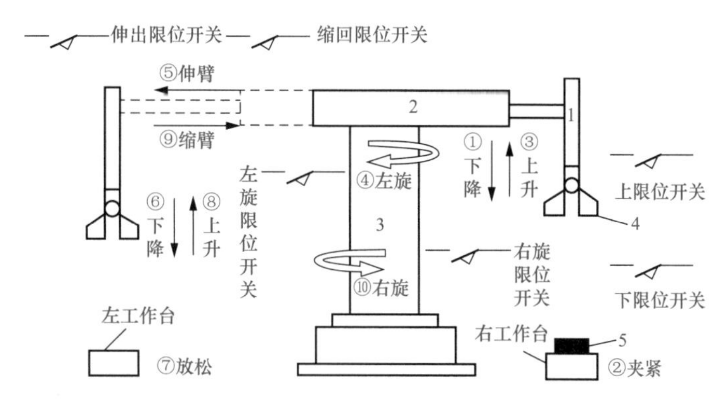

图 8-3 机械手搬运零部件的动作过程

1—升降气缸（单联气缸）；2—伸缩气缸（双联气缸）；3—摆动气缸；4—夹紧装置；5—工件

机械手的全部动作由电磁阀控制的气缸来驱动。其中，机械手的上升/下降、左移/右移、顺转/逆转分别由 3 个双线圈二位电磁阀控制气缸的动作。当某个电磁阀线圈通电时，就一直保持现有的机械动作，直到相反方向的线圈通电为止。另外，夹紧/放松由单线圈二位电磁阀控制气缸的动作。线圈通电时执行夹紧动作，线圈断电时执行放松动作。

为了使机械手动作准确到位，在机械手的极限位置分别安装了限位开关，对机械手分别进行上升、下降、左旋、右旋、伸臂、缩臂等动作的限位，并发出动作到位的输入信号。另外，为了保证安全，还安装了光电开关负责检测左工作台上的工件是否已移走，当机械手行至左上位，只有当左台面为空时，才允许下降动作进行。

机械手的操作方式有两种：手动操作和自动操作。

手动操作又称为点动操作，即用按钮对机械手的每一种动作进行单独控制，分为上/下、左/右、夹紧/放松、左旋/右旋四种动作方式，这种操作方式主要供维修用。

自动操作可分为单步运行、单周期运行、连续运行三种自动方式。

(1) 单步运行又称为步进操作，即每按一次启动按钮，机械手按顺序依次执行一步动作后停止，这种工作方式主要供调试机械手用。

(2) 单周期运行又称为半自动操作，当机械手在原位时，按下启动按钮，机械手自动执行一个周期的动作后，停在原位，这种工作方式主要供首次检验机械手用。

(3) 自动连续运行又称为自动循环操作，当机械手在原位时，按下启动按钮，机械手便周期性地按顺序执行各步动作，这种工作方式是机械手的正常工作方式。

2. 确定I/O点数及分配

根据以上的控制要求，为了实现PLC控制机械手，共需要I/O为17个输入点、8个输出点，因此选择三菱FX_{2N}-48MR型的PLC，其I/O点数及分配见表8-2。具体的I/O接线如图8-4所示。

表8-2 PLC控制机械手的I/O点数及分配

输入		
输入点	输入元件	功能说明
X0	SB1	程序启动按钮
X1	SQ1	机械手下降限位
X2	SQ2	机械手上升限位
X3	SQ3	机械手升臂限位
X4	SQ4	机械手缩臂限位
X5	SQ5	机械手左旋限位
X6	SQ6	机械手右旋限位
X7	SA1	无工件检测光电开关
X10	SB2	程序停止按钮
X11	SA2-1	选择单操作运行开关
X12	SA2-2	选择步进运行开关
X13	SA2-3	选择单周期运行开关
X14	SA2-4	选择连续运行开关
X15	SA3-1	选择机械手伸臂/缩臂运动
X16	SA3-2	选择机械手上升/下降运动
X17	SA3-3	选择机械手夹紧/放松运动
X20	SA3-4	选择机械左旋/右旋运动
输出		
输出点	输出元件	功能说明
Y0	HL	原位指示灯
Y1	YV1	机械手下降电磁阀
Y2	YV2	机械手上升电磁阀
Y3	YV3	机械手夹/放电磁阀
Y4	YV4	机械手左旋电磁阀
Y5	YV5	机械手右旋电磁阀
Y6	YA6	机械手伸臂电磁阀
Y7	YV7	机械手缩臂电磁阀

为了减少手动操作的按钮数量，机械手的“操作方式”“运动方式”选择开关均采用单极多位开关，并且它们共用“启动”和“停止”两个按钮来实现机械手的手动操作。输出驱动有电磁阀线圈和信号灯，由于它们需要的驱动功率较小，所以由PLC自带的24V电源直接驱动，其容量能够满足要求。另外，若使用三菱FX_{2N}-32MR型的PLC，则可以增加一个扩展单元32ER，它的最大扩展点数为输入16点、输出16点（共32点）。

3. 编制梯形图

根据机械手的动作要求及PLC控制系统的操作方式，可以采用模块式程序结构，它由主程序、手动程序、自动程序组成，手动程序和自动程序可以分别编成相对独立的子程序模

块，通过子程序调用指令执行。子程序调用指令（CALL-P）编写在主程序中，子程序的标号 P 范围为 0～127，子程序返回指令（SRET）编写在子程序中。PLC 控制机械手的主程序梯形图、子程序 P0 梯形图、子程序 P1 梯形图分别如图 8-5、图 8-6 和图 8-7 所示。

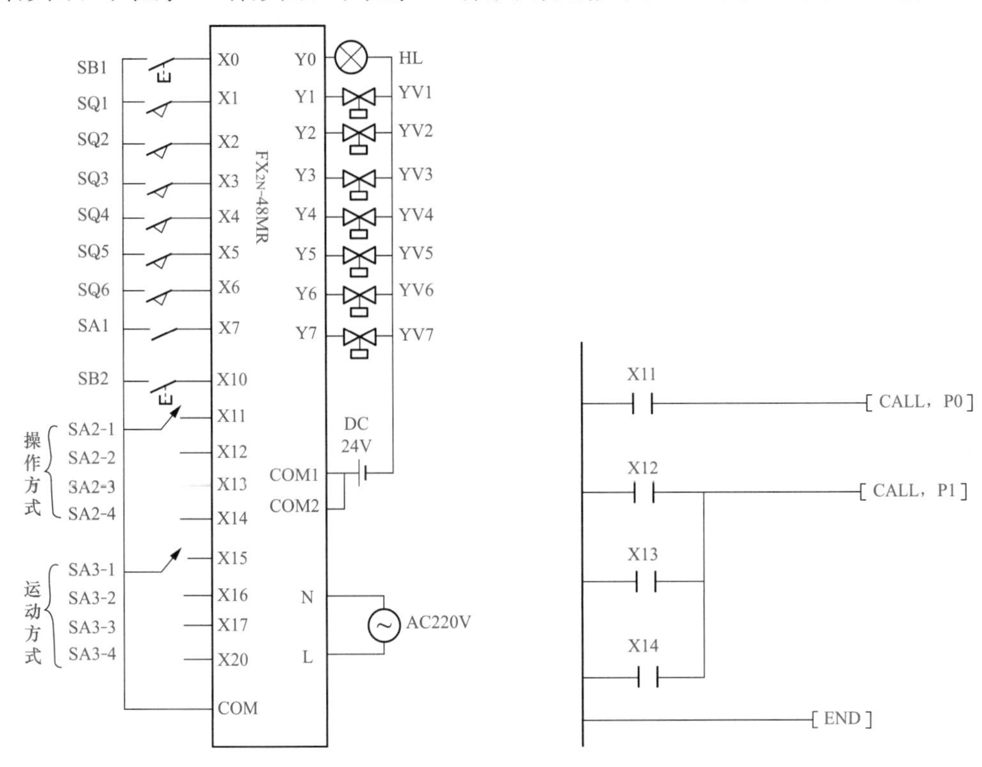

图 8-4　PLC 控制机械手的 I/O 接线图

图 8-5　PLC 控制机械手的主程序梯形图

X15　X2　X0　Y7　X3　[Y6]
X10　Y6　X4　[Y7]
X16　X0　Y2　X2　[Y1]
X10　Y1　X1　[Y2]
X17　X1　X0　[SET Y3]
X10　[RST Y3]
X20　X2　X0　Y5　X5　[Y4]
X10　Y4　X6　[Y5]
[END]

图 8-6　PLC 控制机械手的手动操作梯形图（子程序 P0）

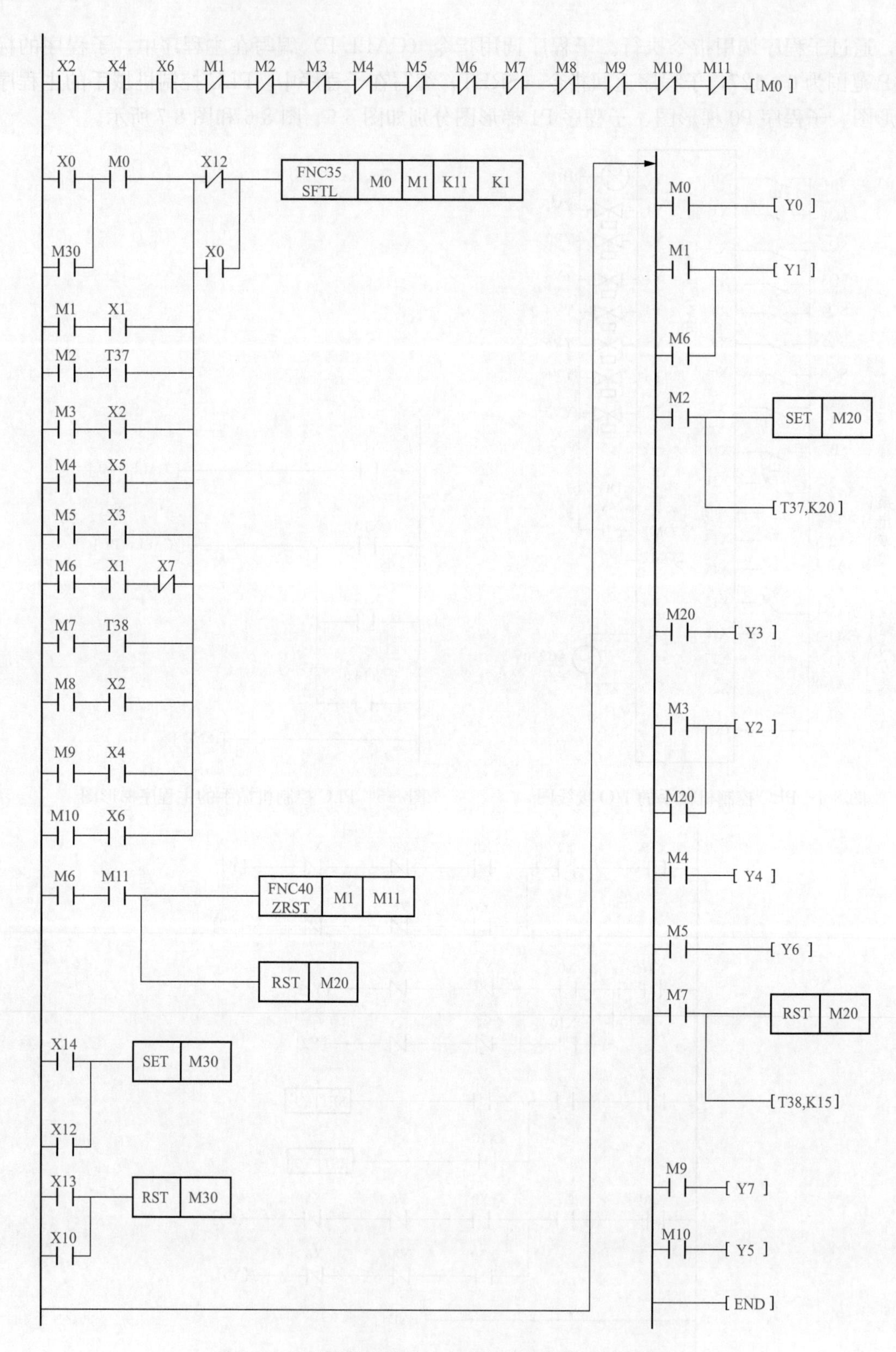

图 8-7　PLC 控制机械手的自动操作梯形图（子程序 P1）

4. PLC 控制过程

（1）主程序。当操作方式选择开关拨到单操作位置时，输入继电器 X11 接通，而输入继电器 X12、X13、X14 断开，故 PLC 执行手动操作程序。当操作方式选择开关拨到自动方式（步进、单周期、连续）位置时，输入继电器 X11 断开，而输入继电器 X12、X13、X14 总有一个接通，故 PLC 跳过手动操作程序，而去执行自动操作程序。

（2）手动操作程序（子程序 P0）。手动操作不需要按工序顺序动作，可以按普通继电器控制系统来设计。为了保持系统的安全运行，必须设置一些必要的互锁保护，如机械手只有处于上限位置（X2＝“1”）时，才允许伸缩臂和左右旋转；由于夹紧、放松动作选用单线圈双位电磁阀控制，故在梯形图中用置位（SET）、复位（RST）指令来控制，该指令具有保持功能，并且也设置了机械互锁，只有机械手处于下限位置（X1＝“1”）时，才能进行夹紧和放松动作。

（3）自动操作程序（子程序 P1）。机械手的自动操作属于顺序控制，顺序控制可用多种方法进行编程，其中用移位指令 SFTL（指令代码为 FNC35）很容易实现这种控制功能，转换的条件由各行程开关及定时器的状态来决定。当移位指令 SFTL 执行结束时，辅助继电器 M11 接通，执行区间复位指令 ZRST（指令代码为 FNC40），其功能是将指定的元件号范围内的同类元件成批复位。因此，辅助继电器 M1～M11 复位置“0”。

机械手的运动主要包括上升、下降、夹紧、放松、左旋、右旋、伸臂、缩臂，机械手夹紧/放松动作的控制，可以采用通电延时型定时器 T37 控制夹紧时间，通电延时型定时器 T38 控制放松时间。在控制程序中，辅助继电器 M0 控制原位显示，辅助继电器 M1、M6 分别控制左右下降，辅助继电器 M3、M8 分别控制左右上升，辅助继电器 M2 控制夹紧，辅助继电器 M7 控制放松，辅助继电器 M4、M10 分别控制左旋、右旋运动，辅助继电器 M5、M9 分别控制伸臂、缩臂运动。

1）当机械手处于原位时，才能运行自动操作程序，机械手才能按预定程序自动执行各种动作。当操作方式选择开关拨到连续位置时，输入继电器 X14 接通，使辅助继电器 M30 置“1”。当机械手回到原位时，M0 置“1”，又获得一个移位信号，机械手周而复始地执行各步动作，直到按下停止按钮后，输入继电器 X10 接通，使辅助继电器 M30 置“0”，机械手完成当前一个运动周期后停在原位。

2）当操作方式选择开关拨到单周期位置时，输入继电器 X13 接通，使辅助继电器 M30 置“0”，当机械手在原点时，每按一次启动按钮，机械手自动执行一个周期的动作后停止在原位。

3）当操作方式选择开关拨到步进位置时，输入继电器 X12 接通，使辅助继电器 M30 置“1”，每按一次启动按钮，才能产生一个移位信号，机械手按动作顺序完成一步。

第三节　PLC 在交通信号灯控制中的应用

1. 项目描述

PLC 具有很强的环境适应性，其内部定时器资源非常丰富且配有实时时钟，可以对交通信号灯进行精确控制，并实施全天候无人化管理。交通信号灯设置示意图如图 8-8 所示。在东、西、南、北 4 个方向都有红、绿、黄三种交通信号灯，所以交通信号灯共有 12 盏。

在交通信号灯控制系统工作时，所有信号灯受一个启动开关控制，直至按下停止按钮，系统停止工作。对交通信号灯的控制按照一定的时序要求进行，具体时序如图 8-9 所示。

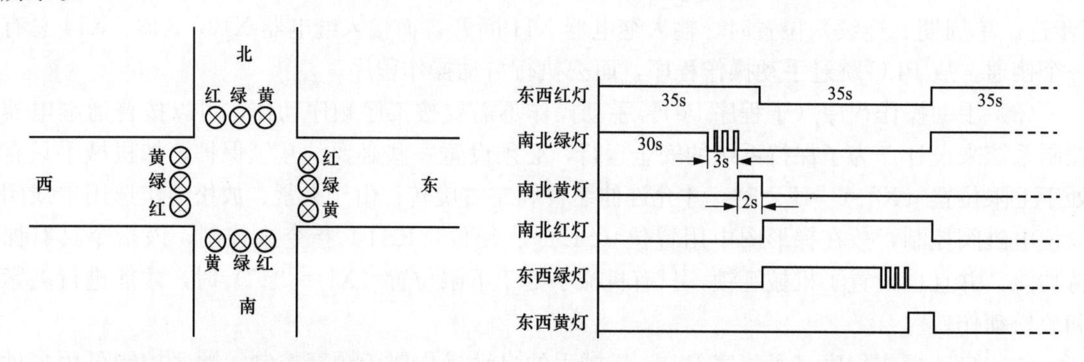

图 8-8 交通信号灯设置示意图

图 8-9 交通信号灯时序

交通信号灯正常循环运行的具体控制要求如下。

（1）按下启动按钮后，信号灯开始工作，初始状态为南北红灯亮、东西绿灯亮。

（2）南北红灯亮并维持 35s，在此期间东西绿灯也亮并维持 30s。

（3）东西绿灯亮 30s 后，闪亮 3 次（3s）后熄灭，接着东西黄灯亮并维持 2s 后熄灭。

（4）东西红灯亮并维持 35s，在此期间南北绿灯也亮并维持 30s。

（5）南北绿灯亮 30s 后，闪亮 3 次（3s）后熄灭，接着南北黄灯亮并维持 2s 后熄灭。

（6）上述交通信号灯状态不断循环，直至停止工作。

2. 确定 I/O 点数及分配

启动按钮 SB1、停止按钮 SB2 这两个外部器件需接在 PLC 的两个输入端子上，可分配为 X0、X1 输入点；由于每一个方向的信号灯中，同种颜色的信号灯同时工作，为节省输出点数，可以采用并联输出方法，因此 12 盏信号灯需接在 6 个输出端子上，可分配为 Y0、Y1、Y2、Y3、Y4、Y5 输出点。由此可知，为了实现 PLC 控制交通信号灯，共需要 I/O 为两个输入点、6 个输出点。PLC 控制交通信号灯的 I/O 点数及分配见表 8-3。其 I/O 接线如图 8-10 所示。

表 8-3 PLC 控制交通信号灯的 I/O 点数及分配

输入		
输入点	输入元件	功能说明
X0	SB1	电源接通按钮
X1	SB2	电源关闭按钮
输出		
输出点	输出元件	功能说明
Y0	HL1、HL2	南北向红灯
Y1	HL3、HL4	南北向黄灯
Y2	HL5、HL6	南北向绿灯
Y3	HL7、HL8	东西向红灯
Y4	HL9、HL10	东西向黄灯
Y5	HL11、HL12	东西向绿灯

3. 编制梯形图

PLC 控制交通信号灯的梯形图如图 8-11 所示。

4. PLC 控制过程

（1）按下启动按钮 SB1，输入继电器 X0 接通，使辅助继电器 M0、M1 置“1”，初始状态为南北红灯亮，东西绿灯亮。

（2）通电延时型定时器 T37 接通，对南北红灯亮进行 35s 计时；通电延时型定时器 T38 接通，对东西绿灯亮进行 30s 计时。

（3）东西绿灯熄灭，通电延时型定时器 T39、T40 接通，对东西绿灯进行亮 0.5s、熄灭 0.5s 计时。同时执行比较指令 CMP（指令代码为 FNC10），功能是当递增计数器 C0 的计数大于 3 时，辅助继电器 M12 接通。

（4）递增计数器 C0 接通，对东西绿灯闪亮次数进行计数；当东西绿灯闪亮 3 次后，东西黄灯亮。

（5）通电延时型定时器 T41 接通，对东西黄灯亮进行 2s 计时。

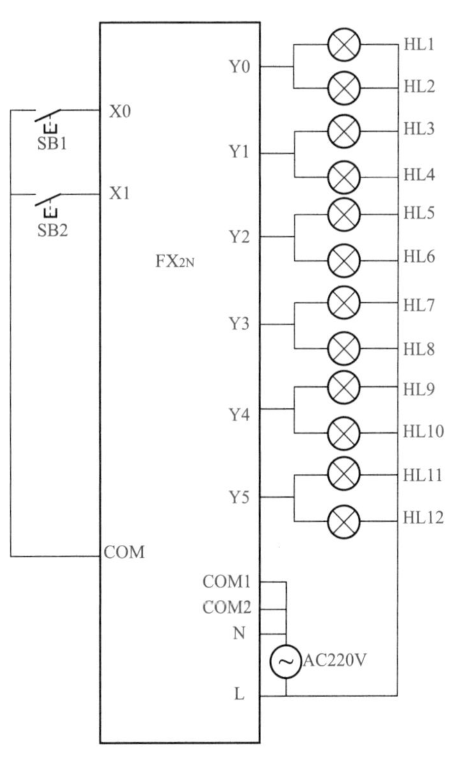

图 8-10　PLC 控制交通信号灯的 I/O 接线图

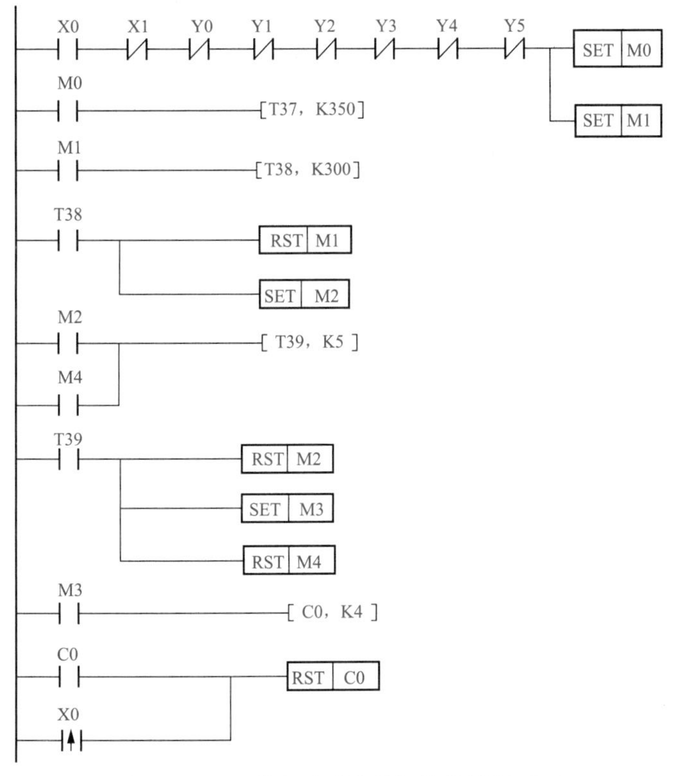

图 8-11　PLC 控制交通信号灯的梯形图（一）

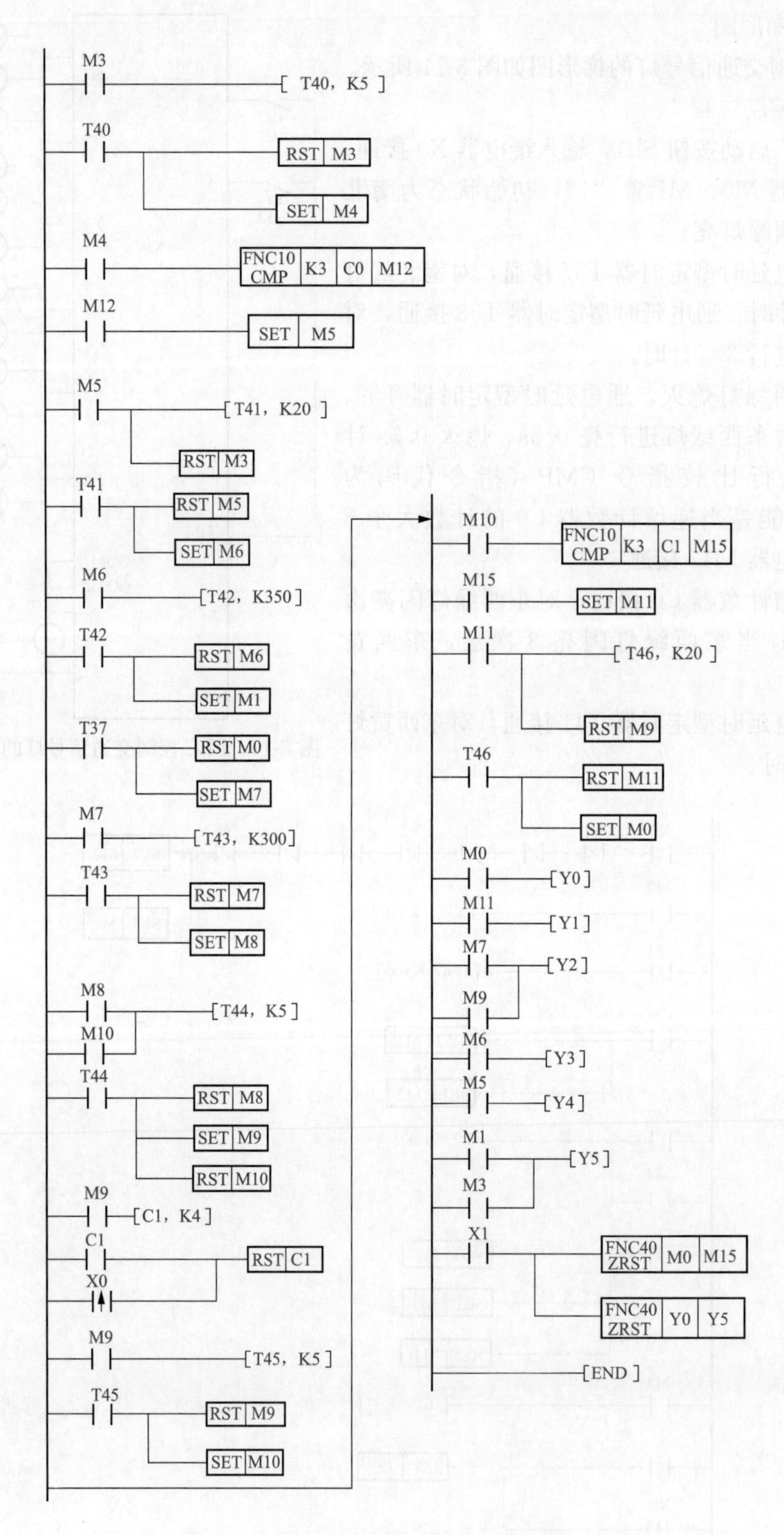

图 8-11　PLC 控制交通信号灯的梯形图（二）

（6）东西黄灯熄灭，东西红灯亮，通电延时型定时器 T42 接通，对东西红灯亮进行 35s 计时；通电延时型定时器 T43 接通，对南北绿灯亮进行 30s 计时。

（7）南北绿灯熄灭，通电延时型定时器 T44、T45 接通，对南北绿灯进行亮 0.5s、熄灭 0.5s 计时。同时执行比较指令 CMP（指令代码为 FNC10），其功能是当递增计数器 C1 的计数大于 3 时，辅助继电器 M15 接通。

（8）递增计数器 C1 接通，对南北绿灯闪亮次数进行计数；当南北绿灯闪亮 3 次后，南北黄灯亮。

（9）通电延时型定时器 T46 接通，对南北黄灯亮进行 2s 计时。

（10）南北黄灯熄灭，返回南北红灯亮，东西绿灯亮的初始状态，进入新一轮的控制，周而复始。

（11）按下停止按钮 SB2，输入继电器 X1 接通，执行区间复位指令 ZRST（指令代码为 FNC40），其功能是将指定的元件号范围内的同类元件成批复位。因此，辅助继电器 M0～M15 复位置“0”，输出继电器 Y0～Y5 也复位置“0”，交通信号灯全部熄灭，停止工作。

第四节　PLC 在抢答器控制中的应用

1. 项目描述

抢答器广泛应用于各种知识竞赛中，不仅承担着比赛任务，还增加了比赛的趣味性和娱乐性。传统的抢答器大部分都是由模拟电路、数字电路或者模数混合电路组成的，其系统线路复杂，可靠性不高，功能也比较简单，特别是当抢答路数多时，硬件实现起来就比较困难。而采用 PLC 制作抢答器具有结构简单、可靠性好、使用方便等特点，当改变控制要求时，只需要相应地改变程序，非常适合于抢答器的制作。

四路抢答器的控制要求如下。

（1）抢答器同时供 4 名选手或 4 个代表队比赛，每个参赛台上设有一个抢答按钮或多个并联的抢答按钮（根据每个代表队参赛人数而定）。

（2）主持人主控台设置两个控制按钮，用来控制抢答的开始和系统电路的复位。

（3）抢答器具有数据锁存和显示的功能。抢答开始后，若有选手按下抢答按钮，选手编号立即锁存，且相应的编组指示灯点亮，同时禁止其他选手抢答，优先抢答选手的编号一直保持到主持人将系统复位为止。

（4）当主持人按下开始按钮后，允许抢答指示灯亮，参赛选手应在设定时间内抢答。如果设定时间已到，却没有选手抢答，则无人抢答指示灯亮，以示选手放弃该题，同时禁止选手超时后抢答。

（5）如果主持人未按下开始抢答按钮，选手就开始抢答，则属违例，这时违规指示灯亮，并点亮编组指示灯。

（6）选手抢答成功后必须在设定的时间内完成答题，设定时间到，答题超时指示灯亮，选手应马上停止回答问题。

（7）在允许抢答、正常抢答、违规抢答、无人抢答、答题超时情况下，蜂鸣器都应发出声响，以提示选手和主持人。

2. 确定I/O点数及分配

根据以上的控制要求，为了实现PLC控制四路抢答器，共需要I/O为6个输入点、13个输出点，其I/O点数及分配见表8-4。具体的I/O接线如图8-12所示。

表8-4　PLC控制四路抢答器的I/O点数及分配

输入		
输入点	输入元件	功能说明
X0	SB1	抢答开始按钮
X1	SB2	第1组抢答按钮
X2	SB3	第2组抢答按钮
X3	SB4	第3组抢答按钮
X4	SB5	第4组抢答按钮
X5	SB6	抢答复位按钮
输出		
输出点	输出元件	功能说明
Y0	HL1	允许抢答指示灯
Y1	HL2	正常抢答指示灯
Y2	HL3	违规抢答指示灯
Y3	HL4	无人抢答指示灯
Y4	HL5	答题超时指示灯
Y5	BL	音响
Y6	HL6	第1组抢答指示灯
Y7	HL7	第2组抢答指示灯
Y10	HL8	第3组抢答指示灯
Y11	HL9	第4组抢答指示灯

3. 编制梯形图

PLC控制四路抢答器的梯形图如图8-13所示。

4. PLC控制过程

(1) 主持人按下抢答开始按钮X0后，输出继电器Y0接通，允许抢答指示灯亮。

(2) 抢答限时通电延时型定时器T37接通，开始10s计时；当有抢答按钮按下时，抢答辅助继电器M0接通。

(3) 在主持人允许抢答且有选手抢答时，输出继电器Y0动合触点闭合情况下，抢答辅助继电器M0动合触点闭合，则为正常抢答，这时输出继电器Y1接通，正常抢答指示灯亮。

(4) 主持人未按下抢答开始按钮X0时，允许抢答输出继电器Y0断开，其动断触点闭合，此时有选手抢答，抢答中间继电器M0动合触点闭合，则输出继电器Y2接通。这种情况为违规抢答，违规抢答指示灯亮。

(5) 无人抢答时，抢答中间继电器M0的动断触点闭合，当抢答限时通电延时型定时器T37定时10s到，其动合触点闭合，则输出继电器Y3接通，无人抢答指示灯亮。

(6) 正常抢答成功时，输出继电器Y1动合触点闭合，这时答题限时通电延时型定时器T38开始计时，当设定时间2min到后，定时器T38动合触点闭合，输出继电器Y4接通，答题超时指示灯亮，提示答题时间到。

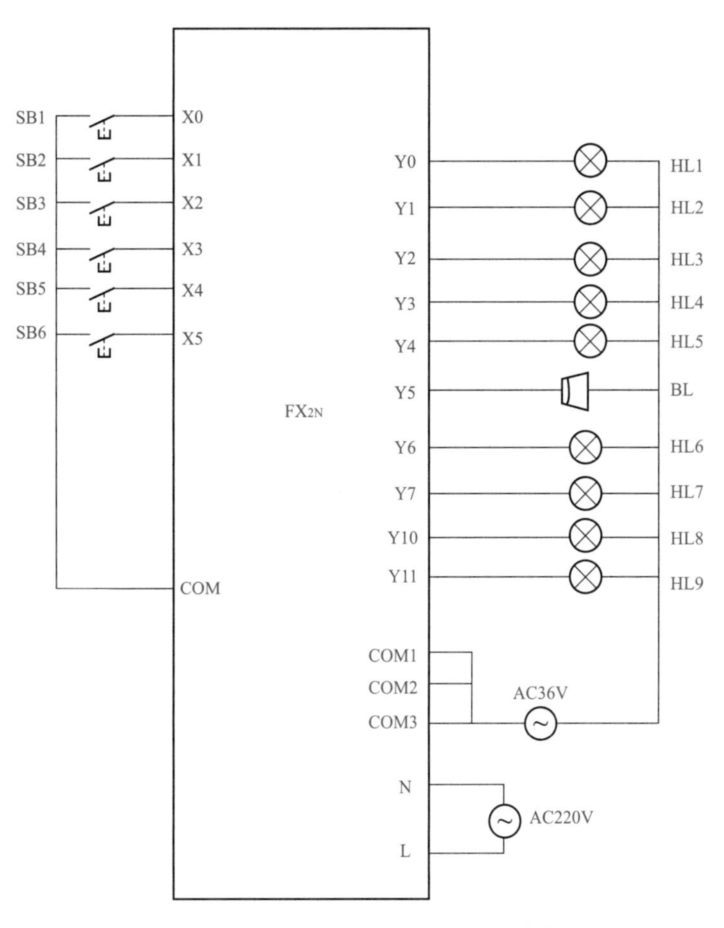

图 8-12　PLC 控制四路抢答器的 I/O 接线图

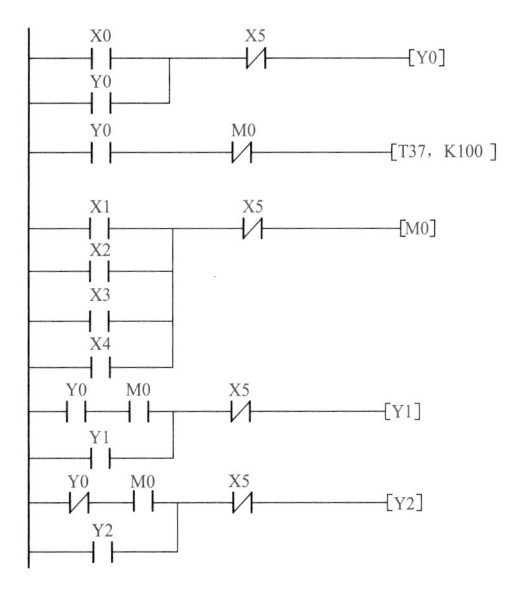

图 8-13　PLC 控制四路抢答器的梯形图（一）

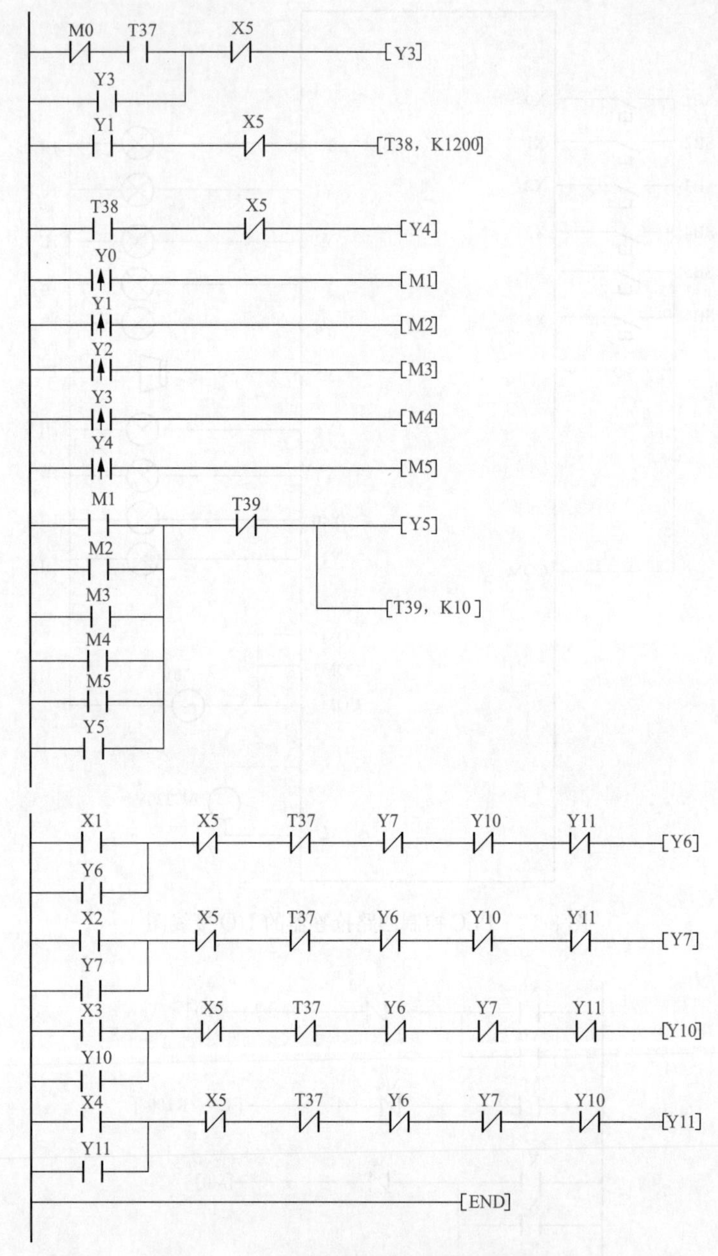

图 8-13　PLC 控制四路抢答器的梯形图（二）

（7）在允许抢答、正常抢答、违规抢答、无人抢答和答题超时情况下，相应的辅助继电器 M1～M5 动合触点闭合，使输出继电器 Y5 接通，发出音响提示音。输出继电器 Y5 接通时间只有 1s，由通电延时型定时器 T39 控制。

（8）在抢答限时时间内，如果某组选手抢先按下抢答按钮，则相应的输出继电器 Y6、Y7、Y10、Y11 接通并自锁，且某组抢答指示灯亮。同时，将相应的输出继电器的动断触点串入其他抢答回路中，实现电路互锁，其他选手再按下抢答按钮将不会起作用。

（9）在某个题目抢答结束后，主持人按下抢答复位按钮，指示灯复位，抢答器恢复原来的状态，为下一轮抢答做好准备。

第五节　PLC 在多种物料混合控制中的应用

1. 项目描述

物料的混合操作是一些企业在生产过程中十分重要的组成部分，尤其在炼油、化工、制药等行业中，经常需要将两种或两种以上的液体按照一定的比例混合，然后再做相应的处理和加工。对物料混合装置的要求是物料的混合质量高、生产效率和自动化程度高、适应范围广、抗恶劣工作环境等，采用 PLC 来控制多种物料混合装置，完全能满足物料混合控制的工艺要求，并能对各种成分含量进行有效控制，提高生产效率，因此 PLC 控制多种物料混合具有广泛的应用。

多种液体按一定比例进行混合是物料混合的一种典型形式，三种液体自动混合装置如图 8-14 所示。图 8-14 中电动机 M 用来搅拌混合液体，电磁阀 YV1、YV2、YV3、YV4 分别控制液体 A、B、C 的流入及混合液的流出，液面传感器 SQ1、SQ2、SQ3、SQ4 用来感应液体流入量，当液体流入量达到传感器液位时，传感器就会发出相应指令。液面传感器 SQ4 只有在电磁阀 YV4 打开时才有信号感应，这是为了避免在流入液体时产生错误指令。

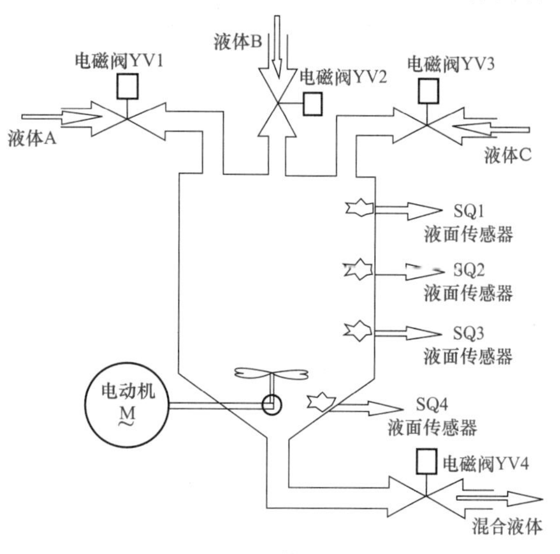

图 8-14　三种液体自动混合装置

三种液体自动混合装置的控制要求如下。

电磁阀的工作状态由电源控制，当接通电源时阀门处于打开的状态，当断开电源时阀门处于闭合状态。

（1）初始状态。电动机 M 处于停机状态，电磁阀 YV1、YV2、YV3 处于关闭状态，电磁阀 YV4 处于接通状态，延时 20s 后自动处于闭合状态，使容器内残余液体放空，液面传感器均无信号。

（2）启动操作。

1）按下启动按钮 SB1，电磁阀 YV1 接通，液体 A 流入容器。

2）当容器内液体的液面到达水平面 SQ3 时，电磁阀 YV1 断开，液体 A 停止流入。同时，电磁阀 YV2 接通，液体 B 流入容器。

3）当容器内液体的液面到达水平面 SQ2 时，电磁阀 YV2 断开，液体 B 停止流入。同时，电磁阀 YV3 接通，液体 C 流入容器。

4）当容器内液体的液面到达水平面 SQ1 时，电磁阀 YV3 断开，液体 C 停止流入。同时，电动机 M 接通启动，开始进行液体的搅匀工作。

5）当电动机 M 工作 1min 后自动停机，搅匀工作停止。同时，电磁阀 YV4 接通，混合液开始放出。

6）当容器内液面下降到水平面 SQ4 时，电磁阀 YV4 延时 20s 后断开，混合液体停止流出，并自动开始新一轮的工作周期。

（3）停止操作。按下停止按钮 SB2 后，要求工作过程不要立即停止，而是要将当前容器内的混合液体的工作处理完毕后（当前周期循环结束）才能停止工作，否则会造成原料的浪费。

2. 确定 I/O 点数及分配

根据以上的控制要求，为了实现 PLC 控制三种液体自动混合装置，共需要 I/O 为 6 个输入点、5 个输出点，其 I/O 点数及分配见表 8-5。具体的 I/O 接线如图 8-15 所示。

表 8-5　PLC 控制三种液体自动混合装置的 I/O 点数及分配

输入		
输入点	输入元件	功能说明
X0	SB1	启动按钮
X1	SQ1	液位传感器（高位）
X2	SQ2	液位传感器（中位）
X3	SQ3	液位传感器（低位）
X4	SQ4	液位传感器（底位）
X5	SB2	停止按钮
输出		
输出点	输出元件	功能说明
Y0	YV1	液体 A 注入电磁阀
Y1	YV2	液体 B 注入电磁阀
Y2	YV3	液体 C 注入电磁阀
Y3	YV4	混合液体流出电磁阀
Y4	M	搅拌机

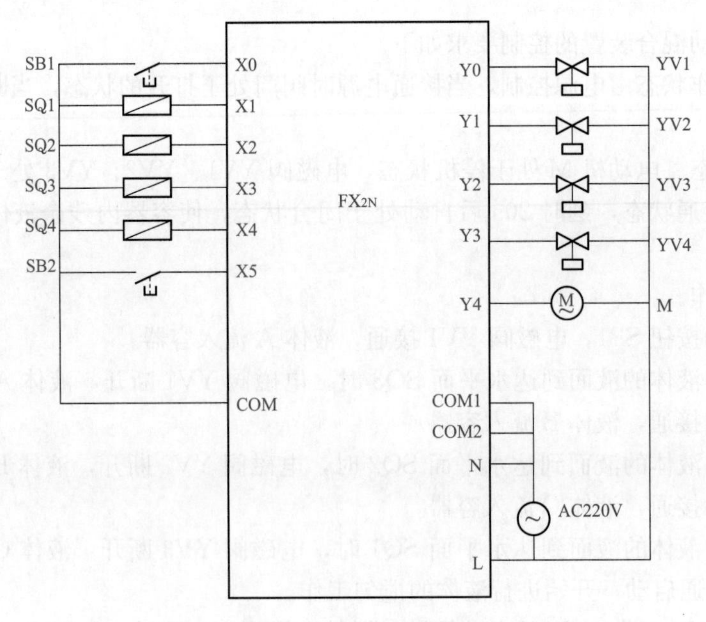

图 8-15　PLC 控制三种液体自动混合装置的 I/O 接线图

3. 编制梯形图

PLC控制三种液体自动混合装置的梯形图如图8-16所示。

4. PLC控制过程

（1）初始状态控制。混合装置投入运行时，电磁阀YV1、YV2、YV3关闭，特殊辅助继电器M8002（功能：初始脉冲，PLC由STOP转为RUN时，ON一个扫描周期）接通初次扫描周期，使电磁阀YV4阀门打开20s将容器内残余液体放空，液面传感器SQ1～SQ4无信号，搅拌电动机M未启动。

（2）液体A注入控制。按下启动按钮SB1，输入继电器X0接通，使辅助继电器M0接通并置位“1”，其动合触点闭合，为下一个周期连续运行做好准备。输出继电器Y0接通并置位“1”，电磁阀YV1得电打开，液体A开始注入混合容器。

（3）液体A停止注入控制。当混合容器中的液面到达水平面SQ3时，液面传感器SQ3动作，输入继电器X3接通产生一个上升沿脉冲，使辅助继电器M1接通，其动合触点闭合，输出继电器Y0复位置“0”，电磁阀YV1失电闭合，液体A停止注入混合容器。

（4）液体B注入控制。辅助继电器M1动合触点闭合，使输出继电器Y1接通并置位“1”，电磁阀YV2得电打开，液体B开始注入混合容器。

（5）液体B停止注入控制。当混合容器中的液面到达水平面SQ2时，液面传感器SQ2动作，输入继电器X2接通产生一个上升沿脉冲，使辅助继电器M2接通，其动合触点闭合，输出继电器Y1复位置“0”，电磁阀YV2失电闭合，液体B停止注入混合容器。

（6）液体C注入控制。辅助继电器M2动合触点闭合，使输出继电器Y2接通并置位“1”，电磁阀YV3得电打开，液体C开始注入混合容器。

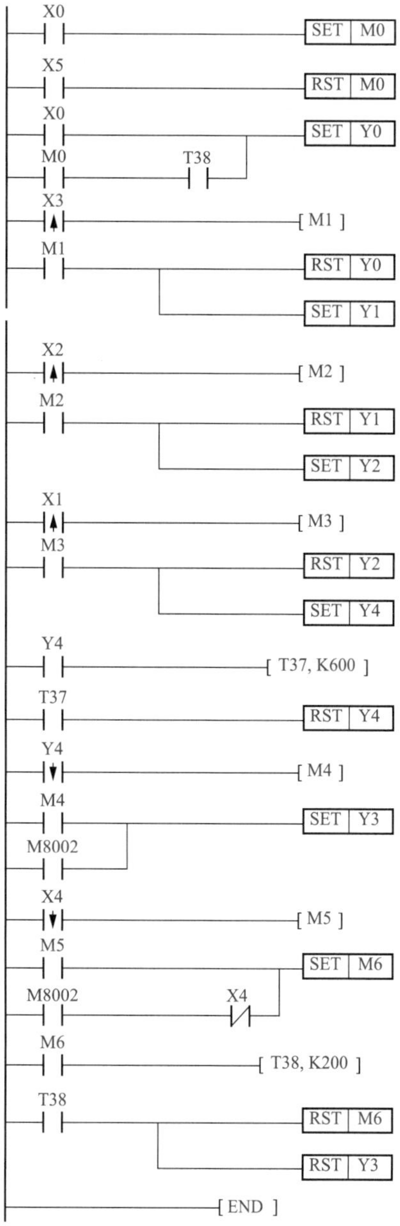

图8-16　PLC控制三种液体自动混合装置的梯形图

（7）液体C停止注入控制。当混合容器中的液面到达水平面SQ1时，液面传感器SQ1动作，输入继电器X1接通产生一个上升沿脉冲，使辅助继电器M3接通，其动合触点闭合，输出继电器Y2复位置“0”，电磁阀YV3失电闭合，液体C停止注入混合容器。

（8）搅拌电动机M控制。辅助继电器M3动合触点闭合，使输出继电器Y4接通并置位“1”，搅拌电动机M得电开始工作；输出继电器Y4动合触点闭合，使通电延时型定时器T37接通，计时开始。当计时到1min后，延时动合触点T37闭合，使输出继电器Y4复位置“0”，搅拌电动机M失电停止工作。

(9) 放出混合液体控制。输出继电器 Y4 复位置“0”时产生一个下降沿脉冲，使辅助继电器 M4 接通，其动合触点闭合，使输出继电器 Y3 接通并置为“1”，电磁阀 YV4 得电打开，混合容器开始放出混合液体。当混合容器中的液面到达水平面 SQ4 时，液面传感器 SQ4 由接通变为断开（液面传感器 SQ4 在液面淹没时为接通状态），输入继电器 X4 断开时产生一个下降沿脉冲，使辅助继电器 M5 接通，其动合触点闭合，辅助继电器 M6 接通并置为“1”。

(10) 停放混合液体控制。辅助继电器 M6 动合触点闭合，使通电延时型定时器 T38 接通，计时开始。当计时到 20s 后，延时动合触点 T38 闭合，使输出继电器 Y3 复位置“0”，电磁阀 YV4 失电闭合，混合液体停止流出混合容器。

(11) 返回初始状态控制。延时动合触点 T38 闭合，与之串联的辅助继电器动合触点 M0 在按下启动按钮 SB1 时已闭合，使输出继电器 Y0 再次接通并置为“1”，电磁阀 YV1 得电再次打开，液体 A 开始再次注入混合容器，开始新一轮的工作周期。

(12) 停止控制。按下停止按钮 SB2，输入继电器 X5 接通，使辅助继电器 M0 复位置“0”，其动合触点断开，使与之串联的延时动合触点 T38 即使闭合（当前工作周期循环结束后）也无法将输出继电器 Y0 再次接通并置为“1”，即停止运行，不再循环。

第九章

三菱变频器与PLC的联机应用

第一节　变频器与PLC的联机

变频器和PLC联机应用时，由于二者涉及用弱电控制强电，因此应该注意联机时出现的干扰，避免由于干扰造成变频器的误动作，或者由联机不当导致PLC或变频器的损坏。

1. 变频器与PLC的联机方法

（1）开关量方式。将PLC的开关量输出信号直接连接到变频器的开关量输入端子上，用开关量信号控制变频器的启动、停止、正转、反转、调速（多段速）等，该方式运行可靠、接线简单、抗干扰能力强、调试容易、维护方便，能实现较为复杂的控制要求，但只能有级调速。三菱FR-A740变频器与FX2NPLC的开关量方式联机如图9-1所示。

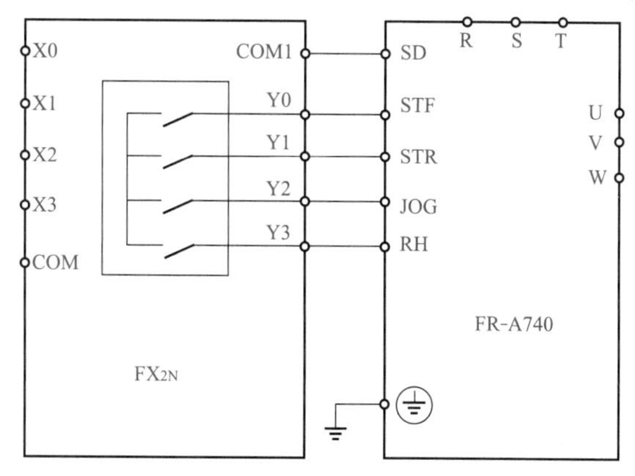

图9-1　三菱FR-A740变频器与FX2NPLC的开关量方式联机

（2）模拟量方式。将PLC的模拟量输出信号（0～10V或4～20mA）直接连接到变频器的模拟量输入端子上，用模拟量信号控制变频器的输出频率，该方式接线简单，能实现无级调速，但需要选择与变频器输入阻抗匹配的PLC模拟量输出模块。此外，在连线时注意将布线分开并做好屏蔽接地，保证主电路一侧的噪声无法传递至控制电路。

（3）通信方式。大部分变频器都有通信串行接口（大多是RS-485接口），因此可以在PLC的RS-485接口（RS-232需要加转换器）与变频器之间连接通信线缆，用通信方式控制变频器的启动、停止、正转、反转、调速等，该方式布线数量少、无须重新布线即可更改控制功能，还可以通过串行接口的设置对变频器的参数进行修改及连续对变频器的特性进行监测和控制，但其运行可靠性相对较差，维护也不方便。

变频器与PLC与之间的通信需要遵循通用的串行接口协议，按照串行总线的主、从通信原理来确定访问的方法，其设计标准适用于工业环境的应用对象。单一的RS-485链路最多可以连接30台变频器，而且根据各变频器的地址或采用广播信息，都可以找到需要通信的变频器。

2. 变频器开关型信号的输入

变频器通常利用继电器触点或具有继电器触点特性的开关电子元器件得到运行状态指令，如运行、停止、正转、反转、点动等，这些都属于开关型信号。在使用继电器触点的场合，为了防止出现因触点接触不良而带来的误动作，需要使用高可靠性的控制继电器。而当使用晶体管集电极开路形式进行连接时，也同样需要考虑晶体管本身的耐压容量和额定电流等因素，使所构成的接口电路具有一定的裕量，以达到提高系统可靠性的目的。

3. 变频器数值型信号的输入

变频器中也存在一些数值型信号，如频率、电压等，它的输入可分为数字输入和模拟输入两种。数字输入多采用变频器面板上的键盘操作和串行接口来给定，模拟输入则通过接线端子由外部给定，通常通过0～10V(5V）的电压信号或0(4)～20mA的电流信号输入。

由于接口电路因输入信号而异，因此必须根据变频器的输入阻抗选择PLC的输出模块。当变频器和PLC的电压信号范围不同时，如变频器的输入信号电压范围为0～10V，而PLC的输出信号电压范围为0～5V时，或PLC的输出信号电压范围为0～10V，而变频器的输入电压信号范围为0～5V时，需用串联的方式接入分压电阻，以保证在通断时不超过PLC和变频器相应的容量。

4. 变频器信号的输出

在变频器的工作过程中，经常需要通过继电器触点或晶体管集电极开路的形式将变频器的内部状态（运行状态）通知外部。而在连接这些送给外部的信号时，也必须考虑继电器和晶体管的允许电压、允许电流等因素。此外，在连线时还应该考虑噪声的影响。

5. 联机的注意事项

(1）连线时应注意将导线分开，保证主电路一侧的噪音不传到控制电路。

(2）通常变频器也通过接线端子向外部输出相应的监测模拟信号，应注意PLC一侧输入阻抗的大小要保证电路中电压和电流不超过电路的允许值，以保证系统的可靠性和减少误差。

(3）因为变频器在运行中会产生较强的电磁干扰，因此为保证PLC不因为变频器主电路断路器及开关器件等产生的噪声而出现故障，应按规定的接线标准和接地条件进行接地，而且应注意避免和变频器使用共同的接地线。

(4）当电源条件不太好时，应在PLC的电源模块及I/O模块的电源线上接入噪声滤波器和降低噪声用的变压器等。另外，若有必要，在变频器一侧也应采取相应的措施。

(5）当变频器和PLC安装于同一操作柜时，应尽可能使两者的接线分开敷设，并通过使用屏蔽线或双绞线达到提高抗噪声干扰的能力。

第二节　联机在电动机正反转控制中的应用

1. 项目描述

通过变频器与PLC联机，实现用PLC控制变频器对电动机进行正反转的控制，控制要求如下。

(1）按下正转启动按钮SB1，变频器控制电动机正向运转，正向启动时间为6s，变频器的输出频率为30Hz。

（2）按下反转按钮 SB2，变频器控制电动机反向运转，反向启动时间为 6s，变频器输出频率为 30Hz。

（3）按下停止按钮 SB3，变频器控制电动机在 6s 内停止运转。

2. PLC 的 I/O 点数及分配

正转启动按钮 SB1、反转启动按钮 SB2、停止按钮 SB3 这 3 个外部器件需接在 PLC 的 3 个输入端子上，可分配为 X0、X1、X2 输入点；输出端子 3 个，可分配 Y0、Y1、Y2 输出点。由此可知，为了实现联机控制电动机正反转，PLC 共需要 I/O 为 3 个输入点、两个输出点，其 I/O 点数及分配见表 9-1。

表 9-1　　联机控制电动机正反转的 I/O 点数及分配

输入		
输入点	输入元件	功能说明
X0	SB1	正转启动按钮
X1	SB2	反转启动按钮
X2	SB3	停止按钮
输出		
输出点	输出元件	功能说明
Y0	变频器端子 STF	控制电动机正转
Y1	变频器端子 STR	控制电动机反转
Y2	变频器端子 RM	电动机固定频率值运行

3. 设定变频器的参数

首先为了使变频器参数调试能够顺利进行，在开始设定参数前要进行一次“参数全部清除（ALLC）”操作。在操作面板 FR-DU07 上进入参数设定模式后，设定参数 ALLC=1，并按下设定键“SET”确认写入，此时将变频器的所有参数复位为出厂时的默认设定值。然后为了使电动机与变频器相匹配以获得最优性能，就必须输入电动机铭牌上的参数，令变频器识别控制对象。电动机参数设定完成后，最后设定变频器的参数见表 9-2。至此，变频器处于准备状态，可以正常运行。

表 9-2　　联机控制电动机正反转的变频器参数

参数号	出厂值	设定值	说明
Pr. 1	120	50	上限频率（Hz）
Pr. 2	0	0	下限频率（Hz）
Pr. 3	50	50	基准频率（Hz）
Pr. 79	0	2	选择单一的 EXT 操作模式
Pr. 178	60	60	STF 端子功能选择（正转指令）
Pr. 179	61	61	STR 端子功能选择（反转指令）
Pr. 181	1	1	RM 端子功能选择（定义为多段速端子）
Pr. 5	30	30	RM 端子固定频率值设定（Hz）
Pr. 77	0	0	变频器仅处在停机时参数可以被写入
Pr. 7	5	10	斜坡上升时间（s）
Pr. 8	5	10	斜坡下降时间（s）

续表

参数号	出厂值	设定值	说明
Pr. 14	0	1	适用负荷为变转矩负载（风机）
Pr. 78	0	0	电动机可正、反向运行

4. 变频器与PLC联机接线

变频器与PLC联机接线采用硬接线方式，如图9-2所示。

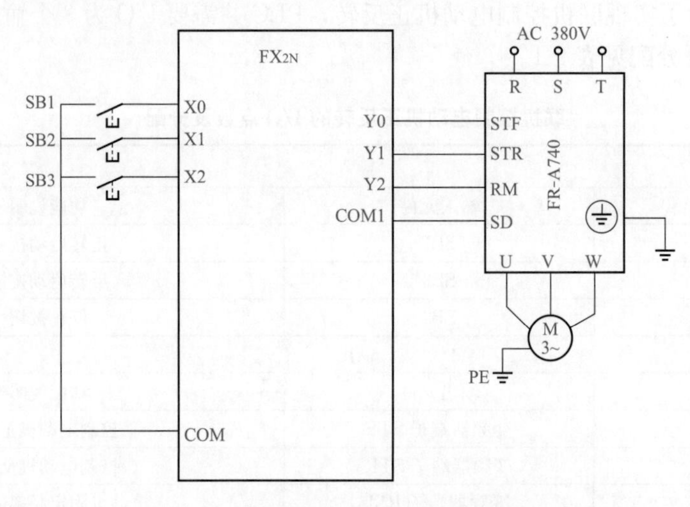

图9-2　联机控制电动机正反转的接线

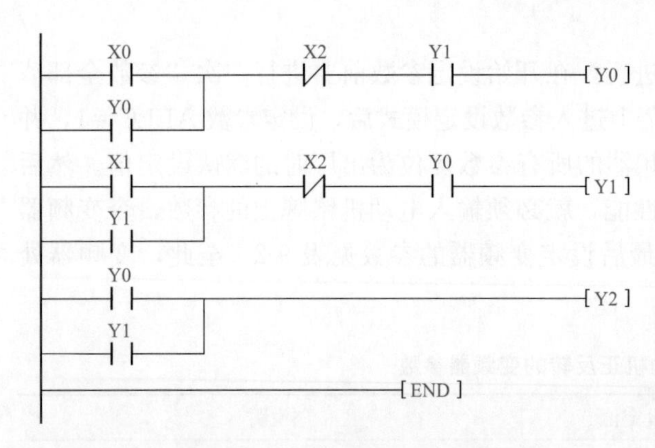

图9-3　联机控制电动机正反转的PLC梯形图

5. 编制梯形图

联机控制电动机正反转的PLC梯形图如图9-3所示。

6. 联机控制过程

（1）电动机正向运行控制。按下正转启动按钮SB1，PLC输入继电器X0接通，其动合触点X0闭合，使输出继电器Y0线圈接通并自锁。同时，输出继电器Y2线圈接通。由此，变频器的数字端子STF、RM为ON，电动机按Pr. 7所设定的10s斜坡上升时间正向启动运行。经过6s后，稳定运行在由Pr. 5所设定的正向运行30Hz频率值所对应的转速上。

（2）电动机反向运行控制。按下反转启动按钮SB2，PLC输入继电器X1接通，其动合触点X1闭合，使输出继电器Y1线圈接通并自锁。同时，输出继电器Y2线圈接通。由此，变频器的数字端子STR、RM为ON，电动机按Pr. 7所设定的10s斜坡上升时间反向启动运行。经过6s后，稳定运行在由Pr. 5所设定的反向运行30Hz频率值所对应的转速上。

（3）电动机停机控制。按下停止按钮SB3，PLC输入继电器X2接通，其动断触点X2断开，使输出继电器Y0（Y1）及输出继电器Y2线圈断开，变频器的数字端子STF（STR）及RM为OFF，电动机按Pr. 8所设定的10s斜坡下降时间开始减速，经过6s后电动机停止

运行。

第三节 联机在电动机模拟信号无级调速控制中的应用

1. 项目描述

通过变频器与 PLC 联机，实现用 PLC 控制变频器对电动机进行模拟信号无级调速的控制，要求 PLC 输出 DC0～10V 的电压给变频器，由变频器输出 0～50Hz 的频率。

2. PLC 的 I/O 点数及分配

正转启动按钮 SB1、停止按钮 SB2、反转启动按钮 SB3 这 3 个外部器件需接在 PLC 的 3 个输入端子上，可分配为 X0、X1、X2 输入点；输出端子两个，可分配为 Y0、Y1 输出点。由此可知，为了实现联机控制电动机模拟信号无级调速，PLC 共需要 I/O 为 3 个输入点、两个输出点，其 I/O 点数及分配见表 9-3。

表 9-3　联机控制电动机模拟信号无级调速的 I/O 点数及分配

输入		
输入点	输入元件	功能说明
X0	SB1	正转启动按钮
X1	SB2	停止按钮
X2	SB3	反转启动按钮
输出		
输出点	输出元件	功能说明
Y0	变频器端子 STF	控制电动机正转
Y1	变频器端子 STR	控制电动机反转

3. 设定变频器的参数

首先为了使变频器参数调试能够顺利进行，在开始设定参数前要进行一次“参数全部清除（ALLC)”操作。在操作面板 FR-DU07 上进入参数设定模式后，设定参数 ALLC=1，并按下设定键“SET”确认写入，此时将变频器的所有参数复位为出厂时的默认设定值。然后为了使电动机与变频器相匹配以获得最优性能，就必须输入电动机铭牌上的参数，令变频器识别控制对象。电动机参数设定完成后，最后设定变频器的参数，具体见表 9-4。至此，变频器处于准备状态，可以正常运行。

表 9-4　联机控制电动机模拟信号无级调速的变频器参数

参数号	出厂值	设定值	说明
Pr. 1	120	50	上限频率（Hz）
Pr. 2	0	0	下限频率（Hz）
Pr. 3	50	50	基准频率（Hz）
Pr. 79	0	2	选择单一的 EXT 操作模式
Pr. 178	60	60	STF 端子功能选择（正转指令）
Pr. 179	61	61	STR 端子功能选择（反转指令）
Pr. 77	0	0	变频器仅处在停机时参数可以被写入
Pr. 7	5	5	斜坡上升时间（s）

续表

参数号	出厂值	设定值	说明
Pr. 8	5	5	斜坡下降时间（s）
Pr. 14	0	1	适用负荷为变转矩负载（风机）
Pr. 78	0	0	电动机可正、反向运行

4. 变频器与PLC联机接线

变频器与PLC联机接线采用硬接线方式，其中PLC模拟信号DC0～10V的输出由特殊功能模块FX2N-2DA（模拟量输出模块）获得，信号大小通过增益和偏置电位器R_P进行调节，模拟量输出端子VOUT、COM接在变频器的模拟输入端子2、5，如图9-4所示。

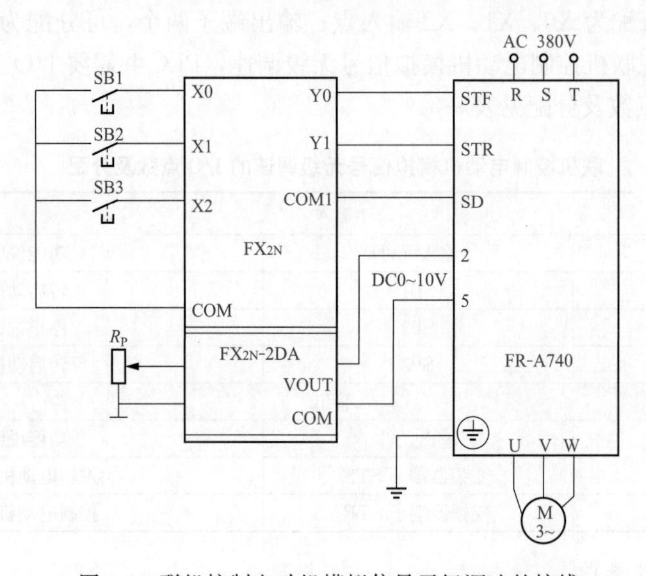

图9-4 联机控制电动机模拟信号无级调速的接线

5. 编制梯形图

联机控制电动机模拟信号无级调速的PLC梯形图如图9-5所示。模拟量输出模块FX2N-2DA（识别码D2＝K3010）安装在1号模块位置（识别码K1＝BFM＃30），并设定CH1为电压输出。

6. 联机控制过程

（1）电动机正向运行。按下正转启动按钮SB1，PLC输入继电器X1接通，其动合触点X1闭合，使输出继电器Y0线圈接通并自锁。由此，变频器的数字端子STF为ON，电动机按Pr. 7所设定的5s斜坡上升时间正向启动运行。

（2）电动机反向运行。按下反转启动按钮SB3，PLC输入继电器X2接通，其动合触点X2闭合，使输出继电器Y1线圈接通并自锁。由此，变频器的数字端子STR为ON，电动机按Pr. 7所设定的5s斜坡上升时间反向启动运行。

（3）电动机正反向运行调速。当电动机正反向运行时，特殊辅助继电器M8000（PLC开机运行时为ON，停止执行时为OFF）的动合触点闭合，执行FROM（指令代码为FNC78）和CMP（指令代码为FNC10）指令，对FX2N-2DA模块进行识别。识别结束后，辅助继电器M1的动合触点闭合，执行TO（指令代码为FNC79）指令，将电压信号输出到指定的D0

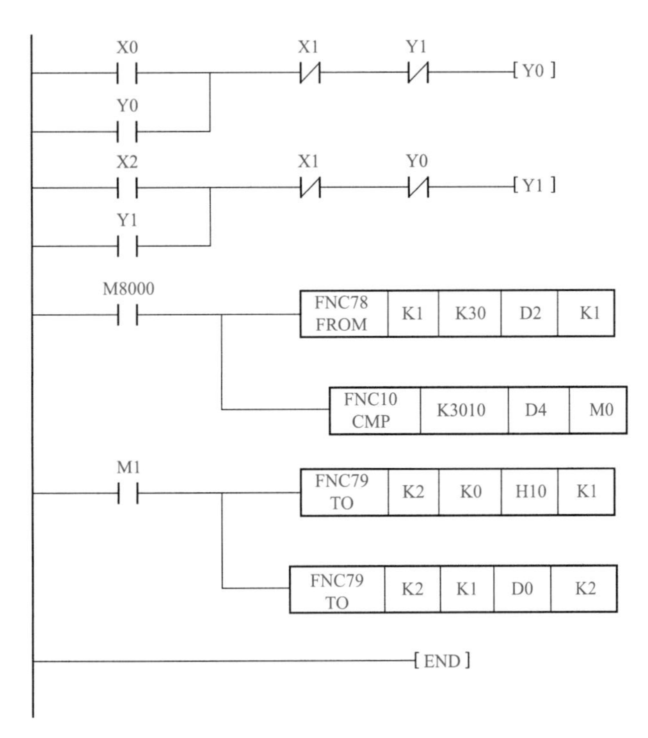

图 9-5　联机控制电动机模拟信号无级调速的 PLC 梯形图

(CH1)，并由模拟量输出端子 VOUT、COM 再将电压输出信号输入到变频器的模拟输入端口 2、5 中，通过调节电位器 R_P 来控制 DC0～10V 的大小，从而实现电动机正向无级调速。

(4) 电动机停机控制。有两种方法可使电动机停止运行：一种是调节电位器 R_P，使其输出电压为 0V，电动机正向或反向停止运行；另一种是按下停止按钮 SB2，PLC 输入继电器 X1 接通，其动断触点 X1 断开，使输出继电器 Y0（Y1）线圈断开，变频器的数字端子 STF（STR）为 OFF，电动机按 Pr. 8 所设定的 5s 斜坡下降时间开始减速直至停机。

第四节　联机在电动机 3 段速控制中的应用

1. 项目描述

通过变频器与 PLC 联机，实现用 PLC 控制变频器对电动机进行 3 段速的控制，控制要求如下。

(1) 按下启动按钮 SB1 和第 1 段速按钮 SB3，电动机启动并运行在频率为 20Hz 的第 1 段速。

(2) 按下第 2 段速按钮 SB4，电动机运行在频率为 30Hz 的第 2 段速。

(3) 按下第 3 段速按钮 SB5，电动机运行在频率为 50Hz 的第 3 段速。

(4) 按下停止按钮 SB2，电动机停机。

2. PLC 的 I/O 点数及分配

启动按钮 SB1、停止按钮 SB2、第 1 段速按钮 SB3、第 2 段速按钮 SB4、第 3 段速按钮 SB5 这 5 个外部器件需接在 PLC 的 5 个输入端子上，可分配为 X0、X1、X2、X3、X4 输入点；输出端子 4 个，可分配为 Y0、Y1、Y2、Y3 输出点。由此可知，为了实现联机控制电动机 3 段速，PLC 共需要 I/O 为 5 个输入点、4 个输出点，其 I/O 点数及分配见表 9-5。

表 9-5　联机控制电动机 3 段速的 I/O 点数及分配

输入		
输入点	输入元件	功能说明
X0	SB1	启动按钮
X1	SB2	停止按钮
X2	SB3	第 1 段速按钮
X3	SB4	第 2 段速按钮
X4	SB5	第 3 段速按钮
输出		
输出点	输出元件	功能说明
Y0	变频器端子 STF	控制电动机正转
Y1	变频器端子 RL	电动机第 1 段速运行
Y2	变频器端子 RM	电动机第 2 段速运行
Y3	变频器端子 RH	电动机第 3 段速运行

3. 设定变频器的参数

首先为了使变频器参数调试能够顺利进行，在开始设定参数前要进行一次“参数全部清除（ALLC）”操作。在操作面板 FR-DU07 上进入参数设定模式后，设定参数 ALLC=1，并按下设定键“SET”确认写入，此时将变频器的所有参数复位为出厂时的默认设定值。然后为了使电动机与变频器相匹配以获得最优性能，就必须输入电动机铭牌上的参数，令变频器识别控制对象。电动机参数设定完成后，最后设定变频器的参数，具体见表 9-6。至此，变频器处于准备状态，可以正常运行。

表 9-6　联机控制电动机 3 段速的变频器参数

参数号	出厂值	设定值	说明
Pr. 1	120	50	上限频率（Hz）
Pr. 2	0	0	下限频率（Hz）
Pr. 3	50	50	基准频率（Hz）
Pr. 79	0	2	选择单一的 EXT 操作模式
Pr. 178	60	60	STF 端子功能选择（正转指令）
Pr. 180	0	0	RL 端子功能选择（低速运行指令）
Pr. 181	1	1	RM 端子功能选择（中速运行指令）
Pr. 182	2	2	RH 端子功能选择（高速运行指令）
Pr. 4	50	50	RH 端子固定频率值设定（高速）（Hz）
Pr. 5	30	30	RM 端子固定频率值设定（中速）（Hz）
Pr. 6	10	20	RL 端子固定频率值设定（低速）（Hz）
Pr. 77	0	0	变频器仅处在停机时参数可以被写入
Pr. 7	5	5	斜坡上升时间（s）
Pr. 8	5	5	斜坡下降时间（s）
Pr. 14	0	1	适用负荷为变转矩负载（风机）

4. 变频器与 PLC 联机接线

变频器与 PLC 联机接线采用硬接线方式，如图 9-6 所示。

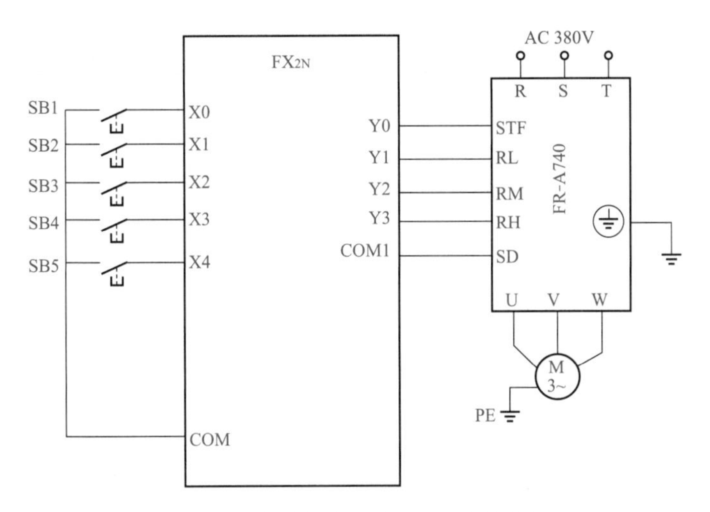

图 9-6　联机控制电动机 3 段速的接线

5. 编制梯形图

联机控制电动机 3 段速的 PLC 梯形图如图 9-7 所示。

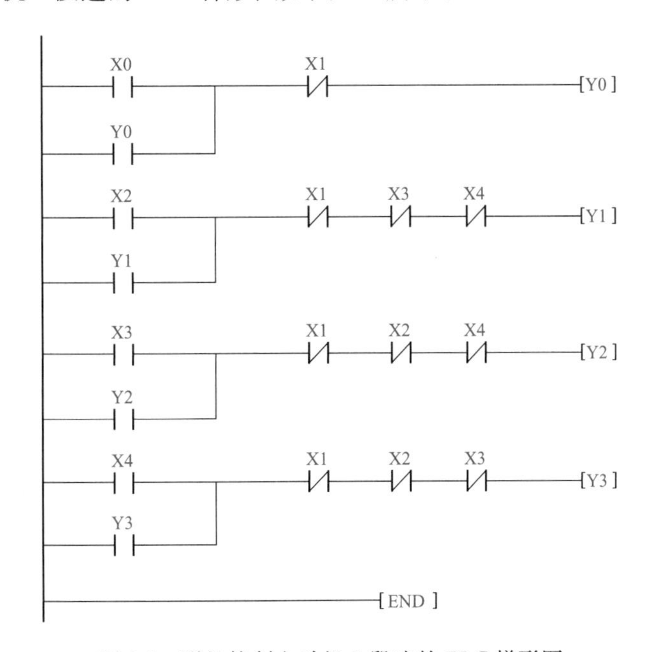

图 9-7　联机控制电动机 3 段速的 PLC 梯形图

6. 联机控制过程

（1）按下启动按钮 SB1 和第 1 段速按钮 SB3，PLC 输入继电器 X0、X2 接通，其动合触点 X0、X2 闭合，使输出继电器 Y0、Y1 线圈接通并自锁。由此，变频器的数字端子 STF、RL 为 ON，RM、RH 为 OFF，故电动机启动并运行在频率为 20Hz 的第 1 段速所对应的转速上。

（2）按下第2段速按钮SB4，PLC输入继电器X3接通，其动合触点X3闭合，使输出继电器Y2线圈接通并自锁。由此，变频器的数字端子RM为ON，RL、RH为OFF，故电动机运行在频率为30Hz的第2段速所对应的转速上。

（3）按下第3段速按钮SB5，PLC输入继电器X4接通，其动合触点X4闭合，使输出继电器Y3线圈接通并自锁。由此，变频器的数字端子RH为ON，RL、RM为OFF，故电动机运行在频率为50Hz的第3段速所对应的转速上。

（4）按下停止按钮SB2，PLC输入继电器X1接通，其动断触点X1断开，使输出继电器Y0、Y1、Y2、Y3线圈断开，故变频器的数字端子STF、RL、RM、RH为OFF，电动机停止运行。

第五节　联机在电动机工频-变频切换控制中的应用

1. 项目描述

通过变频器与PLC联机，实现用PLC控制变频器对电动机进行工频-变频两种模式下的运行，确保变频器在出现故障时可以控制电动机自动切换到工频运行模式，并发出声光报警信号，控制要求如下。

（1）主电路共有3个接触器，其作用是：KM1将电源线接至变频器的输入端，KM2将变频器的输出端接至电动机，KM3将工频电源直接接至电动机，KM1和KM2动作时电动机在变频模式下运行，仅KM3动作时电动机在工频模式下运行。

（2）选择开关SA用于切换PLC的工频-变频两种模式。

（3）变频器因故障跳闸时，能够进行声光报警，并能在10s后控制电动机自动切入工频模式下运行。

2. PLC的I/O点数及分配

根据以上的控制要求，为了实现联机控制电动机工频-变频运行切换，PLC共需要I/O为8个输入点、5个输出点，其I/O点数及分配见表9-7。

表9-7　联机控制电动机工频-变频切换的I/O点数及分配

输入		
输入点	输入元件	功能说明
X0	SB1	程序启动按钮
X1	SB2	程序停止按钮
X2	SB3	变频启动按钮
X3	SB4	变频停止按钮
X4	SA	工频模式运行开关
X5	SA	变频模式运行开关
X6	FR	过载保护触点
X7	变频器端子A1	变频器故障输出触点
输出		
输出点	输出元件	功能说明
Y0	KM1	工频电源接触器

续表

输出		
输出点	输出元件	功能说明
Y1	KM2	变频电源接触器
Y2	KM3	工频运行接触器
Y3	HA	故障报警指示灯
Y4	变频器端子 STF	控制电动机正转

3. 设定变频器的参数

首先为了使变频器参数调试能够顺利进行，在开始设定参数前要进行一次“参数全部清除（ALLC）”操作。在操作面板 FR-DU07 上进入参数设定模式后，设定参数 ALLC=1，并按下设定键“SET”确认写入，此时将变频器的所有参数复位为出厂时的默认设定值。然后为了使电动机与变频器相匹配以获得最优性能，就必须输入电动机铭牌上的参数，令变频器识别控制对象。电动机参数设定完成后，最后设定变频器的参数，具体见表 9-8。至此，变频器处于准备状态，可以正常运行。

表 9-8　　联机控制电动机工频-变频切换的变频器参数

参数号	出厂值	设定值	说明
Pr. 1	120	50	上限频率（Hz）
Pr. 2	0	0	下限频率（Hz）
Pr. 3	50	50	基准频率（Hz）
Pr. 79	0	2	选择单一的 EXT 操作模式
Pr. 178	60	60	STF 端子功能选择（正转指令）
Pr. 195	99	99	变频器故障时端子 A1-C1 闭合
Pr. 77	0	0	变频器仅处在停机时参数可以被写入
Pr. 7	5	5	斜坡上升时间（s）
Pr. 8	5	5	斜坡下降时间（s）
Pr. 14	0	1	适用负荷为变转矩负载（风机）

4. 变频器与 PLC 联机接线

变频器与 PLC 联机接线采用硬接线方式，如图 9-8 所示。

5. 编制梯形图

联机控制电动机工频-变频切换的 PLC 梯形图如图 9-9 所示。

6. 联机控制过程

（1）电源模式选择。选择开关 SA 扳到工频模式的位置时（X4），PLC 输入继电器 X4 接通，其动合触点 X4 闭合，为电动机工频运行做好准备。

（2）工频模式运行。按下程序启动按钮 SB1，PLC 输入继电器 X0 接通，其动合触点 X0 闭合，使输出继电器 Y2 线圈接通并自锁，接触器 KM3 线圈得电吸合，其主触点闭合，电动机在工频模式下启动运行。

（3）工频运行停机。按下程序停止按钮 SB2，PLC 输入继电器 X1 接通，其动断触点 X1 断开，使输出继电器 Y2 线圈断开，接触器 KM3 线圈失电释放，其主触点断开，电动机在工频模式下停机。

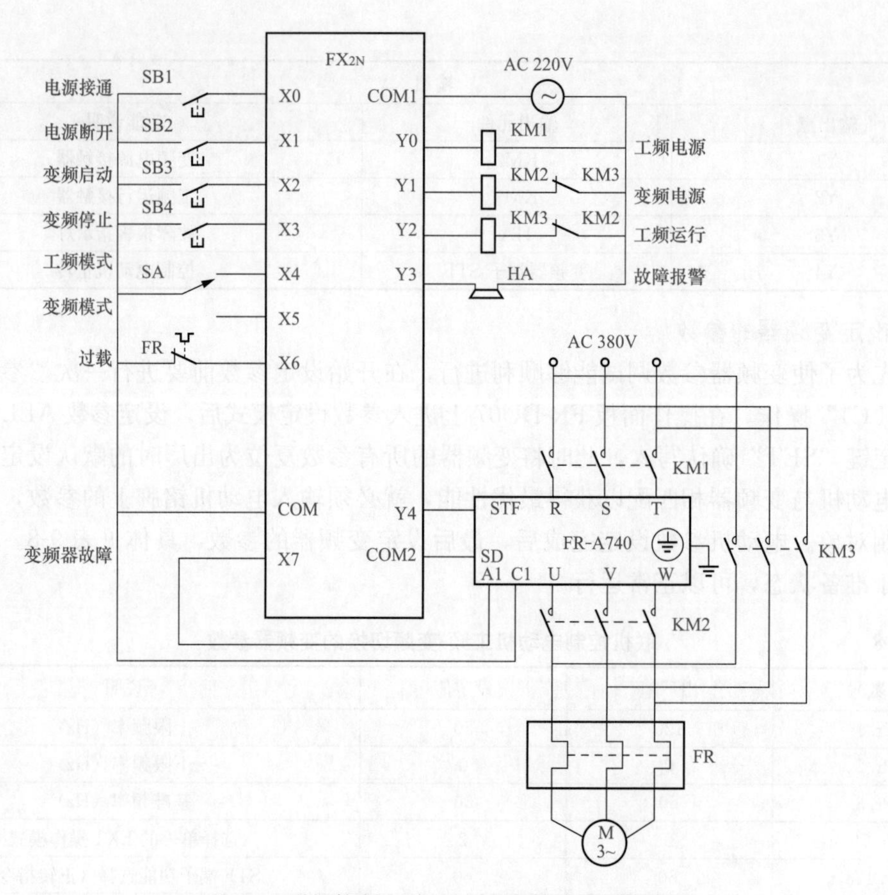

图 9-8　联机控制电动机工频-变频切换的接线

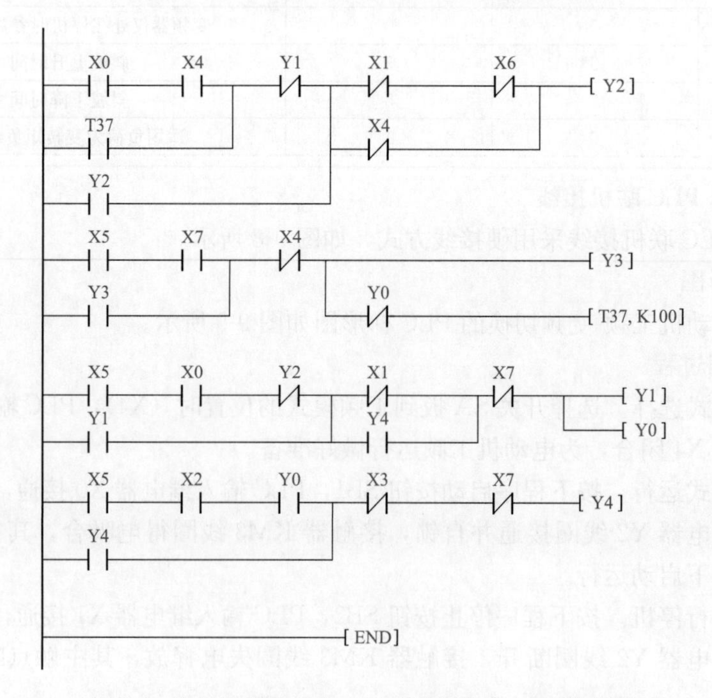

图 9-9　联机控制电动机工频-变频切换的 PLC 梯形图

(4) 电源模式选择。选择开关SA扳到变频模式的位置时（X5），PLC输入继电器X5接通，其动合触点X5闭合，为电动机变频运行做好准备。

(5) 启动程序。按下程序启动按钮SB1，PLC输入继电器X0接通，其动合触点X0闭合，使输出继电器Y0、Y1线圈接通并自锁，接触器KM1、KM2线圈得电吸合，其主触点闭合，接通变频器电源，同时将电动机接到变频器的输出端。

(6) 变频运行。按下变频启动按钮SB3，PLC输入继电器X2接通，其动合触点X2闭合，使输出继电器Y4线圈接通并自锁。由此，变频器的数字端子STF为ON，电动机在变频模式下启动加速运行。

(7) 变频运行自锁。因为PLC输出继电器Y4的动合触点闭合，使程序停止按钮SB2的动断触点X1失去作用，因此有效地防止了电动机在变频运行时意外失去变频器的电源，确保电动机在变频模式下可靠运行。

(8) 变频运行停机。按下变频停止按钮SB4，PLC输入继电器X3接通，其动断触点X3断开，使输出继电器Y4线圈断开。由此，变频器的数字端子STF为OFF，电动机在变频模式下减速至停机。

(9) 故障处理。如果变频器出现故障，变频器内部输出继电器触点A1、C1闭合，PLC输入继电器X7接通，其动断触点X7断开，使输出继电器Y0、Y1、Y4线圈断开，从而接触器KM1、KM2线圈失电释放，其主触点断开，切断变频器的电源。同时，变频器的数字端子STF为OFF，电动机停机。

(10) 运行模式自动切换。PLC输入继电器动合触点X7闭合，使输出继电器Y3线圈接通并自锁，声光报警器HA开始报警。同时，通电延时型定时器T37接通，计时开始。当计时到10s后，延时动合触点T37闭合，使输出继电器Y2线圈接通并自锁，接触器KM3线圈得电吸合，其主触点闭合，电动机自动进入工频模式下启动运行。

第六节　联机在高炉卷扬机控制中的应用

1. 项目描述

在冶金高炉炼铁生产线上，一般把准备好的炉料从地面的贮矿槽运送到炉顶的生产机械称为高炉上料设备，它主要包括料车坑、料车、斜桥、上料机，而料车卷扬机是料车上料机的拖动设备。

料车的机械传动系统如图9-10所示。在工作过程中，两个料车交替上料，当装满炉料的料车上升时，空料车下行，空车重量相当于一个平衡锤，平衡了重料车的车箱自重。当上行或下行时，两个料车由一个卷扬机拖动，不但节省了拖动电动机的功率，而且当电动机运转时总有一个重料车上行，没有空行程。这样使拖动电动机总是处于电动状态运行，避免了电动机处于发电运行状态所带来的一些问题。

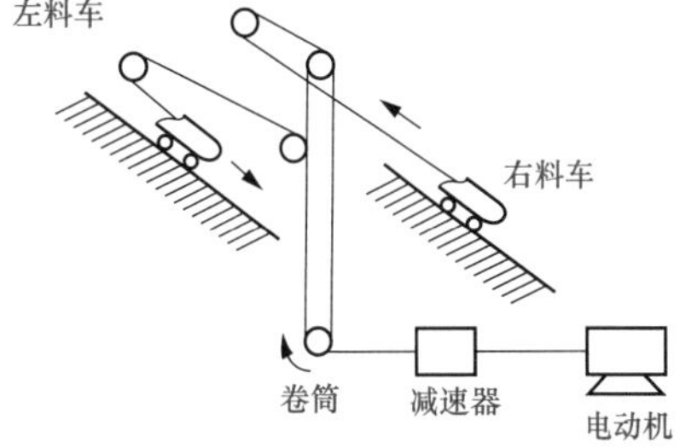

图9-10　料车的机械传动系统

料车在斜桥上的运行分为启动、加速、稳定运行、减速、倾翻、制动共6个阶段，在整个过程中包括一次加速、两次减速，其工艺流程如图9-11所示。根据料车运行速度的要求，电动机在高速、中速、低速段的速度采用变频器设定的固定频率，速度切换由PLC输出信号控制，控制要求如下。

（1）重料车启动加速段，加速时间为3s。

（2）重料车高速运行段所对应的变频器频率为50Hz，电动机转速为740r/min，钢绳速度1.5m/s。

（3）重料车第一次减速段所对应的变频器频率从50Hz下降到20Hz，电动机转速从740r/min下降到296r/min，钢绳速度从1.5m/s下降到0.6m/s。

（4）重料车第二次减速段所对应的变频器频率从20Hz下降到6Hz，电动机转速从296r/min下降到88.8r/min，钢绳速度从0.6m/s下降到0.18m/s。

（5）重料车制动停车段，减速时间为3s。

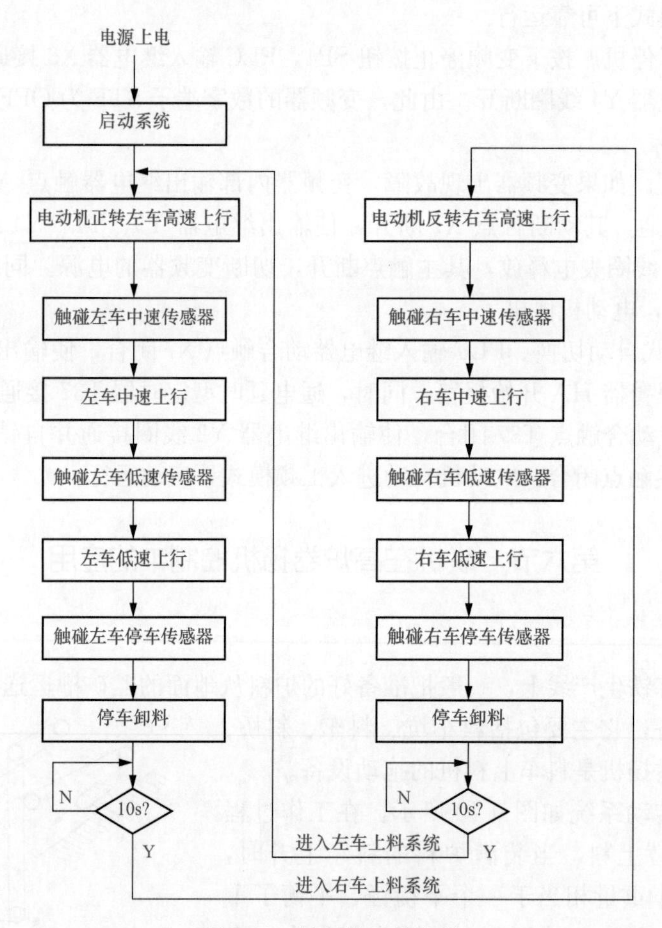

图9-11　料车的工艺流程

2. PLC的I/O点数及分配

根据以上的控制要求，为了实现联机控制高炉卷扬机，PLC共需要I/O为19个输入点、10个输出点，因此选择三菱FX_{2N}-48MR型的PLC，其具体的I/O点数及分配见表9-9。

表 9-9　　联机控制高炉卷扬机 PLC 的 I/O 点数及分配

输入		
输入点	输入元件	功能说明
X0	SB1	电源接触器 KM1 得电按钮
X1	SB2	电源接触器 KM1 失电按钮
X2	SA1	左料车上行开关
X3	SA2	右料车上行开关
X4	SA3	手动停车开关
X5	SA4	手动操作开关
X6	SA5	自动操作开关
X7	SA6	停车开关
X10	SA7	左料车高速上行开关
X11	SA8	右料车高速上行开关
X12	SA9	左料车中速上行开关
X13	SA10	右料车中速上行开关
X14	SA11	左料车低速上行开关
X15	SA12	右料车低速上行开关
X16	SQ1	左车限位开关
X17	SQ2	右车限位开关
X20	SA13	急停开关
X21	SA14	松绳保护开关
X22	变频器端子 A1	变频器故障输出触点
输出		
输出点	输出元件	功能说明
Y0	变频器端子 STF	左料车上行
Y1	变频器端子 STR	右料车上行
Y2	变频器端子 RH	料车高速运行
Y3	变频器端子 RM	料车中速运行
Y4	变频器端子 RL	料车低速运行
Y11	KM1	电源接触器 KM1 线圈
Y12	HL1	工作指示灯
Y13	HL2	故障指示灯
Y14	HA	故障音响报警
Y15	KM2	电磁抱闸接触器 KM2 线圈

3. 设定变频器的参数

首先为了使变频器参数调试能够顺利进行，在开始设定参数前要进行一次“参数全部清除（ALLC)”操作。在操作面板 FR-DU07 上进入参数设定模式后，设定参数 ALLC=1，并按下设定键“SET”确认写入，此时将变频器的所有参数复位为出厂时的默认设定值。然后为了使电动机与变频器相匹配以获得最优性能，就必须输入电动机铭牌上的参数，令变频器识别控制对象。电动机参数设定完成后，最后设定变频器的参数，具体见表 9-10。至此，变频器处于准备状态，可以正常运行。

表 9-10　联机控制高炉卷扬机的变频器参数

参数号	出厂值	设定值	说明
Pr. 1	120	50	上限频率（Hz）
Pr. 2	0	0	下限频率（Hz）
Pr. 3	50	50	基准频率（Hz）
Pr. 79	0	2	选择单一的 EXT 操作模式
Pr. 178	60	60	STF 端子功能选择（正转指令）
Pr. 179	61	61	STR 端子功能选择（反转指令）
Pr. 195	99	99	变频器故障时端子 A1-C1 闭合
Pr. 180	0	0	RL 端子功能选择（低速运行指令）
Pr. 181	1	1	RM 端子功能选择（中速运行指令）
Pr. 182	2	2	RH 端子功能选择（高速运行指令）
Pr. 4	50	50	RH 端子固定频率值设定（高速）（Hz）
Pr. 5	30	20	RM 端子固定频率值设定（中速）（Hz）
Pr. 6	10	6	RL 端子固定频率值设定（低速）（Hz）
Pr. 77	0	0	变频器仅处在停机时参数可以被写入
Pr. 7	5	3	斜坡上升时间（s）
Pr. 8	5	3	斜坡下降时间（s）
Pr. 14	0	1	适用负荷为变转矩负载（风机）
Pr. 78	0	0	电动机可正、反向运行

4. 变频器与 PLC 联机接线

变频器与 PLC 联机接线采用硬接线方式，如图 9-12 所示。

5. 编制梯形图

联机控制高炉卷扬机的 PLC 梯形图如图 9-13 所示。

6. 联机控制过程

（1）自动控制过程。

1）按下电源接触器 KM1 得电按钮 SB1，PLC 输入继电器 X0 接通，其动合触点 X0 闭合，使输出继电器 Y11 线圈接通并自锁，接触器 KM1 线圈得电吸合，其主触点闭合，接通变频器输入电源。

2）输出继电器 Y11 动合触点闭合，且输出继电器 Y12 线圈接通，使工作指示灯 HL1 点亮。

3）合上自动操作开关 SA5，PLC 输入继电器 X6 接通，其动合触点 X6 闭合，使辅助继电器 M0 线圈接通，其动合触点 M0 闭合，为高炉卷扬机自动运行做好准备。

4）合上左料车上行开关 SA1，PLC 输入继电器 X2 接通，其动合触点 X2 闭合，使输出继电器 Y0 线圈接通并自锁。由此，变频器的数字端子 STF 为 ON，左料车按 Pr. 7 所设定的 3s 斜坡上升时间启动上行。

5）输出继电器 Y0 动合触点闭合，使输出继电器 Y15 线圈接通，接触器 KM2 线圈得电吸合，其主触点闭合，接通变频器输出电源，同时电磁抱闸得电松闸；动合触点 Y0（3 个）闭合，为输出继电器 Y2、Y3、Y4 线圈接通做好准备。

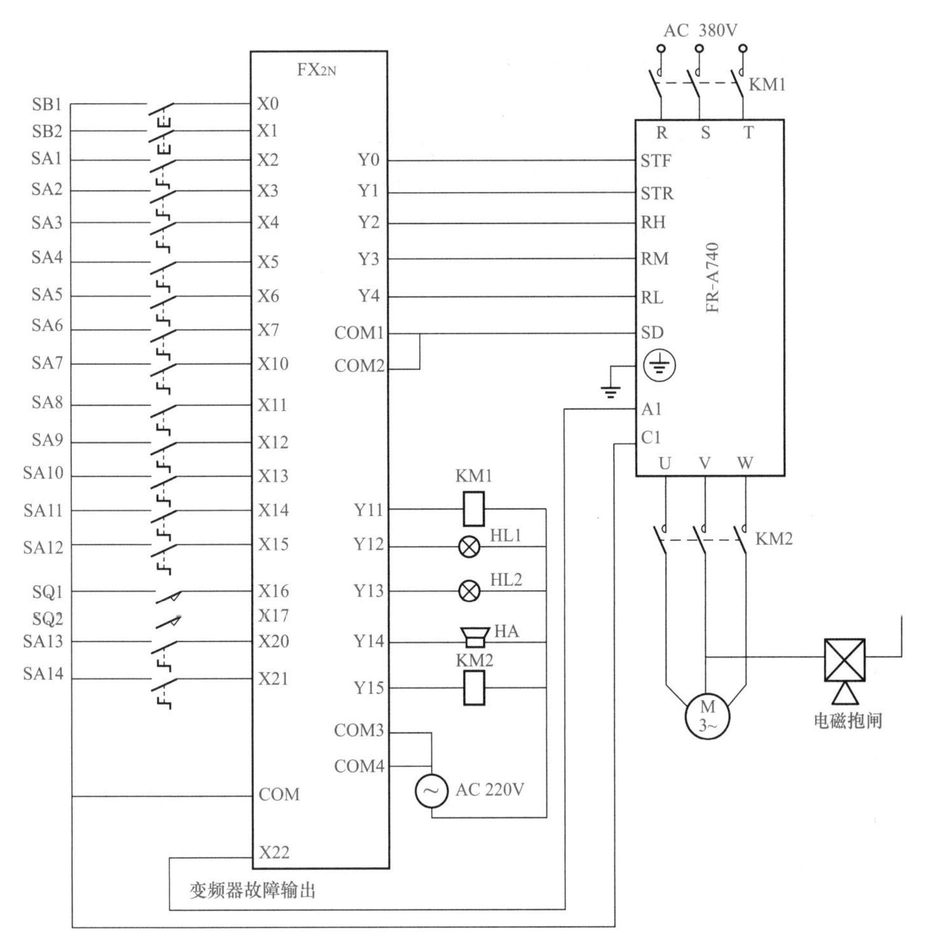

图 9-12　联机控制高炉卷扬机的接线

6）左料车在低位时已碰压高速上行开关 SA7 使其闭合，PLC 输入继电器 X10 接通，其动合触点 X10 闭合，使输出继电器 Y2 线圈接通。由此，变频器的数字端子 RH 为 ON，即电动机启动后运行在 Pr. 4 所设定的频率为 50Hz 所对应的高转速上。

7）左料车上行过程中碰压中速上行开关 SA9 使其闭合（同时高速上行开关 SA7 断开），PLC 输入继电器 X12 接通，其动合触点 X12 闭合，使输出继电器 Y3 线圈接通。由此，变频器的数字端子 RM 为 ON，电动机运行在 Pr. 5 所设定的频率为 20Hz 所对应的中转速上。

8）左料车上行过程中碰压低速上行开关 SA11 使其闭合（同时中速上行开关 SA9 断开），PLC 输入继电器 X14 接通，其动合触点 X14 闭合，使输出继电器 Y4 线圈接通。由此，变频器的数字端子 RL 为 ON，电动机运行在 Pr. 6 所设定的频率为 6Hz 所对应的低转速上。

9）左料车上行到终点位置时碰压左车限位开关 SQ1 使其闭合，PLC 输入继电器 X16 接通，其动断触点 X16 断开，使输出继电器 Y0 线圈断开。由此，变频器的数字端子 STF 为 OFF，左料车按 Pr. 8 所设定的 3s 斜坡下降时间停止上行，并进行卸料，卸料时间为 10s。

10）输入继电器 X16 动合触点闭合，使通电延时型定时器 T37 接通，计时开始。当计时到 10s 后，延时动合触点 T37 闭合，使辅助继电器 M3 线圈接通，其动合触点 M3 闭合，为右料车自动上行做好准备。

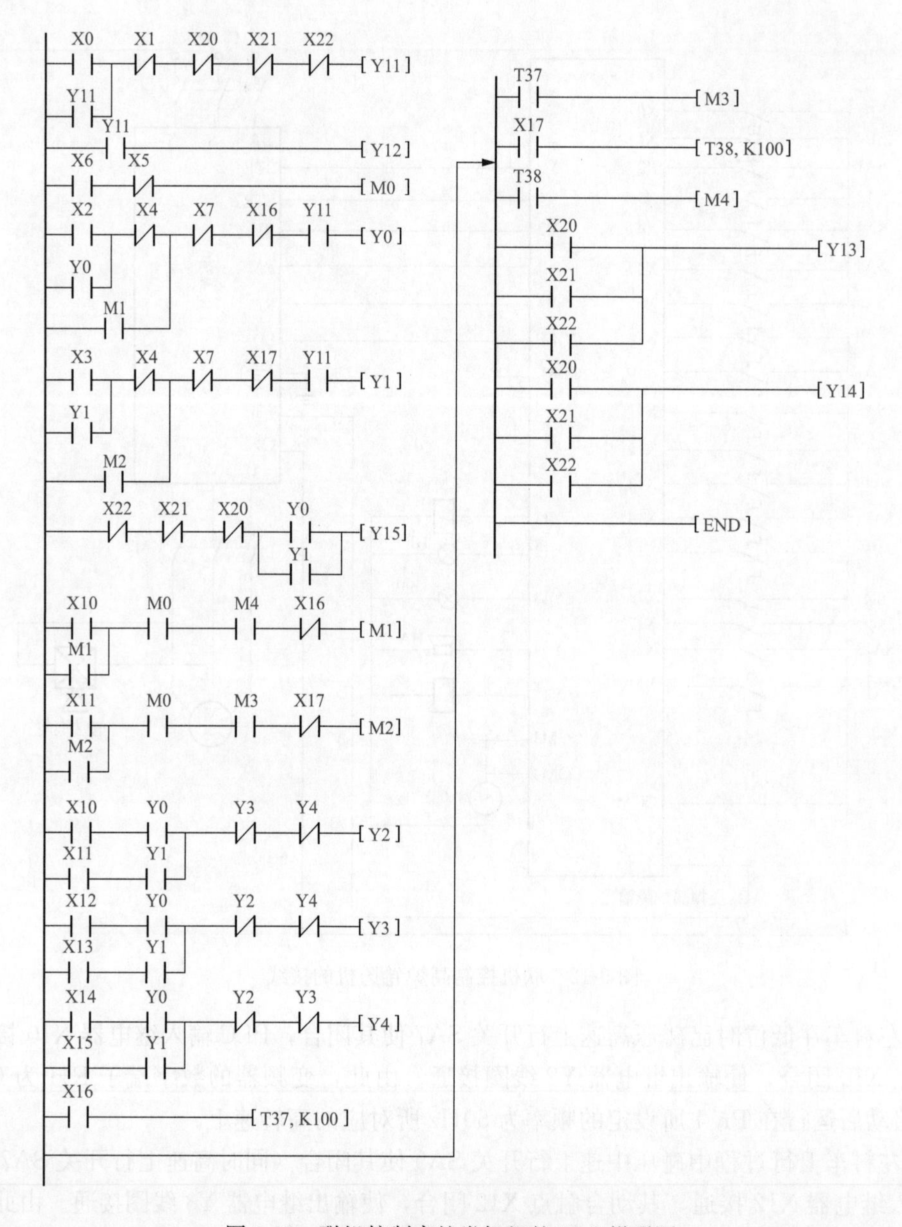

图 9-13 联机控制高炉卷扬机的 PLC 梯形图

11）右料车在低位时碰压高速上行开关 SA8 使其闭合，PLC 输入继电器 X11 接通，其动合触点 X11 闭合，使辅助继电器 M2 线圈接通并自锁，其动合触点 M2 闭合，使输出继电器 Y1 线圈接通并自锁。由此，变频器的数字端子 STR 为 ON，右料车按 Pr. 7 所设定的 3s 斜坡上升时间自动启动上行，实现了自动交替上料运行。

12）输出继电器 Y1 动合触点闭合，使输出继电器 Y15 线圈接通，接触器 KM2 线圈得电吸合，其主触点闭合，接通变频器输出电源，同时电磁抱闸得电松闸；动合触点 Y1（3 个）闭合，为输出继电器 Y2、Y3、Y4 线圈接通做好准备。

13）以下控制过程与左料车相似，读者可自行分析。

（2）手动控制过程。

1）合上手动操作开关 SA4，PLC 输入继电器 X5 接通，其动断触点 X5 断开，使辅助继电器 M0 线圈断开，其动合触点 M0 断开，为高炉卷扬机手动运行做好准备。

2）由于辅助继电器 M0 动合触点断开（2 个），即使延时动合触点 T37、T38 闭合导致辅助继电器 M3、M4 线圈动合触点闭合，也无法使辅助继电器 M1、M2 线圈接通，也就无法将变频器的数字端子 STR 或 STF 自动变为 ON，故左、右料车不能自动交替上料运行，只能通过操作开关 SA1、SA2 对其进行上行控制。

3）手动控制过程除了左、右料车不能自动交替上料运行外，其余和自动控制过程相似，读者可自行分析。

（3）停机控制过程。

1）通过接触器 KM1 停机。按下电源接触器 KM1 失电按钮 SB2，PLC 输入继电器 X1 接通，其动断触点 X1 断开，使输出继电器 Y11 线圈断开，接触器 KM1 线圈失电释放，其主触点断开，切断变频器输入电源。由此，输出继电器 Y0、Y1 线圈断开，变频器的数字端子 STF、STR、RH、RM、RL 为 OFF，左、右料车停止运行。动合触点 Y0、Y1 断开，使输出继电器 Y15 线圈断开，接触器 KM2 线圈失电释放，其主触点断开，切断变频器输出电源，同时电磁抱闸失电紧闸。

2）通过停车开关 SA6 停机。按下停车开关 SA6，PLC 输入继电器 X7 接通，其动断触点 X7 断开，使输出继电器 Y0、Y1 线圈断开，以下控制过程同上。

3）通过急停开关 SA13 停机。按下急停开关 SA13，PLC 输入继电器 X20 接通，其动合触点 X20 闭合（两个），使输出继电器 Y13、Y14 线圈接通，随即故障指示灯 HL2 点亮、故障音响报警。动断触点 X20 断开，使输出继电器 Y15 线圈断开，接触器 KM2 线圈失电释放，其主触点断开，切断变频器输出电源，同时电磁抱闸失电紧闸。

4）通过松绳保护开关 SA14 停机。如果出现松绳故障，松绳保护开关 SA14 闭合，PLC 输入继电器 X21 接通，其动合触点 X21 闭合（两个），使输出继电器 Y13、Y14 线圈接通，随即故障指示灯 HL2 点亮、故障音响 HA 报警。动断触点 X21 断开，使输出继电器 Y15 线圈断开，接触器 KM2 线圈失电释放，其主触点断开，切断变频器输出电源，同时电磁抱闸失电紧闸。

5）通过变频器保护输出停机。如果变频器出现故障，其端子 A1、C1 闭合，PLC 输入继电器 X22 接通，其动合触点 X22 闭合（两个），使输出继电器 Y13、Y14 线圈接通，导致故障指示灯 HL2 点亮、故障音响 HA 报警。动断触点 X22 断开，使输出继电器 Y15 线圈断开，接触器 KM2 线圈失电释放，其主触点断开，切断变频器输出电源，同时电磁抱闸失电紧闸。

第十章

变频器与PLC的选型与维护

第一节　变频器的选型基础

1. 变频器的铭牌

变频器铭牌是该变频器的简单说明书，它较为全面地介绍了该变频器的特性和一般技术要求，为使用和维护变频器提供了必要的信息。铭牌要求用不受气候影响的材料制成并安装在醒目的位置，所有项目应牢固刻出（如蚀刻、雕刻或敲印），现将铭牌中标注的性能指标含义简述如下。

(1) 型号。变频器的型号都是生产厂商自定的产品系列名称，无特定意义，但其中一定包括输入电压级别和标准可适配电动机容量，它可以作为选择变频器的参考，订货时一般是根据该型号所对应的订货号订货，因此不可忽视。

(2) 额定输入电压。根据各国的工业标准或用途不同，变频器的额定输入电压也各不相同。普通变频器的额定输入电压有 220V、400V 两种，用于特殊用途的还有 500V、600V、3000V 等种类。在这一技术数据中均对额定输入电压的波动范围作出规定，如额定输入电压 220V 规定 (200～240)×(1±10%)V、400V 规定 (380～480)×(1±10%)V 等，输入电压过高、过低对变频器都是有害的。

(3) 额定输出电压。额定输出电压是变频器在额定输入条件下，以额定容量输出时，可以连续输出的电压。它通常等于电动机的工频额定电压，即变频器的输出电压依所用电动机的工频额定电压而定。实际上，变频器的工作电压是按 U/f 曲线关系变化的，变频器铭牌中给出的输出电压，是指变频器最大可能输出电压，即基频下的输出电压。

(4) 额定输出电流。额定输出电流是变频器在额定输入条件下，以额定容量输出时，可以连续输出的电流。这是选择适配电动机的重要参数。额定输出电流的标注形式为"普通负载输出电流（变转矩负载输出电流）"，如"18.4A (26A)"表示电动机负载额定输出电流为 18.4A，若电动机为风机、水泵类变转矩负载则额定输出电流可达 26A。

变频器的电流瞬时过载能力常设计成额定电流×150% (1min)，或额定电流×120% (1min)，与电动机相比，变频器的过载能力较小，这主要是由主回路半导体功率器件决定的，与散热面积、过载倍数的允许条件无关。如果瞬时负载超过了变频器的过载能力，即使变频器与电动机的额定容量相符，也应该选择大一挡的变频器。

(5) 最大适配电动机功率。变频器的最大适配电动机功率（kW）及对应的额定输出电流（A）都是以 4 极普通异步电动机为对象制定的，在驱动 4 极以上电动机及特殊电动机时

就不能依据功率指标选择变频器，要考虑变频器的额定输出电流是否满足所选用的电动机额定电流。最大适配电动机功率的标注形式为“电动机负载功率（变转矩负载功率）”，如“7.5kW（11kW）”表示电动机负载最大适配功率为7.5kW，若电动机为风机、水泵类变转矩负载则最大适配功率可达11kW。

（6）额定输入输出频率。变频器电源的额定输入频率范围为47～63Hz，可控制的输出频率范围一般为0.1～400Hz或0.1～650Hz，输出频率再高就属于中频变频器的范围了。

（7）效率。变频器的效率是指综合效率，即变频器本身的效率与电动机效率的乘积，它与负载及运行频率有关，当电动机负载超过75%以上且运行频率在40Hz以上时，变频器本身的效率可达95%以上，综合效率也可达85%以上。

（8）功率因数。变频器的功率因数是指整个系统的功率因数，它不仅与电压和电流之间的相位差有关，还与电流基波含量有关，在基频和满载下运行时的功率因数一般不会小于电动机满载工频运行时的功率因数，所以我们一般可以不顾及。整个系统的功率因数又与系统的负载情况有关，轻载时小，满载时大；低速时小，高速时大。

（9）防护等级。变频器的箱体结构要与环境条件相适应，即必须考虑温度、湿度、粉尘、酸碱度、腐蚀性气体等因素，这与能否长期、安全、可靠运行有很大关系。使用场所不同变频器的防护等级也不同，变频器常见的有下列几种防护等级可供选用。

1）封闭型IP20：适用于干燥、清洁、无尘等一般场合，也可用于有少量粉尘或低湿度的场合。

2）密封型IP54：适用于工业现场条件较差的环境，如有一定的粉尘，一般的湿、热等场合。

3）密闭型IP65：适用于环境条件差，有较大水、粉尘，且有较高的湿、热，有一定腐蚀性气体等场合。

（10）工作温度。变频器内部主要由集成电路、电子元件、功率开关器件组成，极易受到工作温度的影响。变频器产品一般要求工作温度为－10～＋50℃，但为了保证工作安全、可靠，使用时应考虑留有余地，最好将工作温度控制在＋40℃以下。

2. 选择变频器应满足的条件

（1）应满足负载特性。普通型变频器最适用于比较平稳的负载，对冲击性负载一般不适用。如果要将普通型变频器使用到冲击性负载上，由于负载转矩冲击大，产生的冲击电流也很大，在启动时，转矩提升功能往往无效，并容易过电流跳闸，应通过选择大一挡容量的普通型变频器解决。

（2）应满足电动机的参数。普通型变频器与被控制异步电动机的负载类型、额定电流、额定功率、额定电压、额定频率、额定转速等参数应匹配相符，其中电动机的额定电流及变频器的转矩性能的匹配至关重要。我国的Y系列通用三相异步电动机的最高效率是按工作电压为380V、频率为50Hz设计的，使用普通型变频器控制时的最高效率也应在额定转速附近，并且是恒转矩特性，而不是恒功率特性。

（3）应满足工艺要求。对于专用机械设备，往往由于工艺过程有一些特定的特性和要求，专用型变频器如风机、水泵、空调、注塑机、抽油机、纺织机等专用型变频器一般是充分考虑了这些工艺要求并设置了一些专用功能，因此选用专用型变频器容易满足工艺要求。

3. 变频器的类型

变频器通常分为三种类型：第一类是普通功能型U/f控制变频器，该类产品不具有转矩控制功能，属于一般型的U/f控制方式；第二类是高功能型U/f控制变频器，具有转矩控制功能，有“无跳闸”能力，输出静态转矩特性较第一类有很大改进，机械特性硬度高于工频电网供电的异步电动机；第三类是高动态性能型矢量控制变频器，它是为了适应高动态性能的需要，采用矢量控制方式，可以替代高精度直流调速系统。

4. 负载的类型

（1）恒转矩负载。恒转矩负载的转矩只取决于负载的轻重，而与负载的转速无关，任何转速下转矩总保持恒定或基本恒定，其特殊之处在于无论正转还是反转都有着相同大小的转矩，典型的恒转矩负载有起重机、吊车、注塑机、运输机械、传送带、喂料机、搅拌机、挤压机、加工机械的行走机构等。

（2）恒功率负载。恒功率负载的转矩大体与转速成反比，随着电动机转速的下降转矩反而增加，即在调速范围内，转速低转矩大、转速高转矩小，而电动机的输出功率基本维持不变，典型的恒功率负载有机床主轴、轧机、造纸机、塑料薄膜生产线中的卷取机、开卷机等。

（3）降转矩负载。降转矩负载的转矩随着转速的二次方呈正比减小，负载的功率按转速的三次方呈正比减小，即低速时负载转矩小、功率消耗少，典型的降转矩负载有风机、水泵、液压泵等。

5. 变频器的选择原则

采用变频器构成变频调速传动系统的主要目的：一是为了满足提高劳动生产率、改善产品质量、提高设备自动化程度、提高生活质量、改善生活环境等要求；二是为了节约能源、降低生产成本。变频器的选择包括变频器的类型选择和容量选择两个方面，选择的原则是：首先保证其功能特性能可靠地实现工艺要求；其次是获得较好的性能价格比。若对变频器的选型、系统设计及使用不当，往往会使变频器不能正常运行、达不到预期目的，甚至引发设备故障，造成不必要的损失。

变频器生产厂商都会提供不同类型的变频器，用户可以根据自己的实际工艺要求和运用场合进行选择。首先要明确使用变频器的目的，按照生产机械的类型、调速范围、速度响应和控制精度、启动转矩等要求，充分了解变频器所驱动的负载特性，决定采用什么功能的变频器构成控制系统，然后决定选用哪种控制方式最合适。所谓合适是既要好用，又要在技术经济指标上合理，以满足工艺和生产的基本条件和要求。除此之外，还应注意变频器的制造技术水平、寿命、谐波、效率、功率因数及销售服务等问题。若对变频器不是很了解，应选择技术服务水平高、销售服务好、诚信的代理商进行先期咨询和论证后再确定购买计划。

第二节　变频器的选型

在选择变频器时生产厂商会向用户提供产品样本，这些产品样本包含有变频器的系列型号、功能特点及各项性能指标，用户可根据所得到的产品样本和性能指标进行比较、筛选，选择最合适的变频器。

1. 变频器类型的选择

选择变频器的类型时自然应以负载特性为基本依据，恒转矩负载特性的变频器可以用于风机、水泵类负载；反过来，降转矩负载特性的变频器不能用于恒转矩特性的负载。对于恒功率负载特性是依靠U/f控制方式来实现的，并没有恒功率特性的变频器。目前，有些变频器对以下三种负载都适用。

（1）恒转矩负载选择变频器。

1）在调速范围不大、对机械特性的硬度要求也不高的情况下，可以考虑普通功能型U/f控制方式的变频器或无反馈的矢量控制方式。当调速很大时，应考虑采用有反馈的矢量控制方式。

2）对于转矩变动范围不大的负载，首先应考虑选择普通功能型U/f控制方式的变频器。为了实现恒转矩调速，常采用加大电动机和变频器容量的方法，以提高低速转矩。对于转矩变动范围较大的负载，可以考虑选择具有转矩控制功能的高功能型U/f控制方式的变频器，以实现负载的调速运行。此外，恒转矩负载下的传动电动机，如果采用通用型标准电动机，还应考虑低速下的强迫通风制冷问题。

3）如负载对机械特性要求不很高，则可以考虑选择普通功能型U/f控制方式的变频器；而在要求较高的场合，则必须采用矢量控制方式。如果负载对动态响应性能也有较高要求，还应考虑采用有反馈的矢量控制方式。

4）当负载向下调速到15Hz以下时，电动机的输出转矩会下降，温升会升高，严重时可换用变频器专用电动机或改用6、8极电动机。变频器专用电动机与普通电动机相比，其绕组线径较粗，铁芯较长或大一号，且自身带有独立的冷却风扇，能保证在5～50Hz运行时，均能输出100％的额定转矩。

5）对于升降性恒转矩负载，如提升机、电梯等，在其下降过程中需要一定制动转矩。但是变频器本身并不能提供很大的制动转矩，仅仅依靠其内部大电容可短时提供相当于电动机额定转矩20％的制动转矩。所以，对于要求频繁提供较大制动转矩的场合，变频器必须外加制动单元。

6）由于恒转矩负载类设备都存在一定静摩擦力，有时负载的惯量又很大，往往负载在启动时要求较大的启动转矩，而这只能靠提高低速电压补偿（即改变U/f模式）及变频器本身短时间的过流能力来提供。但是，低速电压补偿提高得过高，又往往容易引起过流保护。在这种情况下，有时不得不要求将变频器的容量提高一个档次，或者采用具有矢量控制或直接转矩控制的变频器，它们可以在不过流的情况下提供较大的启动转矩。

（2）恒功率负载选择变频器。

1）恒功率负载可以选择通用型的变频器，采用U/f控制方式的变频器已经够用。但对动态性能和精确度有较高要求的卷取机械，则必须采用有矢量控制功能的变频器。

2）对于在恒功率负载的交流传动设备上采用变频调速时，为了不过分增大变频器的容量，又能满足恒功率的要求，一般采用以下两种方法。

第一种方法：当在整个调速范围内可以分段进行调速时，可以采用变极电动机与变频器相结合或者机械有级调速与变频器相结合的办法。

第二种方法：当在整个调速范围内要求不间断地连续改变转速时，则在电动机的额定转速选择上应慎重考虑，一般尽量采用6、8极电动机。这样，在低转速时，电动机的输出转矩会相应提高。也就是说在高速区，如果电动机的机械强度和输出转矩能满足要求，则应将基底频率（也称为转折频率或弱磁频率）与尽量低的转速相对应（如1000r/min或750r/min）。

（3）降转矩负载选择变频器。

1）降转矩负载通常可以选用第1类普通功能型变频器，此类变频器在技术上完全可以满足实际需要，而没有必要选择第2类、第3类变频器，从而可以避免由此带来的技术上的复杂性和更高的成本费用。

2）对于风机、泵类降转矩负载应选用风机、泵类专用变频器，也可以选用具有降转矩特性的变频器，但要注意风机、泵类专用变频器的过载能力较小，一般为额定电流×120%(1min)。

3）对于空压机、深井水泵、泥沙泵、音乐喷泉等负载需加大变频器容量。

4）变频器的上限频率不能超过50Hz运行，否则会引起功率消耗急剧增加，失去应用变频器节能运行的意义，同时，风机、泵类负载和电动机的机械强度及变频器的容量都将不符合安全运行要求。

5）一般风机、泵类负载不宜在15Hz的低频以下运行，以免发生逆流、喘振等现象。如果确需要在15Hz低频以下长期运行，则应在确保不发生逆流、喘振等现象的前提下，使电动机的温升不超出允许值，则必要时应采用强迫冷却措施。

6）如果电动机的启动转矩满足要求，则变频器的U/f模式应尽量采用减转矩模式，以获得更大的节能效果。

7）对于转动惯量较大的离心风机负载，应适当加大加减速时间，以避免在加减速过程中过电流保护或过电压保护动作，影响正常运行。

2. 变频器容量的选择

大多数变频器的产品说明书中给出了额定电流、可配用电动机功率、额定容量3个主要参数，其中唯有额定电流是一个能确切反映变频器带负载能力的关键参数，其余两项参数通常是根据本国或本公司生产的标准电动机给出的，不能确切表达变频器实际的带负载能力，只是一种辅助表达形式。因此，以电动机的额定电流不超过变频器的额定电流为依据是选择变频器容量的基本原则，电动机的额定功率、变频器的额定容量只能作为参考。变频器的容量选择不能以电动机额定功率为依据，这是因为工业用电动机常常在50%～60%额定负荷下运行。若以电动机额定功率为依据来选择变频器的容量，则留有余量太大，会造成经济上的浪费，而可靠性并没有因此得到提高。所以，以变频器能连续提供的最大电流作为变频器容量大小的依据也就合情合理，甚至更为实用。

变频器容量的选择是一个重要且复杂的过程，除了要考虑变频器容量与电动机容量的匹配外，还应考虑三个方面的因素：一是用变频器供电时，电动机电流的脉动相对工频供电时要大些；二是电动机的启动要求，即是由低频、低压启动，还是在额定电压、额定频率下直接启动；三是变频器使用说明书中的相关数据是用该公司的标准电动机测试出来的，要注意按常规设计生产的电动机在性能上可能有一定差异，故计算变频器的容量时要留适当余量。容量偏小会影响电动机有效转矩的输出，影响系统的正常运行，甚至损坏装置；而容量偏大则电流的谐波分量会增大，也增加了设备投资。

生产实际中，确定变频器容量前应仔细了解设备的工艺情况及电动机参数，还需要针对具体生产机械的特殊要求灵活处理，很多情况下，也可以根据经验或供应商提供的建议选择

变频器容量。对于鼠笼式电动机，变频器的容量选择应以变频器的额定电流大于或等于单台电动机或多台电动机连续运行总电流的1.1倍为原则，这样可以最大限度地节约资金。在重载启动、高温环境、绕线式电动机、同步电动机等条件下，变频器的容量应适当加大。在为现场原有电动机选配变频器时，切不可盲目根据铭牌上变频器参数和电动机的匹配关系来进行选择，应事先计算分析确认合适的容量，从而确保调速系统连续运行时电流不超过变频器额定电流。

3. 变频器选型的注意事项

（1）在选型和使用变频器前，应仔细阅读产品样本和使用说明书，有不当之处应及时调整，然后再依次进行选型、购买、安装、接线、设置参数、试车和投入运行。

（2）变频器输出端允许连接的电缆长度（小于30m）是有限制的，若要长电缆运行时，或控制几台电动机时，应采取措施抑制对地耦合电容的影响，并应放大1～2挡选择变频器容量或在变频器的输出端选择安装输出电抗器。另外，在此种情况下变频器的控制方式只能为U/f控制方式，并且变频器无法实现对电动机的保护，需在每台电动机上加装热继电器实现保护。

（3）对于一些特殊的应用场合，如环境温度高、海拔高度高于1000m等场合，会引起变频器过电流，选择的变频器容量需放大一挡。

（4）变频器用于驱动高速电动机时，由于高速电动机的电抗小，会产生较多的谐波，这些谐波会使变频器的输出电流值增加。因此，选择的变频器容量应比拖动普通电动机的变频器容量稍大一些。

（5）变频器用于驱动变极电动机时，应充分注意选择变频器的容量，使电动机的最大运行电流小于变频器的额定输出电流。另外，在运行中进行极数转换时，应先停止电动机工作，否则会造成电动机空载加速，严重时会造成变频器损坏。

（6）变频器用于驱动防爆电动机时，由于变频器没有防爆性能，应考虑是否能将变频器设置在危险场所之外。

（7）变频器用于驱动齿轮减速电动机时，使用范围受到齿轮转动部分润滑方式的制约。润滑油润滑时，在低速范围内没有限制；在超过额定转速以上的高速范围内，有可能发生润滑油欠供的情况，因此，要考虑最高转速允许值。

（8）变频器用于驱动绕线转子异步电动机时，应注意绕线转子异步电动机绕组的阻抗小，因此容易发生由于谐波电流而引起的过电流跳闸现象，应选择比通常容量稍大的变频器。

（9）变频器用于驱动同步电动机时，与工频电源相比会降低输出容量10%～20%，变频器的连续输出电流要大于同步电动机额定电流。

（10）变频器用于驱动压缩机、振动机等转矩波动大的负载及油压泵等有功率峰值的负载时，按照电动机的额定电流选择变频器可能发生因峰值电流使过电流保护动作的情况。因此，应选择比在工频运行下的最大电流更大的运行电流作为选择变频器容量的依据。

（11）变频器用于驱动潜水泵电动机时，因为潜水泵电动机的额定电流比通常电动机的额定电流大，所以选择变频器时，其额定电流要大于潜水泵电动机的额定电流。

（12）变频器用于驱动罗茨风机或特种风机时，由于其启动电流很大，所以选择变频器时一定要注意变频器的容量是否足够大。

(13) 变频器不适用于驱动单相异步电动机，当变频器作为变频电源用途时，应在变频器输出侧加装特殊制作的隔离变压器。

(14) 选择的变频器的防护等级要符合现场环境，否则会影响变频器的运行。

第三节 变频器的维护

1. 变频器的使用注意事项

变频器使用不当，不但不能很好地发挥其优良的功能，而且还有可能损坏变频器及其设备，因此在使用中应注意以下事项。

(1) 变频器是节能设备，但并不适用于所有设备的驱动。在进行工程设计或设备改造时，应在熟悉所驱动设备的负载性质、了解各种变频器的性能和质量的基础上进行变频器的选型。

(2) 认真阅读变频器产品的使用说明书，并按说明书的要求接线、安装和使用。

(3) 变频器应牢固安装在控制柜的金属背板上，尽量避免与PLC、传感器等设备紧靠。

(4) 变频器应垂直安装在符合标准要求（温度、湿度、振动、尘埃）的场所，并留有通风空间。

(5) 变频器及电动机应可靠接地，以抑制射频干扰，防止变频器内因漏电而引起电击。

(6) 变频器电源侧应安装同容量以下的断路器或交流接触器，电控系统的急停控制应使变频器电源侧的交流接触器断开，彻底切断变频器的电源供给，保证设备及人身安全。

(7) 变频器与电动机之间一般不宜加装交流接触器，以免断流瞬间产生过电压而损坏变频器。

(8) 变频器内电路板及其他装置有高电压，切勿以手触摸。切断电源后因变频器内高电压需要一定时间泄放，维修检查时，需确认主控板上高压指示灯（HV）完全熄灭后方可进行。

(9) 用变频器控制电动机转速时，电动机的温升及噪声会比用电网（工频）时高；在低速运转时，因电动机风叶转速低，应注意通风冷却或适当减低负载，以免电动机温升超过允许值。

(10) 当变频器使用50Hz以上的输出频率时，电动机产生的转矩与频率呈反比的线性关系下降，此时，必须考虑电动机负载的大小，以防止电动机输出转矩的不足。

(11) 不能为了提高功率因数而在变频器进线侧和出线侧装设并联补偿电容器，否则会使线路阻抗下降，产生过流而损坏变频器。为了减少谐波，可以在变频器的进线侧和出线侧串联电抗器。

(12) 变频器和电动机之间的接线应在30m以内，当接线超长时，其分布电容明显增大，从而会造成变频器输出的容性尖峰电流过大引起变频器跳闸保护。

(13) 绝不能长期使变频器过载运转，否则有可能损坏变频器，降低其使用性能。

(14) 变频器若较长时间不使用，则必切断变频器的供电电源。

2. 变频器的维护

变频器的使用环境对其正常功能的发挥及使用寿命有直接的影响，为了延长使用寿命、减少故障率和提高节能效果，必须对变频器进行定期的维护和部分零部件的更换。由于变频

器的结构较复杂，工作电压很高，因此要求维护者必须熟悉变频器的工作原理、基本结构和运行特点。

（1）日常检查维护。日常检查维护包括不停止变频器运行或不拆卸其盖板进行通电和启动试验，通过目测变频器的运行状况，确认有无异常情况，通常检查内容如下。

1）键盘面板显示是否正常，有无缺少字符。仪表指示是否正确、是否有振动、振荡等现象。

2）冷却风扇部分是否运转正常，是否有异常声音等。

3）变频器及引出电缆是否有过热、变色、变形、异味、噪声、振动等异常情况。

4）变频器的散热器温度是否正常，电动机是否有过热、异味、噪声、振动等异常情况。

5）变频器控制系统是否有聚集尘埃、各连接线及外围电器元件是否有松动等异常现象。

6）变频器的进线电压是否正常、电源开关是否有电火花、缺相、引线压接螺栓是否松动等。

7）变频器周围环境是否符合标准规范，温度与湿度是否正常。变频器只能垂直并列安装，上下间隙大于等于 100mm。

（2）定期检查维护。定期检查维护的范围主要有检查不停止运转而无法检查到的地方或日常检查难以发现问题的地方，以及电气特性的检查、调整等。检查周期根据系统的重要性、使用环境及设备的统一检修计划等综合情况来决定，通常为 6～12 个月。

定期检查维护时要切断电源，停止变频器运行，并卸下变频器的外盖。维护前必须确认变频器内部的大容量滤波电容已充分放电（充电指示灯熄灭），并用电压表测试充电电压低于 DC25V 以下后才能开始检查维护。每次检查维护完毕后，要认真清点有无遗漏的工具、螺钉及导线等金属物留在变频器内部，然后才能将外盖盖好，恢复原状，做好通电准备。

1）内部清扫。对变频器内部进行自上而下的清扫，主电路元器件的引线、绝缘端子以及电容器的端部应该用软布小心地擦拭。冷却风扇系统及通风道部分应仔细清扫，保持变频器内部的清洁及风道的畅通。如果是故障维修前的清扫，则应一边清扫一边观察可疑的故障部位，对于可疑的故障点应做好标记，保留故障印迹，以便进一步判断故障。

2）紧固检查。由于变频器运行过程中温度上升、振动等原因常常引起主回路器件、控制回路各端子及引线松动，发生腐蚀、氧化、接触不良、断线等现象，所以要特别注意进行紧固检查。对于有锡焊的部分、压接端子处应检查有无脱落、松弛、断线、腐蚀等现象，对于框架结构件应检查有无松动、导体、导线有无破损、变异等。检查时可用起子、小锤轻轻地叩击给以振动，检查有无异常情况产生，对于可疑地点应采用万用表进行测试。

3）电容器检查。检查滤波电容器有无漏液，电容量是否降低。高性能的变频器带有自动指示滤波电容容量的功能，由面板可以显示出电容量及出厂时该电容器的容量初始值，并显示容量降低率，推算的电容器寿命等。若变频器无此功能，则需要采用电容测量仪测量电容量，测出的电容量应大于初始电容量的 85%，否则应予以更换。对于浪涌吸收回路的浪涌吸收电容器、电阻器应检查有无异常，二极管限幅器、非线性电阻等有无变色、变形等。

4）控制电路板检查。对于控制电路板的检查应注意连接有无松动、电容器有无漏液、板上线条有无锈蚀、断裂等。控制电路板上的电容器，一般是无法测量其实际容量的，只能按照其表面情况、运行情况及表面温升推断其性能优劣和寿命。若电容器表面无异常现象发生，则可以判定为正常。控制电路板上的电阻、电感线圈、继电器、接触器的检查，主要看有无松动和断线。

5）保护回路动作检查。在上述检查项目完成后，应进行保护回路动作检查，使保护回路经常处于安全工作状态。

a. 过电流保护功能的检测。过电流保护是通用变频器控制系统发生故障动作最多的回路，也是保护主回路元件和装置的最重要的回路。一般是通过模拟过载，调整动作值，试验在设定过电流值下能可靠动作并切断输出。

b. 缺相、欠电压保护功能的检测。电源缺相或电压非正常降低时，将会引起功率单元换流失败，导致过电流故障，因此必须瞬时检测出缺相、欠电压信号，切断控制触发信号进行保护。可以在变频器电源输入端通过调压器供电给变频器，模拟缺相、欠电压等故障，观察变频器的缺相、欠电压等相关的保护功能动作是否正确。

3. 变频器维护的注意事项

（1）在出厂前，生产厂家都已对变频器进行了初始设定，一般不能任意改变这些设定。而在改变了初始设定后又希望恢复初始设定值时，一般需进行初始化操作。

（2）在新型变频器的控制电路中使用了许多 CMOS 芯片，用手指直接触摸电路板将会使这些芯片因静电作用而损坏。

（3）在通电状态下不允许进行改变接线或拔插连接件等操作。

（4）在变频器工作过程中不允许对电路信号进行检查，这是因为连接测量仪表时所出现的噪声以及误操作可能会使变频器出现故障。

（5）当变频器发生故障而无故障显示时，注意不能再轻易通电，以免引起更大的故障。这时应对断电做电阻特性参数测试，初步查找故障原因。

第四节　PLC 的选型基础

1. PLC 的分类

目前，我国对 PLC 的分类还没有一个统一的标准，根据性能、结构、应用范围可将其进行以下分类。

（1）按性能分类。根据 PLC 的 I/O 点数、用户程序存储器容量、控制功能的不同，可将其分为小型、中型和大型三类。

小型 PLC 又称低档 PLC，它的 I/O 点数为 6～128 点，用户程序存储器容量小于 2KB，功能简单，以开关量控制为主，可以实现条件控制、顺序控制、定时记数控制，适用于单机或小规模生产过程。

中型 PLC 又称中档 PLC，它的 I/O 点数在 128～512 点，用户程序存储器容量为 2K～8KB，功能比较丰富，兼有开关量和模拟量的控制能力，具有浮点数运算、数字转换、中断控制、通信联网和 PID 调节等功能，适用于小型连续生产过程的复杂逻辑控制和闭环过程控制。

大型 PLC 又称高档 PLC，它的 I/O 点数在 512 点以上，用户程序存储器容量达到 8KB 字以上，控制功能完善，在中档机的基础上扩大和增加了函数运算、数据库、监视、记录、打印及中断控制、智能控制、远程控制的功能，适用于大规模的过程控制、集散式控制系统和工厂自动化网络。

（2）按结构分类。根据 PLC 的构成形式，可将其分为整体式、机架式（模块式）、叠装式三大类。

整体式结构的 PLC 是将 CPU、存储单元、I/O 模块、电源部件集中配置在一个机箱内，这种 PLC I/O 点数少、体积小、价格低，便于装入设备内部，小型 PLC 通常采用这种结构。

机架式（模块式）结构的 PLC 将各单元做成独立的模块，使用时将这些模块分别插入机架底板的插座上，可以根据生产实际的控制要求配置模块，构成不同的控制系统，这种 PLC I/O 点数多、配置灵活方便、易于扩展，大中型 PLC 通常采用这种结构。

叠装式结构的 PLC 是将整体式和模块式的特点结合起来，其 CPU、电源、I/O 接口等也是各自独立的模块，但它们之间是靠电缆进行连接的，并且各模块可以一层层地叠装。这样，不但系统可以灵活配置，还可以做得体积小巧。

（3）按应用范围分类。根据应用范围的不同，可将 PLC 分为通用型和专用型两类。通用型 PLC 作为标准工业控制装置可以在各个领域使用，而专用型 PLC 是为了某类控制要求专门设计的 PLC，如数控机床专用型、锅炉设备专用型、报警监视专用型等，由于应用的专一件，使其控制质量大大提高。

2. PLC 模块的标注

在 PLC 模块的正面，一般都标注有该模块的型号，通过阅读型号即可以获得 PLC 模块的基本信息，下面以三菱 FX_{2N}-48MR-D 模块标注为例，说明其模块标注的含义。

【FX】——表示三菱 PLC 产品。

【2N】——表示系列序号为 2N 系列。另有 0、0S、0N、2、2C、1S、2NC 系列。

【48】——表示输入输出（I/O）的总点数为 48。另有 16、32、64、80、128、256（扩展后）点。

【M】——表示单元类型为基本单元。另有“E”——输入输出混合扩展单元与扩展模块，“EX”——输入专用扩展模块，“EY”——输出专用扩展模块。

【R】——表示输出形式为继电器输出（有干接点，交、直流负载两用）。另有“T”——晶体管输出（无干接点，直流负载用），“S”——双向晶闸管输出（无干接点，交流负载用）。

【D】——表示电源形式为 DC24V 电源，DC24V 输入。另有“AI”——AC220V 电源，AC220V 输入，“H”——大电流输出扩展模块（1A/1 点），“V”——立式端子排的扩展模块，“C”——接插口输入输出方式，“F”——输入滤波器时间常数为 1ms 的扩展模块，“L”——TTL 输入扩展模块，“S”——独立端子（无公共端）的扩展模块，“无标记”——AC220V 电源、DC24V 输入、横式端子排、标准输出（继电器输出为 2A/点、晶体管输出为 0.5A/点、双向晶闸管输出为 0.3A/点）。

3. PLC 的选择原则

PLC 选型的基本原则是根据生产工艺流程的特点和应用要求，最大限度地满足系统的控制功能，保证系统可靠工作，且性能价格比高，并兼顾维护的方便性、备件的通用性以及是否易于扩展和有无特殊功能等要求。

PLC 及有关装置是集成的、标准的，按照易于与工业控制系统形成一个整体、易于扩充其功能的原则所选用的 PLC 应该是在相关工业领域有投运业绩、成熟可靠的系统，PLC 的系统硬件、软件配置及功能应该与装置规模和控制要求相适应。

对于一个大型企业系统，应尽量做到机型统一。这样，同一机型的PLC模块可以互为备用，便于备品备件的采购和管理。同时，其统一的功能及编程方法也有利于技术力量的培训、技术水平的提高和功能的开发。此外，由于其外部设备通用，资源可以共享，因此，配置上位计算机后即可把控制各独立系统的多台PLC联成一个多级分布式控制系统，这样便于相互通信，集中管理。

PLC在选型和估算时，应详细分析工艺流程的特点、控制要求、控制任务和范围、所需的操作和动作等，然后根据控制要求，估算I/O点数、所需存储器容量，由此再确定PLC的功能、外部设备特性等，最后选择有较高性能价格比的PLC和设计相应的控制系统。

第五节　PLC的选型

为了获得最优的性价比，我们在选择PLC时要考虑众多的因素，这些因素包括PLC的品牌、性能、价格、产品在各行各业的使用情况、产品的开放性、公司新产品的开发能力和持久竞争力、自己对这个产品的熟悉程度和售后服务的了解等。随着科技的不断进步，PLC的种类日益繁多，功能也逐渐增强，PLC的选型还要根据实际情况作出适当的调整，以便设计出满足要求的控制系统。

1. PLC品牌的选择

品牌产品不仅意味着占有大的市场份额，使用面广，而且在技术上具有代表性和先进性，所以选择一款在相应行业应用广泛、具有良好口碑的产品也就为控制系统的可靠性和先进性打下了软硬件基础。

PLC的性能则是多方面的综合体现，它包括I/O点数的多少、用户存储器（含程序存储器和数据存储器）容量的大小、CPU的运行速度、指令的种类及条数、内部器件的种类和数量及扩展模块的种类、功能的强弱等，选择一种能满足现在情况并充分考虑将来扩展的PLC产品是至关重要的。

当各种品牌的PLC产品的性能相当时，价格的因素就凸显出来。而选择一款在行业中得到广泛应用的产品也会给我们的工作带来不少益处，因为不用考虑产品的适用性，不用一切都从头开始，有前人积累的经验可供借鉴，这样可以大大提高工程的进度或缩短研发的周期。

2. PLC机型的选择

PLC机型的选择要以满足系统功能需要为宗旨，不要盲目贪大求全，以免造成投资和设备资源的浪费。由于模块式PLC的配置灵活、装配和维修方便，因此，从长远来看，提倡选择模块式PLC。在工艺过程比较固定、环境条件较好（维修量较小）的场合，建议选用整体式结构的PLC，其他情况则最好选用模块式结构的PLC。

（1）对于替代继电器-接触器控制电路或生产过程控制、上下限报警、时序控制和条件控制等，则应选用内部功能一般的PLC。

（2）若需要进行模拟量控制，则应选用具有模拟量I/O模块、内部还具有数字运算功能的PLC。

（3）若需进行数据处理和信息管理，则应选用具有图表传送、数据库生成等功能的PLC。

（4）若需要进行高速计数，则应选用具有可扩展高速计数模块的 PLC。

（5）若需要进行联网通信、连接打印机或显示器，则应选用具有相应接口及接口程序的 PLC。

（6）对于以开关量控制为主、带少量模拟量控制的工程项目中，选用带 A/D 转换、D/A 转换、加减运算、数据传送功能的低档 PLC 就能满足要求。

（7）在控制比较复杂，控制功能要求比较高的工程项目中（如要实现 PID 运算、闭环控制、通信联网等），可视控制规模及复杂程度来选用中档或高档的 PLC。

（8）对于要将 PLC 纳入自动控制网络的场合，应选用具有通信联网功能的 PLC。

3. PLC 点数的估算

PLC 的 I/O 点数是 PLC 的基本参数之一。对于同一个控制对象，由于采用的控制方法不同，PLC 点数也会有所不同。在一般情况下，I/O 点数应该有适当的余量，以便随时增加控制功能。通常根据控制设备所需的 I/O 点数的总和再增加 10%～20%的可扩展余量后，作为 I/O 点数估算的数据。

PLC 的 I/O 点数对价格有直接影响，如果备用的 I/O 点的数量太多，就会使成本增加。当点数增加到某一数值后，相应的存储器容量、机架、母板等也要相应增加。因此，I/O 点数的增加对 CPU、存储器容量、控制功能范围等选择都有影响，在估算和选用 I/O 点数时应充分考虑，使得整个控制系统有较合理的性能价格比。

4. PLC 模块的选择

PLC 与工业生产过程的联系是通过 I/O 接口模块来实现的，PLC 有许多 I/O 接口模块，包括数字量输入模块、数字量输出模块、模拟量输入模块、模拟量输出模块以及其他一些特殊功能模块，不同模块的电路和性能不同，它直接影响着 PLC 的应用范围和价格，使用时应根据它们的特点结合实际情况进行合理选择。

（1）数字量 I/O 模块的选择。对于数字量输入模块，应考虑输入信号电平、信号传输距离、信号隔离、信号供电方式等应用要求。对于数字量输出模块应考虑其种类的特性，如继电器触点输出型、AC120V/230V 双晶闸管输出型、DC24V 晶体管输出型等的特性。通常继电器触点输出型模块具有价格低廉、电压等级范围大、负载电压灵活（可直流、可交流）、隔离作用好等特点，但是使用寿命较短、响应时间较长，适用于动作不频繁的交、直流负载，在用于感性负载时需要增加浪涌吸收电路。双向晶闸管输出型模块响应时间较快，适用于开关频繁、电感性低功率因数负荷场合，但价格较贵，过载能力较差。另外，数字量 I/O 模块按照 I/O 点数又可以分为 8 点、16 点、32 点等规格，选择时也要根据实际的需要合理配备。

（2）模拟量 I/O 模块的选择。模拟量输入模块按照输入信号可分为电流输入型、电压输入型、热电偶输入型等。电流输入型通常信号等级为 4～20mA 或 0～20mA；电压型输入模块通常信号等级为 0～10V、－5～＋5V 等，有些模拟量输入模块可以兼容电压或电流输入信号。模拟量输出模块同样分为电压输出型和电流输出型，电流输出型的信号通常有 1～20mA、4～20mA，电压输出型的信号通常有 1～10V、－10～＋10V 等。对于模拟量 I/O 模块，按照 I/O 通道数可以分为 2 通道、4 通道、8 通道等规格。

（3）功能模块的选择。功能模块包括通信模块、定位模块、脉冲输出模块、高速计数模块、PID 控制模块、温度控制模块等，选择 PLC 时应考虑到功能模块配套的可能性。硬件方面应考虑功能模块是否可以方便地和PLC相连接，PLC是否有相关的连接、安装位置与接口、连接电缆等附件。软件方面应考虑PLC是否具有对应的控制功能，是否可以方便地对功能模块进行编程。

5. PLC存储器容量的选择

PLC系统所用的存储器基本上由PROM（可编程只读存储器）、EPROM（紫外线可擦写存储器）、E^2PROM（电可擦写存储器）、RAM（随机存储器）这几种类型组成，存储器容量则随机型的大小变化，一般小型机的最大存储能力低于6KB，中型机的最大存储能力可达64KB，大型机的最大存储能力可达兆字节。使用时可以根据程序及数据的存储需要来选用合适的机型，必要时也可以专门进行存储器的扩充设计。

存储器容量是指PLC本身能提供的用户程序存储单元的大小，因此它应大于程序容量。为了使用方便，存储器容量一般应留有25%～30%的扩展余量。PLC的存储器容量通常与I/O的类型和数量有关系，选择存储器容量之前必须先对用户程序的大小有所了解。用户程序的大小有两种计算方法：第一种方法是先编写程序，然后根据程序使用了多少步来精确计算存储器的实际使用容量，如1000步的程序需占用存储器2K字节的容量（1步占用1个地址单元，1个地址单元占用两个字节），这种方法的优点是计算精确，缺点是要编写完程序之后才能计算；第二种方法为估算法，较为常用，用户可根据控制规模和应用目的，按照如下经验公式进行估算。

（1）对于数字量输入，存储容量字节数（B）＝数字量输入点数×(10～15)。

（2）对于数字量输出，存储容量字节数（B）＝数字量输出点数×(5～10)。

（3）对于模拟量输入，存储容量字节数（B）＝模拟量输入路数×100。

（4）对于模拟量输出，存储容量字节数（B）＝模拟量输出路数×260。

（5）对于定时器和计数器，存储容量字节数（B）＝总个数×(3～5)。

将上述估算后的字节数相加，并另外再加25%的扩展余量，所得之数即为存储器容量的总字节数。

6. PLC电源的选择

PLC的供电电源应根据产品说明书的要求选用，一般应选用与电网电压一致的AC220V电源。重要的应用场合，应采用不间断电源或稳压电源供电。如果PLC本身带有可使用的电源，则应核对PLC系统所需电流是否在电源限定电流之内，否则应设计外接供电电源。在选择PLC所用电源的容量时，应核对电源提供的电流是否大于CPU模块、I/O模块、专用模块等消耗电流的总和，如果满足不了这个条件，解决的办法有更换电源、调整PLC模块、更换PLC机型。如果电源干扰特别严重，则可以选择安装一个变比为1∶1的隔离变压器，以减少设备与地之间的干扰。

7. PLC扫描速度的选择

PLC采用扫描方式工作，从实时性要求来看，扫描速度应越快越好，如果信号持续时间小于扫描速度，则PLC将扫描不到该信号，造成信号数据的丢失。扫描速度与用户程序的长度、CPU处理速度、软件质量等有关，选择扫描速度（处理器扫描速度）应满足小型PLC的扫描速度不大于0.5ms/千步，大中型PLC的扫描速度不大于0.2ms/千步。目前，PLC接点的响应快、速度高，每条二进制指令执行时间约0.2～0.4μs，因此能满足控制要求高、响应要求快的应用需要。

8. PLC 支撑技术条件的选择

选用 PLC 时，有无支撑技术条件同样是重要的选择依据，支撑技术条件包括以下内容。

(1) 编程工具。小型 PLC 控制规模小、程序简单，不需要运行监控功能时，可用便携式简易手持编程器；而 CRT（彩色显像管监视器）编程器适用于大中型 PLC，除了可用于编制和输入程序外，还具备编辑和打印程序文本、实时监控运行状况等功能。由于微机已得到普及推广，微机及其兼容机的编程软件包是 PLC 很好的编程工具。目前，PLC 厂商都在致力于开发适用于自己机型的、功能日趋完善的微机及其兼容机编程软件包，并获得了成功。

(2) 程序文本处理。是否具有简单程序文本处理、梯形图打印以及参量状态和位置的处理等功能；是否具有程序注释，包括触点和线圈的赋值名、网络注释等，这些对用户或软件工程师阅读和调试程序非常有用。

(3) 程序储存方式。作为技术资料档案和备用资料，程序的储存方法有磁带、软磁盘或 E^2PROM 存储程序盒等方式，具体选用哪种储存方式，取决于所选机型的技术条件。

(4) 通信软件包。对于网络控制结构或需用上位计算机管理的控制系统，有无通信软件包是选用 PLC 的主要依据，通信软件包往往和通信硬件（如调制解调器等）一起使用。

第六节 PLC 的维护

1. PLC 的使用注意事项

(1) 技术指标规定 PLC 的工作环境温度为 0～55℃，相对湿度为 85％RH 以下（无结霜）。因此，不要把 PLC 安装在高温、结霜、雨淋的场所，也不宜安装在多尘、多油烟、有腐蚀性气体和可燃性气体的场所，也不要将其安装在振动、冲击强烈的地方。如果环境条件恶劣，则应采取相应的通风、防尘、防振措施，必要时可将其安装在控制室内。

(2) PLC 不能与高压电器安装在一起，控制柜中应远离强干扰和动力线，如大功率可控装置、高频焊机、大型动力设备等，二者间距应大于 200mm。

(3) PLC 的 I/O 连接线与控制线应分开布线，并保持一定距离，如不得已要在同一线槽中布线则应使用屏蔽线。

(4) 交流线与直流线、输入线与输出线最好分开布线，传送模拟量的信号可采用屏蔽线，其屏蔽层应在模拟量模块一端接地。

(5) 干扰往往通过电源进入 PLC，在干扰较强或可靠性要求高的场合，动力部分、控制部分、PLC 自身电源及 I/O 回路的电源应分开配线。另外，PLC 电源线截面积一般情况下不能小于 $2mm^2$。

(6) 根据负载性质并结合输出点的要求，确定负载电源的种类及电压等级，能用交流的就不选直流，交流 220V 可行的就不选 24V。

(7) 负载电源即便是交流 220V，也不宜直接取自电网，则应采取屏蔽隔离措施，如安装一个变比为 1∶1 的隔离变压器，而且同一系统的基本单元、扩展单元的电源与其输出电源应取自同一相。

(8) PLC 一般可以直接驱动接触器、继电器和电磁阀等负载，但是，在环境恶劣、输出回路接地短路故障较多的场所，最好在输出回路上加装熔断器作短路保护。

(9) PLC接感性负载时，应在负载两端并接RC浪涌电流抑制器。PLC接直流负载时，应在负载两端并接续流二极管。

(10) 用户程序宜存储在EPROM或E^2PROM存储器中，当后备电池失电时程序不丢失。若程序存在RAM存储器中，应时常注意PLC的后备电池异常信号BATT. V。

(11) 当后备电池异常时，必须在一周内更换，且更换时间不超过3min，否则会造成存储器RAM数据丢失，同时还应做好程序备份工作。

(12) 对大中型PLC系统，应制定维护保养制度，作好运行、维护、保养记录。定期对系统进行检查保养，时间间隔为半年，最长不超过一年，特殊场合应缩短时间间隔。

2. PLC的维护

(1) 检查供电电源。供电电源的质量直接影响PLC的使用可靠性，对于故障率较高的部件，应检查工作电压是否满足其额定值的85%～110%，若电压波动频繁，则建议加装稳压电源。对于使用10多年的PLC系统，若经常出现程序执行错误，则首先应考虑电源模块供电质量。

(2) 检查运行环境温度（0～55℃）。温度过高将会使PLC内部元件性能恶化和故障增加，尤其是CPU会因“电子迁移”现象的加速而降低PLC的使用寿命。温度偏低，模拟电路的安全系数也会变小，超低温时可能引起控制系统动作不正常，解决的方法是在控制柜中安装合适的轴流风扇或加装空调，并经常检查。

(3) 检查环境相对湿度（5%～85%RH）。在湿度较大的环境中，水分容易通过模块上集成电路IC的金属表面缺陷而侵入内部，引起内部元件性能的恶化，使内部绝缘性能降低，从而会因高压或浪涌电压而引起短路。在极其干燥的环境下，CMOS集成电路会因静电而引起击穿。

(4) 检查指示灯。PLC一般设置电源指示灯（POWER，红色）、运行指示灯（RUN，绿色）、报警指示灯（ALAM）、出错指示灯（ERROR）。若PLC运行时，红色电源指示灯亮，绿色运行指示灯亮，其他指示灯皆不亮，说明系统运行正常。若电源指示灯亮，报警指示灯闪烁，说明PLC存在异常，如电池寿命将尽、循环超时等（但非原则性错误，一般不会中断程序运行），可用编程器清除异常，修正错误，令系统重新运行。若出现错误指示灯亮，说明存在原则性错误，系统将中断运行。若此程序较简短，则可用编程器核查或重新输入程序。若程序复杂，则可以直接更换备品或单元。

(5) 检查安装场所。PLC应远离有强烈振动源的场所，防止振动频率为0～55Hz的频繁或连续振动。当使用环境不可避免有振动时，必须采取减振措施，如采用减振胶、减振垫等。

(6) 检查安装状态。检查PLC各单元固定是否牢固、各种I/O模块端子是否松动、PLC通信电缆的子母连接器是否完全插入并旋紧、外部连接线有无损伤等。

(7) 除尘防尘。要定期吹扫内部灰尘，以保证风道的畅通和元件的绝缘性能。对于空气中有较多粉尘或腐蚀性气体的环境，可将PLC安装在封闭性较好的控制室或控制柜中，并且进风口和出风口加装滤清器，可以阻挡绝大部分灰尘的进入。

(8) 定期检查。PLC系统内有些设备或部件使用寿命有限，用户应根据产品制造商提供的数据建立定期更换设备一览表。例如，PLC内的锂电池一般使用寿命是3～5年，输出继电器的机械触点使用寿命是100万～500万次，电解电容的使用寿命是3～5年等。

3. PLC 的维护注意事项

（1）拆装模块时一定要断电，否则会损坏模块。

（2）PLC 的控制电路中使用了许多 CMOS 芯片，用手指直接触摸电路板将会使这些芯片因静电作用而损坏。

（3）控制柜要有整洁干燥的环境，内部应安放吸湿干燥物，并防止冷却液、油雾的飞溅。

（4）无论系统工作或者停机，控制柜门要始终处于关闭状态，保持部件有良好的密封性。

（5）保持控制柜风机的通风良好，通风口要避开冷却液、油雾飞溅的区域，保持进风口清洁与干燥。

（6）按规定要求，定期检查、清洗或更换风机过滤、防尘网。

（7）定期清洁控制柜内部与电器元件的灰尘，保持电器元件处于良好的工作环境与工作状态。

（8）电缆、电线进出口保持密封状态，防止杂物、灰尘侵入。

（9）对于通断大功率部件的触点，应定期检查触点的接触状态，清理触点表面，防止氧化。

（10）定期检查安装于设备上的检测元件，随时清洁其上的铁屑、灰尘等污物，保证动作可靠。

参 考 文 献

[1] 王仁祥. 通用变频器选型与维修技术 [M]. 北京：中国电力出版社，2004.
[2] 邓志良，等. 电气控制技术与PLC [M]. 南京：东南大学出版社，2002.
[3] 杨清德，等. 电工师傅的秘密之变频器应用与维护 [M]. 北京：电子工业出版社，2015.
[4] 初航，等. 零基础学三菱FX系列PLC [M]. 北京：机械工业出版社，2015.
[5] 万英. 维修电工中级考证速成教程 [M]. 北京：中国电力出版社，2016.
[6] 万英. 怎样识读常用电气控制电路图 [M]. 北京：中国电力出版社，2015.